189

ELEMENS

DE

GEOMETRIE

ELEMENS

DE

GEOMETRIE

DE MONSEIGNEUR LE DUC

DE BOURGOGNE.

NOUVELLE EDITION

Revûë, corrigée & augmentée

D'UN

TRAITÉ DES LOGARITHMES,

Par M. DE MALEZIEU,

AVEC

L'INTRODUCTION A L'APPLICATION

DE L'ALGEBRE A LA GEOMETRIE.

A PARIS, RUE S. JACQUES,

Chez { ESTIENNE GANEAU, aux Armes de Dombes.
JEAN BOUDOT, à la Ville de Paris.
ET
LAURENT RONDET, au Compas.

M. DCC. XXII.

AVEC PRIVILEGE DU ROY.

AU ROY.

IRE,

*Il y a maintenant vingt-cinq ans
que le Grand Prince à qui* VôTRE
MAJESTE' *doit le jour, voulut bien*

donner quelques heures de son loisir à
la composition de ces Elemens de Geometrie. Ce Grand Prince, que le Ciel
ne fit que montrer à la Terre, seroit
une source intarissable de larmes pour la
France, si déja les premieres années de
Vôtre Majesté ne nous avoient
fourni des sujets de consolation en nous
faisant esperer que la Providence éternelle
Vous a reservé, S I R E, l'execution de
tant de merveilles que le Duc de Bourgogne promettoit à l'Univers. Au milieu de
ces justes esperances nous serions coupables
de la plus noire ingratitude si nous pou-
vions jamais oublier l'insigne bonté avec
laquelle ce Prince, également rempli de
l'esprit de Science & de l'esprit de Gouvernement, agréa que ces Elemens fussent
imprimés sous le Nom de Monseigneur
le Duc de Bourgogne. C'est sans doute
à la prévention que le Public avoit pour
ce Nom auguste que nous sommes rede-
vables du promt debit & du grand suc-
cès de cet Ouvrage, dont la premiere

Edition a été d'abord traduite en plusieurs Langues, & ensuite si rapidement
enlevée, que pressés par la curiosité publique d'en donner une nouvelle, & vou-
lans y apporter toute l'exactitude possible, nous avons prié M. de Malezieu,
que Loüis le Grand, Vôtre Bisayeul,
avoit chargé de l'Instruction de Monseigneur le Duc de Bourgogne pour les
Mathematiques & la Philosophie, de
vouloir bien repasser cet Ouvrage, qu'il
a vû naître sous la plume de Vôtre auguste Pere, & dont il conserve prétieu-
sement l'Original écrit de la propre main
de ce Grand Prince. Nous nous sommes
flatés, SIRE, que VÔTRE
MAJESTE' agréeroit cette seconde
Edition comme Monseigneur le Duc de
Bourgogne daigna agréer la premiere ;
& nous ne doutons pas que VÔTRE
MAJESTE' instruite, pour ainsi dire, par le Prince son Pere, & ayant
devant ses yeux son Ouvrage, ne devienne incessament capable de lui don-

ner un nouveau jour, & d'y ajoûter
de sçavantes reflexions. Puiſſent nos
neveux un jour, *SIRE*, le préſenter
aux Grands Princes qui ſortiront de
Vous, ce ſont les vœux les plus ar-
dens de

Vos très-humblés, très-obéïſſans
& très-fidels Sujets
GANEAU, BOUDOT
& RONDET.

A

MONSEIGNEUR

LE DUC

DE BOURGOGNE.

ONSEIGNEUR,

C'eſt Vôtre bien que je Vous offre, en Vous
préſentant cet Ouvrage, il eſt juſte qu'il retour-
ne entre les mains, dont il eſt ſorti, & il Vous
appartient trop legitimement, pour qu'on puiſſe
en diſpoſer ſans vôtre aveu.

Vous y reconnoîtrez, MONSEIGNEUR,
les premiers Elemens de Geometrie, que Vous
dreſſiez dans un âge tendre, ſous les yeux d'une
Perſonne d'un merite reconnu, qui ne pouvoit

ē

aſſez admirer la facilité que Vous aviez à pe-
netrer les principes d'une Science auſſi abſtraite
que celle-là, & à en tirer les conſequences :
mais ce qui lui donnoit encore plus d'admiration, & ce qui en doit cauſer à tous les Con-
noiſſeurs, c'eſt la netteté & la préciſion avec
laquelle redigeant de Vous-mème ces principes
& ces conſequences, Vous vous en faiſiez un
Art & une Méthode particuliere, qu'on ne
craint point de propoſer ici, comme un guide
aſſûré, à tous ceux qui voudront s'inſtruire dans
une Science, à laquelle Vos méditations & Vos
lumieres vont donner une nouvelle reputation &
un nouvel éclat.

En effet, MONSEIGNEUR, qui ne ſe
fera un honneur de prendre des leçons d'un Maî-
tre, qui joint à la plus auguſte naiſſance du
monde, le genie le plus heureux ? Et qui ne
ſera ravi de pouvoir ſe vanter un jour, qu'il
doit aux premieres inſtructions, que Vous allez
lui procurer, les progrès qu'il aura faits dans
les Mathematiques ?

Si vôtre exemple, MONSEIGNEUR,
doit être d'un grand poids pour autoriſer le
goût, & entretenir la vivacité, qu'on a au-
jourd'hui pour ces Connoiſſances, le ſoin que
Vous avez bien voulu prendre d'en appla-
nir les difficultez par une méthode nouvelle, ſera auſſi d'un grand ſecours pour en faciliter l'in-
elligence.

EPITRE.

La beauté de cet Ouvrage, M ONSEI-
GNEUR, fera sans doute regreter, qu'on n'ait
point eu pour les autres Productions, qui Vous
ont échapé, la même attention, qu'a eu pour
celle-ci l'illustre Monsieur de Malezieu, qui
l'a vû naitre & sortir de vôtre plume, & qui,
devenu dépositaire d'un tresor si précieux, en
a trop bien connu le prix, pour le laisser dans
l'obscurité d'un Cabinet.

Ce fameux Académicien, qui juge sûrement
de tout, parce qu'il est consommé en toute sorte
de Litterature, a bien senti, M ONSEI-
GNEUR, qu'il y auroit de l'injustice à frus-
trer le Public du fruit des études d'un Prince,
qui est né pour le bien commun de tant de Peu-
ples; & il a crû qu'il pourroit satisfaire en
même temps, & à la passion extrème qu'il a
de se maintenir dans la possession de ce riche
dépôt, & à l'utilité de tout le cercle des Arts
& des Sciences, si, sans ceder le Manuscrit
tracé de vôtre propre main, qu'il veut conser-
ver cherement, il permettoit d'en tirer une Co-
pie, qu'on pût rendre publique.

C'est ce qu'il n'a pû refuser aux instances
réïterées qu'on lui en a faites, & que moi-même
j'ai pris la liberté de lui en faire en mon parti-
culier. Poussé du zele, que je dois avoir pour
l'embellissement de la Bibliotheque de Monsei-
gneur le Prince Souverain de Dombes, qui m'a

ē ij

E'PITRE.

fait l'honneur de m'en nommer Directeur, je me
suis crû en droit de joindre ma voix à celle
de plusieurs Personnes de consideration, persuadé
que je ne pouvois rien faire de plus avanta-
geux pour la Bibliotheque dont j'ai la Charge,
que de presser l'édition d'un Ouvrage, qui en
doit faire le principal ornement, & donner un
nouveau lustre à l'Imprimerie de Trevoux, si
celebre dans toute l'Europe, par les divers &
excellens Livres, dont elle enrichit tous les jours
la République des Lettres.

Quoique la qualité d'Auteur soit infiniment
au-dessous de vôtre rang, cependant j'ose dire,
MONSEIGNEUR, que dans la matiere,
dont il s'agit, elle n'est pas indigne de Vous.
Les Mathematiques ont une liaison si essentielle
avec les travaux de la Guerre, qui ne se con-
duisent que par ses regles, qu'il n'est point
messeant à un Prince d'un esprit sublime, d'un
jugement profond, & d'un discernement exquis,
d'en tracer les premiers Elemens, & de donner
des leçons d'une Science, qui enseigne à forcer
des Villes & à gagner des Batailles ; sur tout,
MONSEIGNEUR, quand on sçait passer de
la Theorie à la Pratique aussi habilement que
Vous ; & que de principes évidens & certains,
on en tire des conséquences aussi justes & aussi
importantes, que Vous l'avez fait à Brisac ;
dont la prise, en rendant à la France un de ses

EPITRE.

plus puiſſans remparts, a couronné vôtre cou-
rage & vôtre capacité d'une gloire immortelle.

Si le détail de cette Science n'eſt pas toûjours
d'uſage pour un Prince, il eſt au moins vrai
de dire, MONSEIGNEUR, que l'eſprit
d'ordre & de préciſion, qu'elle inſpire, & auquel elle accoûtume inſenſiblement, eſt utile en
tout temps, & qu'il ſert autant à diriger les
vûës & les deſſeins du Prince pacifique, que
les projets & les exploits du Prince guerrier.

Vous avez déja fait voir, MONSEI-
GNEUR, à la tête des Armées, des fruits
de cette juſteſſe, qui Vous faiſoit prendre des
meſures toûjours certaines pour le ſuccès de Vos
entrepriſes; nous nous en promettons à l'avenir
de plus grands encore dans la Paix; & la ſa-
geſſe, avec laquelle vous avez reglez toutes Vos
actions, nous fait aſſez concevoir ce qu'on doit
attendre un jour dans le gouvernement des Peu-
ples, que le Ciel deſtine à vivre ſous vôtre obéïſ-
ſance. Vos exemples, MONSEIGNEUR,
ſont dès-à-preſent un model & une regle de con-
duite pour ceux qui ont l'honneur de Vous approcher : Ils trouvent dans Vos actions, des leçons
continuelles de modération & de pieté, qui leur
apprennent, que la jeuneſſe & la grandeur ne
ſont pas des obſtacles inſurmontables à la ver-
tu; que l'eſprit & la pratique du Chriſtianiſme
ſont de tout âge & de tout état, & qu'on peut

ÉPITRE.

en même temps remplir tous les devoirs d'un
grand Prince, & ceux d'un parfait Chrètien.
Mais cet Ouvrage apprendra aussi à tout le
monde, que la Science n'est pas incompatible
avec les autres vertus d'un Heros, & que les
lumieres de vôtre Esprit Vous donnent le même
avantage sur les Sçavans, que la valeur &
l'intrepidité Vous donnent sur les Guerriers. C'est
dans cette vûë, MONSEIGNEUR, que je
prens la liberté de vous demander vôtre aveu,
pour rendre public vôtre Traité de Geometrie :
heureux d'avoir une occasion si favorable de
vous donner des marques de mon zele & du très-
profond respect, avec lequel je suis,

MONSEIGNEUR,

Vôtre très-humble & très-obéissant
Serviteur, BOISSIERE.

TABLE
DES MATIERES
contenuës en cet Ouvrage.

TABLE

TABLE

TABLE

DES MATIERES.

TABLE

TABLE

Dimension

ADDITION A CETTE EDITION.

TABLE

ANCIENNE ADDITION.

Cinq Problêmes d'Arithmetique, & deux de Geometrie, pour faire voir de quelle utilité est la Spécieuse, & avec quelle facilité elle resout des Propositions qu'on auroit bien de la peine à démêler par les méthodes ordinaires. 81

Fin de la Table.

APPROBATION.

J'Ai lû par l'Ordre de Monseigneur le Chancelier les *Elemens de Geometrie de* MONSEIGNEUR LE DUC DE BOURGOGNE, &c. Dans lesquels j'ai admiré (comme lorsque j'en lû la premiere Edition) la pénetration, la justesse & l'étenduë d'esprit de ce grand Prince, d'avoir pû saisir, pénetrer & embrasser assés les leçons que M. de Malezieu lui en faisoit, pour en composer lui-même ce Livre dans un âge où trés-peu d'autres sont à peine capables de s'y appliquer ; & parmi toutes les raisons générales que la France a euës de pleurer la perte qu'elle a faite de ce Prince, c'en est encore une particuliere pour tous ceux qui aiment les Sciences. L'ordre des matieres, l'enchaînement & la fécondité des Propositions , l'exactitude & la netteté des Démonstrations que ces Elemens contiennent, me paroissent faciliter merveilleusement l'entrée en Geometrie à ceux qui voudront s'y appliquer. M. de Malezieu, pour leur en faciliter aussi la pratique, ajoûte à la fin de cette nouvelle Edition une

explication fort claire de la nature des Logarithmes, de la construction de leurs Tables, & de leurs
usages. Enfin les Problêmes d'Arithmetique & de
Geometrie sont precedés d'une courte & facile Introduction à l'Algebre, qui a aussi des usages im-
menses en Mathematique. De sorte que ces Elemens me paroissent trés-propres pour donner aux
Commençans une entrée facile dans cette Science.
Fait à Paris le 26 Juin 1721.

VARIGNON, de l'Académie
Royale des Sciences, &c.

PRIVILEGE DU ROY.

LOUIS PAR LA GRACE DE DIEU
Roy de France et de Navarre:
À nos amés & feaux Conseillers les Gens tenans
nos Cours de Parlemens, Maîtres des Requêtes ordinaires de nôtre Hôtel, Grand-Conseil, Prevôt de
Paris, Baillifs, Senéchaux, leurs Lieutenans Civils,
& autres nos Justiciers qu'il appartiendra, SALUT:
Nôtre bien amé ESTIENNE GANEAU, Li-
braire à Paris, Nous ayant fait remontrer, qu'il lui
auroit été mis en main un Ouvrage, qui a pour
titre : *Elemens de Geometrie*, qu'il souhaiteroit faire
imprimer & donner au Public ; mais craignant que
d'autres Libraires ou Imprimeurs ne s'ingerassent
à entreprendre d'imprimer ou faire imprimer ledit
Livre : il nous auroit en conséquence trés-humble-
ment fait supplier de vouloir bien lui accorder nos
Lettres de Privilege sur ce nécessaires. A CES
CAUSES, Voulant favorablement traiter ledit Exposant, Nous lui avons permis & permettons par
ces Presentes de faire imprimer ledit Livre en telle

forme, marge , caractere, conjointement ou féparé-
ment, & autant de fois que bon lui femblera , & de
le vendre , faire vendre & debiter par tout nôtre
Royaume pendant le temps de fix années confecu-
tives , à compter du jour de la date defdites Prefentes. Faifons défenfes à toutes fortes de perfonnes de quelque qualité & condition qu'elles foient
d'en introduire d'impreffion étrangere dans aucun
lieu de nôtre obéïffance : comme auffi à tous Libraires, Imprimeurs & autres d'imprimer , faire
imprimer, vendre , faire vendre, debiter , ni con-
trefaire ledit Livre en tout ni en partie, ni d'en
faire aucuns extraits , fous quelque pretexte que ce
foit d'augmentation , correction , changement de
titre ou autrement , fans la permiffion expreffe &
par écrit dudit Expofant ou de ceux qui auront
droit de lui , à peine de confifcation des Exemplaires , de quinze cens livres d'amende contre chacun
des contrevenans , dont un tiers à Nous , un tiers à
l'Hôtel Dieu de Paris , & l'autre tiers audit Expofant , & de tous dépens , dommages & interéts ; à
la charge que ces Prefentes feront enregiftrées tout
au long fur le Regiftre de la Communauté des
Imprimeurs & Libraires de Paris , & ce dans trois
mois de la date d'icelles ; que l'impreffion de ce
Livre fera faite dans nôtre Royaume, & non ailleurs , en bon papier & beaux caracteres , conformément aux Reglemens de la Librairie ; & qu'a-
vant de l'expofer en vente , le Manufcrit ou Im-
primé, qui aura fervi de copie à l'impreffion dudit Livre , fera remis dans le même état où l'Ap-
probation aura été donnée , ès mains de nôtre tréf-
cher & feal Chevalier Chancelier de France le Sieur
Dagueffeau ; & qu'il en fera enfuite remis deux
Exemplaires dans nôtre Bibliotheque publique , un

dans celle de nôtre Château du Louvre, & un dans celle de nô redit trés cher & feal Chevalier Chancelier de France le Sieur Daguesseau, le tout à peine de nullité des Presentes. Du contenu desquelles vous mandons & enjoignons de faire joüir l'Exposant ou ses Ayant cause pleinement & paisible-blement, sans souffrir qu'il leur soit fait aucun trouble ni empêchemens. Voulons que la Copie desdites Presentes, qui sera imprimée tout au long au commencement ou à la fin dudit Livre soit tenuë pour dûëment signifiée, & qu'aux Copies collationnées par l'un de nos amés & feaux Conseillers & Secretaires foy soit ajoûée comme à l'Original. Commandons au premier nôtre Huissier ou Sergent de faire pour l'execution d'icelles tous Actes requis & nécessaires, sans demander autre permission, & nonobstant clameur de Haro, Charte Normande & Lettres à ce contraire : C A R tel est nôtre plaisir. D O N N E' à Paris le dixiéme Juillet, l'an de grace mil sept cens vingt-un ; Et de nôtre Regne le sixiéme. Par le Roy en son Conseil. Signé, C A R P O T, avec paraphe. Et scellé du grand Sceau de cire jaune.

J'ai associé au present Privilege les Sieurs J E A N B O U D O T & L A U R E N T R O N D E T tous deux Libraires de Paris ; à Paris ce dix-huitiéme Juillet mil sept cens vingt-un. Signé, G A N E A U.

Regiftré le present Privilege, ensemble la Cession cy-dessus, sur le Registre IV. de la Communauté des Libraires & Imprimeurs de Paris, page 755 Nᵒ. 818, conformément aux Reglemens, notamment à l'Arrêt du Conseil du 13 Août 1703. A Paris le 18 Juillet 1721. Signé, D E L A U N E, Syndic.

P R E F A C E.

PREFACE.

L'ORIGINAL de ces Elemens de Geometrie est écrit de la propre main de Monseigneur le Duc de Bourgogne, & même l'on peut dire que l'Ouvrage est de sa composition.

Au mois de Novembre 1696, le Roy choisit M. de Malezieu, Chancelier de Dombes, pour enseigner les Mathematiques à ce Prince, qui avoit pour lors environ quatorze ans.

M. de Malezieu étoit depuis plusieurs années chargé de toutes les affaires & de tout le détail de la Maison de Monseigneur le Duc du Maine, qu'il avoit eu l'honneur d'élever. Malgré ces grandes occupations, Sa Majesté voulut absolument qu'il se chargeât encore d'enseigner Monseigneur le Duc de Bourgogne, & fit l'honneur à M. de Malezieu de lui dire; que la pénétration du Prince & sa curiosité naturelle pour les Sciences, jointe à un caractere d'esprit porté de lui-même aux plus hautes méditations, demandoit, pour son instruction, un homme qui fût superieur à la matiere dont il étoit question, & que si l'on eût connût quelqu'un plus propre à ménager un pareil Esprit, on ne se seroit pas avisé d'aller chercher pour cela un homme occupé de tant de grandes affaires.

ã

PREFACE.

Pour obéïr aux Ordres du Roy, M. de Malezieu commença ses leçons les premiers jours de
Decembre. Il connut en peu de jours à qui il a-
voit à faire. Il trouva un Esprit qui devoroit les
difficultés, & qui voïoit souvent, d'un coup
d'œil, au-delà de ce qui lui étoit proposé ; mais
qui par la facilité qu'il avoit à les surmonter ordinairement, tomboit quelquefois dans l'inconvenient de vouloir passer à côté quand il ne les em-
portoit pas d'abord. Cela détermina M. de Malezieu à proposer au Prince d'écrire de sa main, au
commencement d'une leçon, ce qui lui avoit été
enseigné la veille ; afin que se dictant à lui-même
ce qu'il avoit appris, & repassant par ordre & à
loisir l'enchaînement des verités Geometriques, il
s'accoûtumât à aller moins vîte & plus sûrement.
Tout réüssit comme on l'avoit prévû. En moins
de six mois le jeune Prince acquit une étenduë
d'esprit surprenante, & une facilité merveilleuse à
raisonner sur les matieres les plus difficiles.

Il est aisé de juger, par la lecture de cet Ouvrage, qu'il a été composé sur le champ. Il y a plusieurs négligences dans le stile ; & d'ailleurs, comme le Prince écrivoit pour lui-même, on remarque
souvent dans les Démonstrations une certaine brie-
veté & une certaine précision qui semble d'abord
n'être pas suffisante pour y faire entrer les autres :
mais outre qu'elles n'avoient pas été faites dans le
dessein d'être publiées, on connoît par experience
que tout ce qui dépend du raisonnement ne sçauroit être proposé trop précisément ; & même que
plus les choses sont difficiles à concevoir, plus il
faut tâcher d'en abreger les preuves.

Nous avons appris de M. de Malezieu, qu'il a
eu pendant quatre années la satisfaction de voir

tous les jours Monſeigneur le Duc de Bourgogne
ſortir de l'étude avec regret , & attendre avec im-
patience le moment de recommencer. Il y avoit
tout lieu d'eſperer que la juſteſſe de ſa raiſon paroîtroit quelque jour avec ſuccès dans quelque choſe de bien plus important que les Mathematiques,
& qu'il la feroit ſervir au bonheur des hommes dans
le Gouvernement de la grande Monarchie que la
Providence lui deſtinoit.

Le fonds de ces Elemens n'eſt pas fort différent
des Elemens de M Arnaud. Aprés un ſerieux examen de tous ceux qui ont paru juſqu'à preſent,
M. de Malezieu a crû devoir s'arrêter à ceux-cy
dont l'ordre eſt ſans comparaiſon plus naturel.
Quand on prendra la peine de les examiner , auſſi
ſoigneuſement qu'il a fait , on reconnoîtra avec lui,
qu'ils ſont beaucoup plus féconds que les Elemens
d'Euclide , plus aiſés à comprendre , & incompa-
rablement plus aiſés à retenir. Ce n'eſt pas hazar-
der beaucoup que de tenter cet examen ſur la pa-
role de M. de Malezieu. Le public ſçait à quel
point il poſſede les Mathematiques , & les plus
habiles en cette Science ſont accoûtumés, depuis
long-temps , à le conſulter ſur tout ce qu'elle a de
plus relevé. Ainſi quand un homme, auſſi péne-
trant qu'il l'eſt dans cette matiere , s'eſt déterminé
au choix de ces Elemens , pour les enſeigner à l'He-
ritier du premier Royaume de l'Univers ; les perſonnes , qui veulent s'adonner à cette étude , n'ont
rien de mieux à faire que de ſuivre le même chemin.

On a retranché des Elemens de M. Arnaud
quelques Propoſitions qui ne paroiſſoient pas de
grand uſage : on y en a ajoûté pluſieurs autres qui
ont parû de grande utilité. On a expliqué en peu

de Propofitions les Elemens des *Solides*, on a même palfé jufqu'à la *Trigonometrie*, & aux principes de la conftruction des *Tables des Sinus*, qui doivent en effet être regardées comme faifant partie des Elemens. Enfin on a tâché de ne rien omettre de tout ce qu'on a jugé néceffaire pour ouvrir l'entrée de ces grandes verités, qui font le dernier effort de l'efprit humain, qui en font fi bien connoître l'excellence , & qui fervent de fondement aux Sciences & aux Arts les plus néceffaires à la vie.

DÉFINITIONS ET DEMANDES.

LA Science des Mathematiques a pour objet la *quantité* en général, l'*étenduë*, les *nombres*, les *mouvemens.*

La *Geometrie* considere l'*étenduë* en particulier.

L'*étenduë* a trois dimensions : *longueur, largeur, profondeur.*

La *longueur* considerée sans *largeur* & sans *profondeur*, se nomme *ligne.*

La *longueur* & la *largeur* considerées ensemble indépendamment de la *profondeur*, se nomment *sur-face.*

La *longueur*, la *largeur* & la *profondeur* conside-rées ensemble, se nomment *corps* ou *solide.*

La *ligne* est de trois sortes, *droite, courbe, mixte.*

La *ligne droite* est la plus courte mesure entre deux points. Telle est la ligne *A B*. *A*————*B*.

Le *point* est l'extremité d'une *ligne*, & l'on le con-sidere comme n'ayant ni *longueur*, ni *largeur*, ni *profondeur*. En effet, il ne peut avoir de *largeur*, puisque la *ligne* même n'en a point ; & il ne peut avoir de *longueur*, puisqu'il deviendroit lui-même une *ligne*, & n'en seroit pas seulement l'extremité.

La position d'une *ligne droite* ne dépend que de deux *points* donnés. Car supposant que l'un coule directement vers l'autre, il décrira une *ligne droite*, qui peut être continuée à l'infini en faisant toû-jours couler ce *point* directement, c'est à dire, sans détour ou autrement sans changer la direction vers le *point* où le premier a commencé à se mouvoir : ainsi quiconque a deux *points* d'une *ligne droite*, a la ligne toute entiere.

Une *ligne droite* eſt dite *perpendiculaire* à l'égard d'une autre ligne droite, quand deux des points de la premiere ſont poſés directement ſur un mê-me point de la ligne à laquelle elle eſt dite perpen-diculaire. Par exemple, la ligne *A B* eſt dite per-pendiculaire à la ligne *C B D* parce que deux de ſes point comme *A*, *E*, ſont poſés directe-ment ſur le point *B*. En forte que le point *A*, coulant directement vers *E*, & décrivant la ligne *A E*, rencontre le point *B*, s'il continuë à ſe mouvoir directement, & que toute la ligne *A E B* ſera tellement ſituée à l'égard de la ligne *C B D* que tous les points de la pre-miere ſeront poſés directement ſur le point *B*, qui eſt commun aux deux lignes, & par conſéquent que la ligne *A E B* n'inclinera pas plus d'un côté que d'autre à l'égard de la ligne *C B D*. On eſt donc aſſûré que cela eſt, quand deux points, com-me *A*, *E*, ſont poſés directement ſur le point commun *B*; parce que ces deux points détermi-nent la poſition de la ligne; au lieu que la ligne *B F*, en cet exemple, eſt dite *oblique* à l'égard de la ligne *C B D*, parce qu'elle incline plus d'un cô-té que de l'autre.

La *ligne courbe* eſt celle qui s'écarte de la droi-te, & qui n'eſt pas la plus cour-te meſure entre deux points donnés, comme par exemple, la ligne *I K L*, qui s'écarte de la droite *I L*.

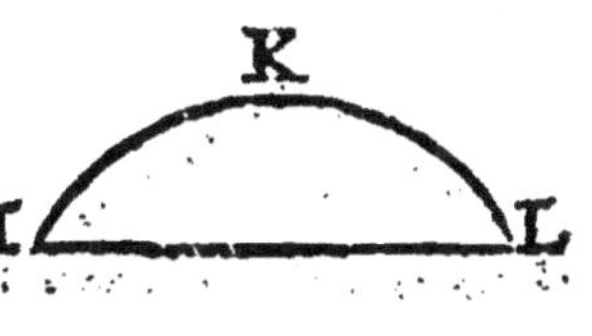

La *ligne mixte* eſt celle qui eſt en partie droite, en partie courbe.

Deux *lignes droites* ne se peuvent couper qu'en un point qui se nomme point d'intersection.

Il y a aussi trois sortes de *surfaces* : des *planes*, des *courbes*, des *mixtes*.

La *surface plane*, qu'on appelle aussi *plan*, est celle qui est si également comprise entre ses extremités, qu'aucun point de toute son étenduë n'est ni plus élevé, ni plus enfoncé que l'autre, telle qu'est à peu prés la surface de nos miroirs ordinaires.

La *surface courbe* est celle qui a tous ses points inégalement posés entre les extremités qui la terminent, telle qu'est la surface d'une boule ou d'un œuf.

La *surface mixte* est celle qui est en partie *plane*, en partie *courbe*.

La *circonférence* de cercle est une *ligne courbe*, dont tous les points sont également éloignés d'un même point qu'on appelle *centre*. Telle est la courbe *L B E G I H F C D*, dont le centre est *A*.

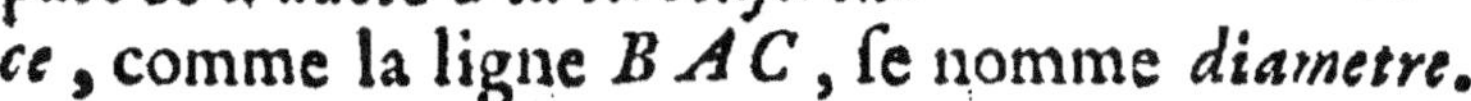

Une *ligne droite* qui passant par le *centre A*, se termine de part & d'autre à la *circonférence*, comme la ligne *B A C*, se nomme *diametre*.

Toute *ligne droite* partant du *centre* & terminée par la *circonférence*, se nomme *raïon*. Telle est *A D*, *A C*, *A B*.

Toute *ligne droite* qui ne passe point par le *centre*, & qui se termine de part & d'autre à la *circonférence*, se nomme *corde*. Telle est la ligne *E F* ou *G H*.

La portion de la *circonférence* déterminée par une corde, se nomme *arc*. Ainsi la portion *E G I F* est l'arc de la *corde E F*, comme la portion *G I H* est l'arc de la *corde G H*.

L'ufage a voulu que les Geometres divifaffent la *circonférence* en 360 parties égales, qui fe nomment *degrés.* Chaque *degré* fe divife en 60 parties égales, qu'on appelle *minutes*; chaque *minute* en 60 *fecondes*, &c. De forte que par *degré* il ne faut pas entendre une grandeur abfoluë, mais feulement la 360.me partie de quelque *circonférence* que ce foit, grande ou petite. Ainfi la plus petite *circonférence* a autant de *degrés* que la plus grande; mais elle les a plus petits à proportion.

La *furface plane* terminée par la *circonférence*, fe nomme *cercle*.

Tous les *raïons* du même *cercle* font égaux.

Les *cercles* égaux ont le *raïon* égal.

Dans le même *cercle* ou dans les *cercles* égaux les *cordes* égales foûtiennent des *arcs* égaux, & les *arcs* égaux font foûtenus par des *cordes* égales.

Les *cordes* égales dans le même *cercle* font également éloignées du *centre*.

AXIOMES OU VERITE'S CONNUES
d'elles-mêmes.

LE tout eft plus grand que fa partie.

Le contenant eft plus grand que le contenu.

Le tout eft égal à toutes fes parties prifes enfemble.

Deux chofes égales à une même chofe, font égales entr'elles.

Si à chofes égales l'on ajoûte chofes égales, les fommes feront égales.

Si de chofes égales l'on retranche chofes égales, les reftes feront égaux.

C'est la même chose de multiplier 12 par 8, ou de multiplier 8 par 12.

C'est la même chose de multiplier 12 par 8, ou de multiplier 12 par plusieurs parties, qui toutes ensemble soient égales à 8. Par exemple, 2. 4. 1. 1. valent 8. Si je multiplie 12 par 2, 12 par 4, 12 par 1, 12 par 1, viendra 24. 48. 12. 12. ces quatre nombres font ensemble 96, & j'aurois eu de même 96, si j'avois tout d'un coup multiplié 12 par 8. En un mot, c'est la même chose de multiplier une grandeur par un tout, ou de multiplier cette grandeur par toutes les parties de ce tout.

Deux grandeurs qui sont même partie d'une même grandeur, sont égales.

Si deux grandeurs égales sont multipliées par la même, les produits sont égaux.

Si deux grandeurs égales sont divisées par une même grandeur, les quotiens, c'est à dire, les grandeurs qui resultent de la division seront égales.

On suppose que l'on sçache l'Arithmetique, & même l'extraction de la racine quarrée.

Il seroit fort à desirer que ceux qui commencent voulussent bien se donner la peine de lire attentivement le petit Traité d'*Arithmetique par lettres* que voici. La matiere paroît plus difficile qu'elle ne l'est en effet. En tout cas ils seront bien récompensés de leur peine, par le plaisir qu'ils auront de voir dans la suite l'utilité & la fécondité de cet abregé. Si cependant l'on ne se trouve pas encore assés d'habitude pour s'y appliquer, on peut absolument le passer, à condition d'y revenir quand l'exercice qu'on aura fait de sa raison dans les premiers Livres des Elemens, aura accoûtumé l'esprit à une attention plus suivie.

ABREGE' DE L'ARITHMETIQUE

PAR LETTRES,

Qu'on nomme ordinairement Spécieuse.

CEtte espece d'Arithmetique convient à toutes sortes de grandeurs, soit nombres, lignes, ou mouvemens.

Ainsi A, & B, signifient quelquefois deux nombres, comme 3, 10. Quelquefois deux lignes —————— en sorte que A plus B veut quelquefois dire dire 3, plus 10 ; & quelquefois une ligne ajoûtée à une autre, suivant que celui qui opere l'a voulu.

On a inventé des signes pour abreger les operations. ╋ signifie *plus*, ——— signifie *moins*, ══ signifie *égal* ; en sorte que $A + B$, signifie la grandeur A jointe à la grandeur B. $B - A$, signifie la grandeur B *moins* la grandeur A. $B - A = C + D$, signifie que la grandeur B *moins* la grandeur A est égale à la grandeur C *plus* la grandeur D.

Deux lettres comme $A D$ mises l'une prés de l'autre, signifient la grandeur A multipliée par la grandeur D, ou le produit de l'une par la l'autre.

$A D C$, par la même raison, signifie le produit de A par D multiplié par la grandeur C. Si donc A signifie 3, que D signifie 4, & que C signifie 5 ; $A D$ signifiera 12, qui est le produit de 3 par 4, & $A D C$ signifiera 12 multiplié par 5, c'est à dire, 60.

Par conséquent $A A$ ou $B B$ veut dire le quarré

de la grandeur A ou le quarré de la grandeur B, puisqu'un quarré n'est autre chose qu'une grandeur multipliée par elle-même. Ainsi si A signifie 6, AA sera 36. De même AAA veut dire le cube de la grandeur A.

Il s'ensuit encore qu'il n'y a point de différence entre ABC, ACB, CAB; parce que si A signifie 2, que B signifie 3, & C 4 : deux fois trois multiplié par 4 n'est pas différent de deux fois quarré multiplié par 3, ni de trois fois 4 multiplié par 2.

Il suit delà, sans autre démonstration, que si un produit est composé d'un nombre de lettres pairement pair, c'est à dire, d'un nombre pair divisible par un nombre pair, comme par exemple $ABBA$, & qu'il y ait autant de fois A que de fois B; ce produit est nécessairement un quarré, puisque c'est AB multiplié par AB. D'où s'ensuit encore que le produit d'un quarré par un autre quarré, est toûjours un quarré. Par exemple, $AABB$ est le produit de la grandeur AB par elle-même, & par conséquent un quarré.

$\frac{AB}{C}$ signifie que le produit de la grandeur A par la grandeur B est divisé par la grandeur C; en sorte que si A est 2, que B soit 6, & que C soit 3, $\frac{AB}{C}$ signifie que le produit de 2 par 6, qui est 12, est divisé par 3. Or 12 divisé par 3 donne 4.

Addition.

Pour ajoûter plusieurs grandeurs ensemble, il n'y a qu'à les joindre par le signe *plus*, observant que le signe $+$ doit être sous-entendu où il n'y a

point de figne. Par exemple, B, c'eft comme s'il
y avoit $+ B$; ainfi pour ajoûter enfemble les grandeurs que j'appelle A, B, C, D, j'écris $A + B$
$+ C + D$.

Si une même grandeur eft plufieurs fois dans
l'addition, je la mets autant de fois : Par exemple,
je veux ajoûter enfemble les grandeurs A, B, A,
A, D, au lieu de $A + B + A + A + D$, je
mets pour abreger $3 A + B + D$.

Que fi je veux ajoûter la grandeur $A + B$ a-
vec la grandeur $C + D - E$, je mets fimplement
$A + B + C + D - E$, laiffant les fignes $+$ &
$-$ tels qu'ils font.

De même pour ajoûter le produit $A B$ au produit $C D$, j'écris $A B + C D$.

Souftraction.

Si je veux fouftraire la grandeur $2 A$ de la grandeur $4 A$, je vois bien que le refte eft $2 A$.

Pour fouftraire la grandeur B de la grandeur A,
je n'ai qu'à écrire $A - B$.

Mais fi de la grandeur A, je voulois fouftraire
la grandeur $B - C$, il faudroit changer les fignes
de la grandeur $B - C$, & écrire ainfi $A - B + C$.
En voici la raifon.

Quand de la grandeur A, je fouftrais $B - C$, je
fouftraits une grandeur moindre que B ; ainfi fi j'é-
crivois $A - B$ fimplement, j'aurois trop fouftrait ; &
de combien trop ? de la quantité C. Il faut donc
l'ajoûter à $A - B$ pour faire la fouftraction jufte,
c'eft à dire, qu'il faut écrire $A - B + C$. Cela eft
évident en nombre.

De la grandeur 15 je veux fouftraire $7 - 3$, c'eft
à dire 4. Si j'écrivois $15 - 7$, je fouftrairois trop.

Il faut donc pour souftraire jufte écrire 15—7+3, c'eft à dire, 11.

En un mot pour souftraire une grandeur ou plufieurs grandeurs d'une autre grandeur, il faut changer tous les fignes des grandeurs à souftraire, & les joindre ainfi à la grandeur dont on fouftrait.

De la grandeur A, je veux fouftraire $B—C+D—E$, j'écris $A—B+C—D+E$, & l'operation eft faite.

Multiplication.

Cette operation eft la plus difficile. On la comprendra cependant avec un peu d'attention.

Si je veux multiplier la grandeur A, par la grandeur B, je fçai déja qu'il faut écrire fimplement AB.

Si je voulois multiplier $3A$, par $4B$, je devrois par la même raifon écrire $12AB$.

Mais pour comprendre les operations fuivantes, il faut fe fouvenir des Axiomes pofés ci-devant.

Un tout eft égal à toutes fes parties prifes enfemble.

C'eft la même chofe de multiplier un tout par lui-même, ou de le multiplier par chacune de fes parties, & de prendre la fomme de tous ces produits. Cela pofé,

Je veux multiplier la grandeur $A+B$ par la grandeur C; je confidere que la grandeur $A+B$ a deux parties, fçavoir A & B. Donc je dois multiplier A par C, & B par C, pour avoir le produit de la grandeur $A+B$ par C, c'eft à dire, que je dois écrire $AC+BC$.

Par la même raifon, fi je veux multiplier la grandeur $A+B$, par la grandeur $C+D$, je dois d'abord multiplier $A + B$ par C, c'eſt à dire, que je dois mettre comme ci-deſſus $AC + BC$. Mais il faut encore multiplier $A + B$ par D, c'eſt à dire, que je dois mettre $AD + BD$. Donc la multiplication totale eſt $AC + BC + AD + BD$.

En nombres je veux multiplier $2 + 3$ par $4 + 5$, c'eſt à dire, 5 par 9, ce qui produit 45. Je multiplie 2 par 4, 2 par 5, 3 par 4, 3 par 5, viennent les produits 8, 10, 12, 15, dont la ſomme eſt 45.

En un mot, il faut faire autant de multiplications partiales, qu'il y a de caracteres différens dans le multipliant, & dans la grandeur à multiplier.

Que ſi j'avois à multiplier $A + B$ par $C - D$, j'écrirois ainſi le produit $AC + BC - AD - BD$, me ſouvenant toûjours que quand je multiplie le ſigne $+$ par le ſigne $-$, le produit eſt moins. C'eſt la même raiſon que dans la ſouſtraction. La choſe eſt évidente dans les nombres. Car ſi A eſt 6, que B ſoit 5, C ſoit 4, & que D ſoit 3, il s'agit de multiplier $6 + 5$ par $4 - 3$. Je multiplie $+6$ par $+4$ vient plus 24, je multiplie $+5$ par $+4$ vient $+20$, je multiplie $+6$ par -3 vient -18, je multiplie $+5$ par -3 vient -15. Ces quatre produits enſemble font $24 + 20 - 18 - 15$, c'eſt à dire 11. Ce qui doit venir en effet au produit, puiſque multiplier $6 + 5$ par $4 - 3$, c'eſt multiplier 11 par 1.

Mais il y a une autre obſervation importante à faire, qui eſt, que lorſque je multiplie le ſigne $-$ par le ſigne $-$, le produit doit avoir le ſigne $+$.

Par exemple, je multiplie $A - B$ par $C - D$; je dois écrire au produit $AC - BC - AD + BD$.

J'écris $+AC$, parce que c'eſt $+A$, multiplié par $+C$. J'écris $-BC$, parce que c'eſt $-B$

multiplié par ─╪ C. J'écris ── A D, parce que c'est ─╪ A multiplié par ── D. J'écris ─╪ B D, parce que c'est ── B multiplié par ── D.

Pour en comprendre clairement la raison ; que A vaille 8, B soit 2, C soit 6, D soit 1. J'ai à multiplier A ── B par C ── D, c'est à dire, ─╪ 8 ── 2 par ─╪ 6 ── 1, ou 6 par 5, il doit venir 30 au produit.

Je multiplie ─╪ 8 par ─╪ 6, vient ─╪ 48. Je multiplie ── 2 par ─╪ 6, vient ── 12. Je multiplie ─╪ 8 par ── 1, vient ── 8. Je multiplie ── 2 par ── 1, vient ─╪ 2. Tous ces produits ajoûtés ensemble font 48 ── 12 ── 8 ─╪ 2, c'est à dire 30, comme il devoit arriver.

En voici la raison. Lorsque je fais la multiplication partiale de 8 par 6, elle est trop grande ; & de combien ? de 8 fois 1, parce que 8 ne devoit être multiplié réellement que par 6 ── 1, c'est à dire, par 5, il faudra donc déja diminuer 8 ; ainsi j'aurai à mettre ── 8 dans la multiplication totale. Puis quand je viens à multiplier ── 2 par ─╪ 6, il me vient ── 12 : mais ce ── 12 ôte trop, parce que je devois réellement multiplier ── 2 par 6 ── 1, c'est à dire par 5, & le produit n'eût été que ── 10. Ayant donc ôté 2 de trop, je dois les remettre dans l'addition des multiplications partiales, & c'est aussi ce que je fais en écrivant ─╪ 2 pour le produit de ── 1 par ── 2. Ce raisonnement est clair, mais il demande de l'attention.

Division.

L'operation est fort courte ; il n'y a qu'à séparer par une petite barre la grandeur qu'on divise, & la grandeur qui doit diviser ; en sorte que la grandeur qu'on divise soit au-dessus, & l'autre dessous.

Ainsi pour diviser A, par B, j'écris $\frac{A}{B}$. Pour diviser BC par X, j'écris $\frac{BC}{X}$. Pour diviser BCD par G, j'écris $\frac{BCD}{G}$.

Il y a seulement une observation à faire, qui est; que s'il se trouve la même ou les mêmes lettres au-dessus & au-dessous de la barre, il n'y a qu'à les effacer. L'expression demeure la même, mais plus simple. Ainsi ayant $\frac{ABCD}{ABX}$, j'écris simplement $\frac{CD}{X}$.

La raison de cela est, que pour multiplier la grandeur $\frac{CD}{X}$ par AB, je dois écrire $\frac{CDAB}{X}$; & divisant ce produit par AB, je n'ai qu'à écrire AB au-dessous ainsi $\frac{CDAB}{XAB}$. Or multiplier une grandeur par une grandeur, puis diviser le produit par la même grandeur, c'est ne la pas changer. Par exemple, multiplier 5 par 4, vient au produit 20. Diviser 20 par 4, revient le premier nombre 5.

Si j'avois $\frac{12\,ABC}{4\,AC}$, cela voudroit dire simplement $3\,B$. Car divisant le numérateur & le dénominateur par 4, viendra $\frac{3\,ABC}{AC}$, c'est à dire, $3\,B$; puisque $3\,B$, multipliés par AC, puis divisés par AC, c'est toûjours $3\,B$.

En voilà assés pour aller fort avant dans les plus importantes démonstrations.

ELEMENS
DE
GÉOMÉTRIE.

PREMIER LIVRE.

Des Perpendiculaires & des Obliques.

PREMIERE PROPOSITION.

'UN point donné comme *A*; faire tomber une perpendiculaire sur une ligne donnée comme *b C*.

Du point *A* pris pour centre, soit décrit un cercle quelconque, coupant la ligne donnée en deux points, comme *D E*. Des deux points

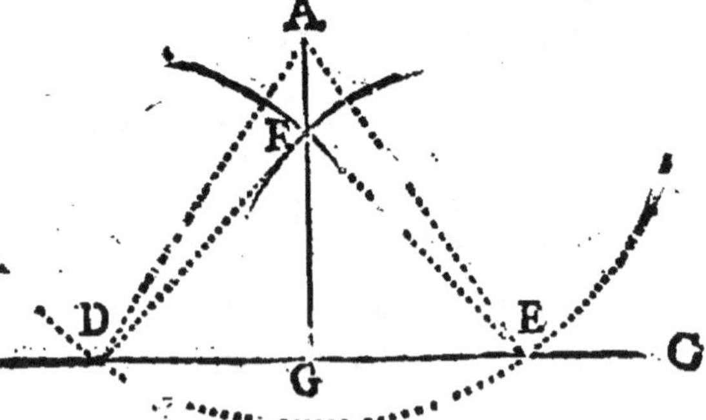

A

D, E, pris pour centres, foient décritsdeux cercles égaux entr'eux, mais dont le raïon foit plus grand ou plus petit que le raïon du premier cercle, & qui s'entrecoupent en un point, comme *F.* Par le point donné *A,* & par le point d'interfection *F,* foit menée la ligne droite *A F G,* je dis qu'elle eft perpendiculaire à la ligne donnée *B C.*

Car par la conftruction, les deux lignes *A D, A E,* font égales, puifqu'elles font raïons du même cercle ; les deux lignes *F D, F E,* font égales, puifqu'elles font raïons de deux cercles égaux : Donc l'on a deux points, comme *A, F,* qui font chacun également éloignez des deux points *D, E.* Donc tous les points de la ligne *A F G* font chacun également éloignez des deux points *D, E,* puifque deux points déterminent la pofition d'une ligne. Donc cette ligne *A F G,* n'incline ni d'un côté ni d'autre. Ce que l'on appelle être perpendiculaire.

SECONDE PROPOSITION.

D'un point comme *A,* donné dans la ligne *B A C,* élever une perpendiculaire.

Soient pris deux points comme *B, C,* également éloignez du point *A ;* des points *B, C,* pris pour centre foient décrits deux cercles égaux,

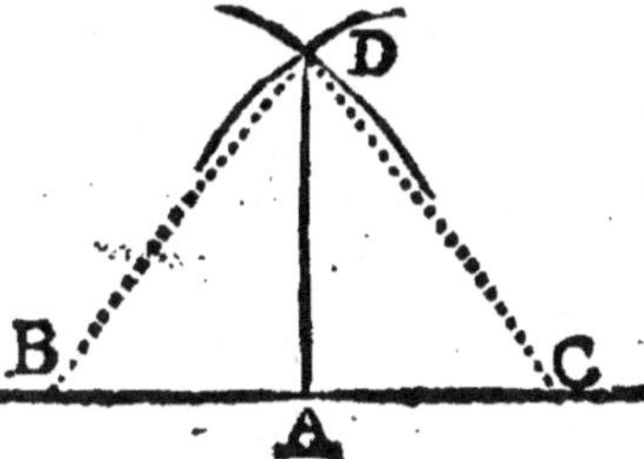

qui fe coupent en un point, comme *D*, par lequel & par le point donné *A*, foit menée la ligne *A D*; je dis qu'elle eft perpendiculaire.

Car par la conftruction, le point *A*, eft également éloigné des points *B*, *C*. Or le point *D*, point d'interfection des deux cercles, eft auffi également éloigné des mêmes points *B*, *C*, puifque les lignes *B D*, *C D*, font fuppofées raïons de deux cercles égaux. On a donc deux points, fcavoir *A*, & *D*, chacun également éloigné des points *B*, *C*. Donc par la définition la ligne *A D*, eft perpendiculaire.

TROISIÉME PROPOSITION.

Divifer une ligne donnée comme *A B*, en deux parties égales.

Des deux points *A*, *B*, extremités de la ligne donnée, pris pour centres, foient décrits deux cercles égaux qui fe coüpent en deux points, comme *C*, *D*. Par les deux points d'interfection foit menée la ligne *C D*, je dis qu'elle coupe la ligne donnée au point *E*, en deux parties égales.

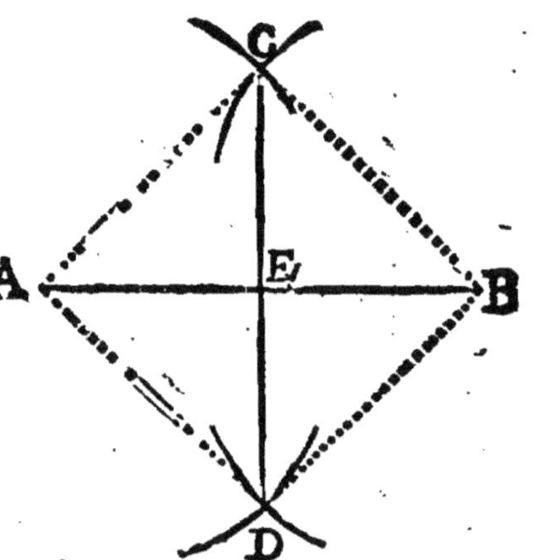

Car les deux cercles étant égaux, les quatre lignes *C A*, *C B*, *D A*, *D B*, qui en font raïons, doivent être égales, & par conféquent les points *C*, *D*, également éloignés des points *A*, *B*. Donc tout autre point de la ligne *C D*, doit être également éloigné des points *A B* : Donc le point *E*, lui-même eft également éloigné des points *A*, *B*, extremités de la ligne, & par conféquent la divife en deux parties égales.

A ij

On ne fçauroit s'imprimer trop fortement dans l'efprit, que ces trois Propofitions font principalement
fondées fur la notion de la ligne droite, dont la pofition eft totalement déterminée par deux points.

QUATRIE'ME PROPOSITION.

D'un point donné comme *A*, hors d'une ligne
comme *B C*, on ne peut faire tomber qu'une feule
perpendiculaire fur la ligne donnée, & cette perpendiculaire eft plus courte que toute autre ligne menée
du point *A*, & terminée par la ligne donnée *B C*.

Soit la perpendiculaire
A D, & foit menée du
point *A*, à quelque point
comme *E*, de la ligne donnée, la ligne *A E*, je dis
que la ligne *A D*, peut
feule être perpendiculaire,
& qu'elle eft neceffaire-
ment plus courte que la ligne *A E*, qui eft oblique.

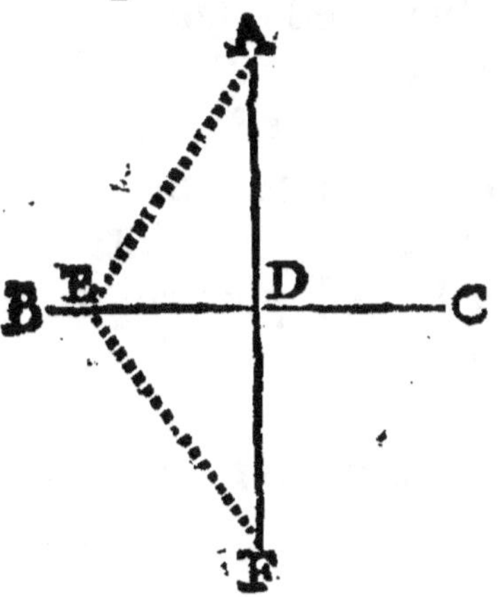

Soit prolongée la per-
pendiculaire *A D*, jufqu'en *F*, en forte que *D F*,
foit égale à *D A*, & foient joints les points *E*, *F*,
par la ligne *F E*.

Je dis, 1°. que la ligne *A E*, ne peut être perpendiculaire fur la ligne *B C*.

Soient fuppofés les deux points *B C*, ou deux autres à difcretion également éloignés du point *A* ; le
point *D*, par confequent fera à égale diftance des
mêmes points *B C*, puifque la ligne *A D*, eft fuppofée perpendiculaire, il faudroit donc, pour que la
ligne *A E*, fût auffi perpendiculaire, que fon point
A, étant également éloigné des points *B*, *C*, fon
point *E*, fût auffi à égale diftance des points *B*, *C* ;

ce qui est manifestement impossible, puisqu'il est entre B & D, & que le point D, a été supposé lui-même également éloigné des points B, C.

Je dis, 2°. que la ligne $A D$, est plus courte que la ligne $A E$. Car puisque la ligne $A D$, est perpendiculaire sur $B C$, la ligne $B D$, sera aussi perpendiculaire sur la ligne $A F$. Or par la construction le point D, est également éloigné des points A, & F. Donc le point E, point de la perpendiculaire, est aussi à égale distance des mêmes points A, F. C'est à dire que la ligne $A E$, est égale à la ligne $E F$. Or les lignes $A E$, $E F$, prises ensemble, sont plus longues que $A D$, $D F$, prises ensemble, puisque $A F$, est une ligne droite, c'est à dire, la plus courte mesure entre les points A, F, donc $A D$, moitié de $A F$, est plus courte que $A E$, moitié de $A E F$. Ce qu'il falloit démontrer.

COROLLAIRE, *ou conséquence évidente de cette Proposition.*

Il s'enfuit de cette Proposition que deux lignes droites, perpendiculaires sur une même ligne, ne peuvent jamais se rencontrer, quoyque prolongées à l'infini ; car si elles se rencontroient en un point, il seroit vray de dire que de ce point de rencontre partiroient deux perpendiculaires à une même ligne. Ce que nous venons de démontrer impossible dans la precedente Proposition.

CINQUIE'ME PROPOSITION.

Les lignes obliques, partant du même point, sont d'autant plus longues qu'elles sont plus éloignées de la perpendiculaire.

A iij

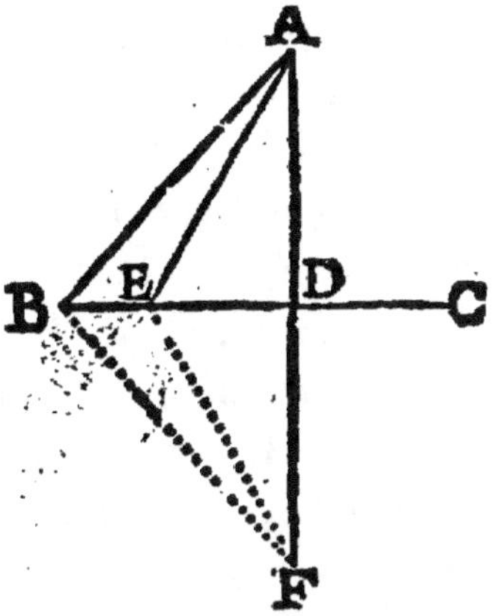

Soit la ligne *A D*, perpendiculaire ſur la ligne *B C*. Soient les obliques *A E*, *A B*, menées du point *A*, je dis que la ligne *A B*, eſt plus longue que la ligne *A E*. Soit prolongée *A D*, juſqu'en *F*, en ſorte que *D F*, ſoit égale à *D A*, & ſoient menées les lignes *E F*, *B F*.

Puiſque *A D*, eſt perpendiculaire ſur *B C*, il faut que *B D*, ſoit perpendiculaire ſur *A F* ; cela étant, comme le point *D*, eſt ſuppoſé également éloigné des points *A*, *F*, tout autre point de la perpendiculaire *B D*, ſera à égale diſtance des mêmes points *A*, *F* ; donc *B A*, eſt égale à *B F*, comme *E A*, eſt égale à *E F*. Or *A B F*, contenant *A E F*, eſt plus grand que *A E F*, donc *A B*, moitié de *A B F*, eſt plus grande que *A E*, moitié de *A E F*.

SIXIE'ME PROPOSITION.

De trois choſes qu'on peut comparer, ſcavoir la perpendiculaire, l'oblique, & l'éloignement de perpendicule ; ſi deux ſont égales, il s'enſuit que la troiſiéme l'eſt auſſi.

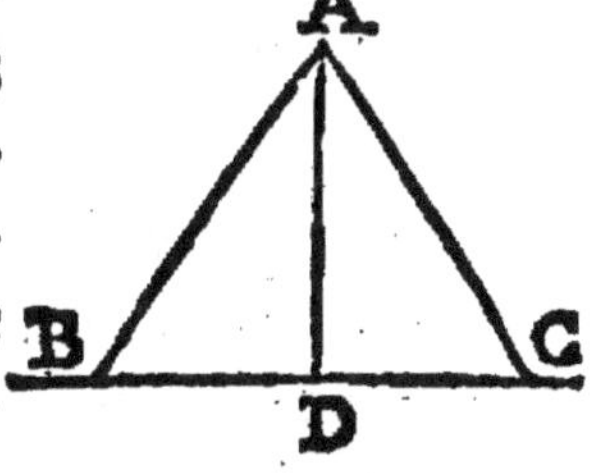

Premier Cas. Soit la perpendiculaire *A D*, égale à elle-même; *B D*, éloignement de perpendicule égale à *D C*, autre éloignement de perpendicule ; je dis que l'oblique *A B*, eſt égale à l'oblique *A C*. Car la ligne *A D*, étant perpendiculaire ſur la ligne *B C*, & le point D, étant suppofé également éloigné des points *B*, *C*, tout autre point de la perpendiculaire, comme *A*, fera auffi à égale diftance des mêmes points *B*, *C*. Donc les deux obliques *A B*, *A C*, qui mefurent cette diftance, feront égales.

Second Cas. Si la perpendiculaire eft égale à la perpendiculaire, & l'oblique à l'oblique, les éloignemens de perpendicule feront égaux.

Car la perpendiculaire étant la même, & les deux obliques égales, il s'enfuit par la cinquiéme Propofition que l'éloignement de perpendicule *D B*, eft égal à l'éloignement de perpendicule *D C*; puifque, par cette Propofition, les obliques font d'autant plus longues, qu'elles font plus éloignées du perpendicule, étant évident que le plus grand éloignement de perpendicule donneroit une plus longue oblique, fi ces éloignemens n'étoient pas égaux.

Troifiéme Cas. Si l'oblique eft égale à l'oblique, & l'éloignement de perpendicule égal à l'éloignement de perpendicule, la perpendiculaire fera égale à la perpendiculaire.

C'eft la même preuve que celle du cas precedent. Il ne faut que confiderer *B D*, *D C*, comme perpendiculaires, & *A D*, comme éloignement de perpendicule. Il eft évident que *B D*, étant égale à *D C*; *B A*, égale à *C A*, il faut que *A D*, foit égale à *D A*, c'eft à dire, à elle-même.

SEPTIÉME PROPOSITION.

Deux lignes obliques, inégales entr'elles & inclinées de différent côté, comme la ligne *A B*, *A C*, étant menées du point *A*, fur la ligne *D C*: Et deux autres lignes inégales entr'elles, mais dont chacune eft égale à chacune des deux premieres, comme les lignes *F G*, *F H*, étant menées du point *F*, fur la même ligne *G E*; fi *B C*, diftance des points de fection des deux premieres eft égale à *G H*, diftance des points de fection des deux dernieres, les deux points *A*, *F*, d'où elles partent, font également diftants de la ligne à laquelle elles font menées.

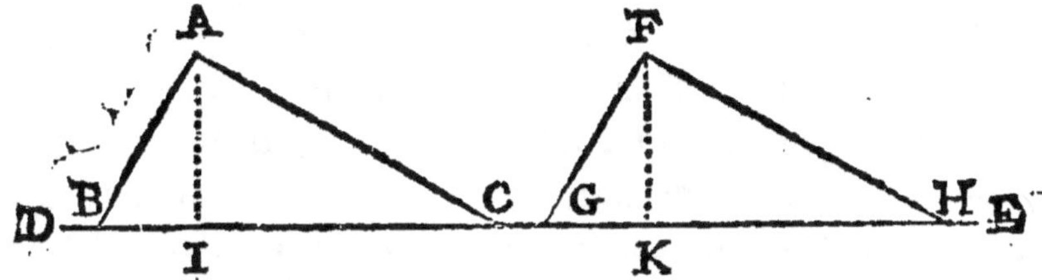

Car par le dernier cas de la Propofition precedente, les obliques étant égales aux obliques, c'eft à dire *A B*, étant égale à *F G*; *A C*, étant égale à *F H*, & les points de fection *B C*, *G H*, éloignemens de perpendicule, étant fuppofés égaux, il faut bien que les perpendiculaires *A I*, *F K*, foient égales. Cette derniere propofition eft de grand ufage, & il eft important de la bien retenir.

SECOND LIVRE.

Des Paralleles.

APRE'S avoir consideré dans le premier Livre, une proprieté des lignes droites, qui est de se rencontrer perpendiculairement ou obliquement, nous considererons dans celuy-cy une proprieté opposée, qui est de ne se rencontrer jamais.

PREMIE'RE PROPOSITION.

Si une ligne comme *A B*, est perpendiculaire sur une ligne comme *C D*, & oblique sur une autre ligne comme *E F*, toute autre ligne comme *G H*, qui sera perpendiculaire sur *C D*, sera necessairement oblique sur *E F*, & la plus courte de toutes sera celle qui sera la plus proche de l'inclinaison des lignes *C D*, *E F*, c'est à dire la plus proche du point où ces deux lignes prolongées se rencontreroient.

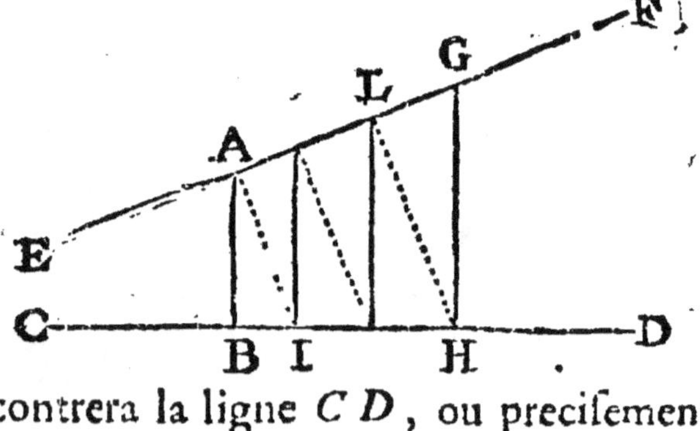

Car ayant élevé du point *A*, une perpendiculaire sur *E F*, cette perpendiculaire rencontrera la ligne *C D*, ou precisement au point *H*, ou entre les points *B*, *H*, ou par delà le point *H*.

Si elle la rencontre entre les points *B*, *H*, il faut continuer à mener, comme dans la figure, des per-

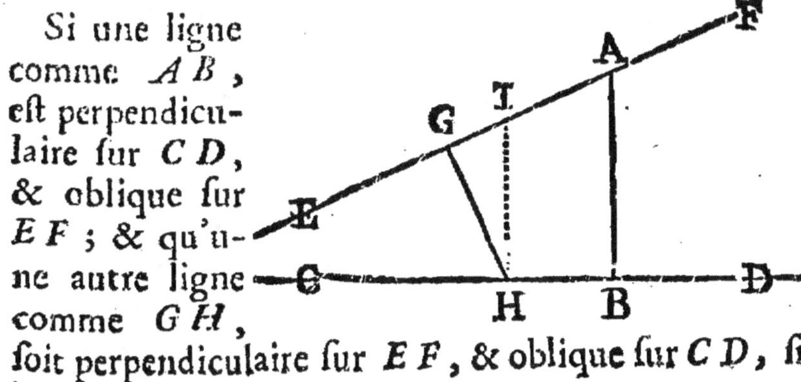

pendiculai-
res & des
obliques ,
jusqu'à ce
qu'on soit
parvenu ,
ou qu'on
ait passé le
point *H.* Et en tous ces cas , on demontrera que la
ligne *G H*, est perpendiculaire sur l'une & oblique
sur l'autre. Par exemple, puisque *A B*, est perpendiculaire sur *C D* ; *A I*, sera oblique sur *C D*, &
par consequent *A I*, sera plus longue que *A B*, par
la quatriéme Proposition du premier Livre. On démontrera en comparant toutes les lignes qui se suivent, que la ligne *L H*, est plus longue qu'aucune
des précedentes, mais plus courte que la ligne *G H*,
par la même Proposition, & que *G H*, sera oblique
sur *E F*, puisque *H L*, y est perpendiculaire. Si
la ligne *A I*, rencontre d'abord le point *H*, ce sera
la même démonstration. Que si la ligne *A I*, passe
le point *H*, on démontrera la même chose , en élevant au point *I*, une perpendiculaire sur *C D.*

Seconde Proposition.

Si une ligne
comme *A B* ,
est perpendicu-
laire sur *C D*,
& oblique sur
E F ; & qu'u-
ne autre ligne
comme *G H*,
soit perpendiculaire sur *E F*, & oblique sur *C D*, si

ces lignes ne s'entrecoupent point, celle qui sera plus prés de l'endroit vers lequel tendent les inclinées *C D*, *E F*, telle qu'est *G H*, sera plus courte que l'autre *A B*.

Car du point *H*, ayant mené sur *E F*, l'oblique *H I*, perpendiculaire sur *C D*, elle sera, par la precedente Proposition, plus courte que la ligne *A B*, & en même temps plus longue que la ligne *G H*, par la quatriéme Proposition du premier Livre, à plus forte raison la ligne *G H*, sera-t-elle plus courte que la ligne *A B*.

TROISIE'ME PROPOSITION.

Si une même ligne comme *A B*, est perpendiculaire aux deux lignes *C D*, *E F*; toute autre ligne comme *G H*, qui sera perpendiculaire sur *C D*, ou *E F*, sera perpendiculaire sur l'autre, & de plus sera égale à la perpendiculaire *A B*.

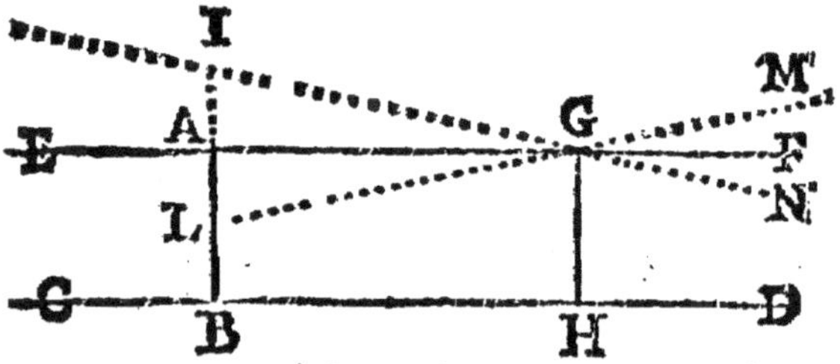

Car ayant mené par le point *G*, les lignes *IGN*, *LGM*, elles seront necessairement obliques sur la ligne *A B*, prolongée en *I*, puisque la ligne *A G*, lui est supposée perpendiculaire. Cela étant, il s'ensuit, 1°. par la premiere Proposition de ce Livre, que la ligne *G H*, est égale à la ligne perpendiculaire *A B*. Car si l'on ajoûte la moindre portion à la ligne *A B*, ou si on en retranche la moindre partie, les lignes *A B*, *G H*, deviendront inégales. Si, par exemple, l'on suppose que la ligne *M G L*, en ait retranché la portion *A L*, le reste *L B*, sera plus petit que *G H*, par la premiere Proposition; & si l'on suppose au contraire que la ligne, *I G N*, y ait ajouté la ligne *I A*, par la même Proposition, *I A B*, sera plus longue que *G H* : puisque *I B*, *G H*, sont toutes deux perpendiculaires sur *C D*, & obliques sur *I N*. Donc la ligne *A B*, est égale à la ligne *G H*, puisqu'on n'y peut rien ajoûter, ni en rien retrancher, sans la rendre inégale à la ligne *G H*.

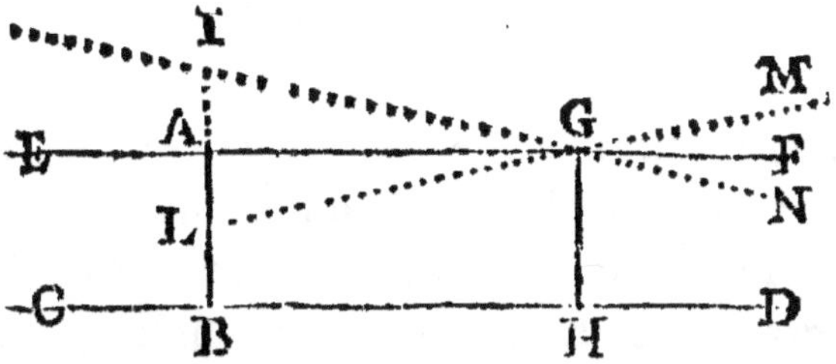

Pour prouver maintenant que la perpendiculaire *G H*, est en effet perpendiculaire sur les deux lignes *C D*, *E F*, il n'y a qu'à se souvenir de la precedente Proposition, où l'on a demontré que si une seule ligne est perpendiculaire sur *C D*, & oblique sur *E F*, toute autre ligne qui sera perpendiculaire sur *C D*, sera oblique sur *E F*. Donc si *G H*, étant perpendiculaire sur *C D*, étoit oblique sur *E F*, il s'ensuivroit que *A B*, qui est perpendiculaire sur *C D*, seroit oblique sur *E F*, ce qui est contre la supposition.

Quatrie'me Proposition.

Par un point donné comme *A*, faire passer une parallele à une ligne donnée comme *B C*, c'est à dire, tirer par le point *A*, une ligne, dont tous les points soient toûjours à égale distance de la ligne *B C*, en forte que ces deux lignes prolongées de part & d'autre à l'infini ne puissent jamais se rencontrer.

Du point donné *A*, soit mené sur *B C*, la perpendiculaire *A F*. Au point *A*, soit mené sur *A F*, la perpendiculaire *E A*, prolongée si l'on veut en *D* ; je dis que la ligne *D G A E*, est parallele à la ligne donnée *B C*.

Car par la construction, la ligne *A F*, étant perpendiculaire aux deux lignes *D E*, *B C*, il s'ensuit, par la precedente Proposition, que toute autre perpendiculaire, sur une de ces lignes, comme *G H*, sera perpendiculaire sur les deux, & égale à la perpendiculaire *A F* ; Donc les points *G*, *A*, seront chacun également éloignés de la ligne donnée *B C* ; car la distance d'un point à une ligne, est mesurée par la perpendiculaire qui est la plus courte de toutes. Donc tout autre point de la ligne *D E*, sera également éloigné de la ligne *B C* : Donc toute la ligne *D E*, sera toûjours à égale distance de la ligne *B C*, en quoy consiste le parallelisme.

Il s'ensuit de cette construction, qu'étant donnée la ligne *B C*, & le point *A*, si l'on mene la perpendiculaire *A F*, & une autre perpendiculaire comme *H G*, égale à la premiere, la ligne qui joindra les points *A*, *G*, sera la parallele demandée.

AUTRE CONSTRUCTION.

Par le point donné *A*, soit menée à discretion une oblique comme *A G*, sur la ligne *B C*.

Du point *A*, pris pour centre, soit décrite une portion de cercle dont le raïon soit *A G*, & du point *G*, pris pour centre, soit décrit l'arc *A H*, dont le raïon soit *G A*. Soit pris l'arc *G F*, égal à l'arc *A H*. Par le point *F*, & le point donné *A*, soit menée la ligne *D F I A E*. Je dis qu'elle est parallele à la ligne *B C*.

Car la ligne oblique AG est égale à GA, c'est à à dire à elle-même: la li-gne FA, est égale à la ligne GH, puisque ce sont deux raïons de deux cercles égaux. D'ailleurs les arcs FG, AH, étant égaux par construction, les cordes qui les soutiennent seront égales, c'est à dire les lignes droites FG, AH. On peut donc consi-derer les deux lignes droites GF, GA, comme deux obliques inégales entre elles, & inclinées de different côté, menées du point G, sur la ligne DE. On peut aussi considerer les deux lignes droites AH, AG, comme deux autres obliques inégales entre elles & inclinées de different côté, menées du point A, sur la ligne BC. Mais ces deux dernieres obli-ques inégales entre elles, font chacune égale à cha-cune des deux premieres, c'est à dire, la ligne droite GF, égale à la droite AH; GA, égale à AG; & de plus FA, distance des points de section des deux premieres obliques, est égale à GH, distance des points de section des deux dernieres. Donc par la septiéme Proposition du premier **Livre**, les deux points A, G, d'où partent les obliques, font cha-cun également distans de la ligne fur laquelle elles font menées. Donc les deux perpendiculaires AL, GI, font égales, donc la ligne qui les renferme est parallele à la donnée.

CINQUIE'ME PROPOSITION.

Les également inclinées entre paralleles font éga-les, les portions des paralleles qu'elles coupent font égales, & ces également inclinées font paralleles elles-mêmes.

Soient les
lignes *B C*,
A D, éga-
lement in-
clinées en-
tre les pa-
ralleles *I A*, *L M*. Soient menées des points *B*,
A, les perpendiculaires *B E*, *A F*. Des points *D*,
B, soient menées les perpendiculaires *D H*, *B G* :
& soient joints les points *B*, *D*, par la ligne *B D*.

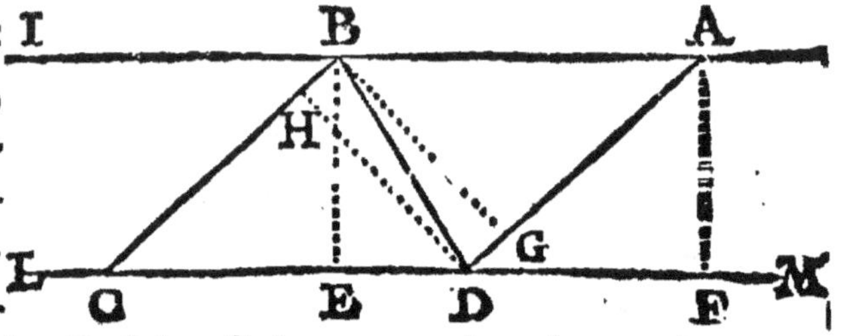

Puisqu'on suppose les obliques *B C*, *A D*, également inclinées, il faut que leurs éloignements de perpendicule *C E*, *D F*, soient égaux. Or leurs perpendiculaires *B E*, *A F*, sont égales puisqu'elles
sont entre paralleles, donc par le premier cas de la 6.
Proposition du I. Livre, les obliques *B C*, *A D*,
sont égales.

2°. Les portions des paralleles *B A*, *C D*, sont
égales. Car *B A*, est égale à *F E*, puisque les lignes *B A*, *F E*, sont toutes deux perpendiculaires
entre les lignes *B E*, *A F*. Or *C D*, est égale à *F E*,
parceque *C E*, étant égale à *D F*; la grandeur *E D*,
qui leur est commune, étant jointe à l'une & à l'autre, doit faire deux grandeurs égales. Donc *C D*,
est égale à *B A*, qui est égale à *F E*.

3°. Les lignes *B C*, *A D*, également inclinées,
sont paralleles elles-mêmes; car les trois lignes *B D*,
D A, *A B*, sont égales aux trois lignes *B D*, *B C*,
C D, chacune à chacune. Donc par la 7. Proposition du I. Livre, les perpendiculaires *D H*, *B G*,
sont égales. Donc elles sont entre paralleles.

TROISIÉME LIVRE.

Des Lignes droites terminées à une circonference.

APRE's avoir parlé dans les deux Livres précedens des lignes droites qui se rencontrent & de celles qui ne peuvent jamais se rencontrer, nous allons parler dans celuy-cy des lignes droites terminées à la circonference d'un cercle.

Ces lignes peuvent ou partir de dehors le cercle & le couper, en ce cas on les appelle sécantes exterieures, telles sont les lignes *A B*, *A C*.

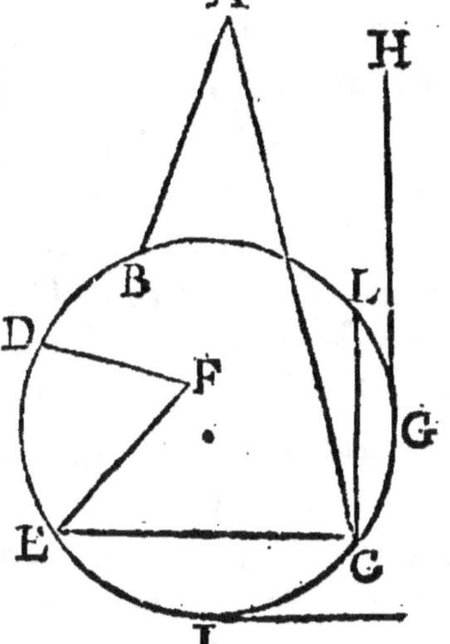

Ou partir d'un point en dedans de la circonference, comme les lignes *FD*, *FE*, en ce cas on les nomme sécantes interieures.

Ou partir d'un point hors du cerle, & toucher la circonference sans la couper, quoyque prolongées, comme les lignes *G H*, *I K*, en ce cas on les nomme tangentes.

Ou partir d'un point de la circonference même, & aboutir à un autre point, comme les lignes *E C*, *L C*. Celles-cy s'appellent cordes.

Ainsi nous traiterons dans ce Livre; des cordes; des sécantes interieures & exterieures; & des tangentes.

DES

DES CORDES.

Premiere Proposition.

La ligne droite qui coupe une corde peut avoir trois conditions. Couper la corde perpendiculairement. Couper la corde par la moitié. Paſſer par le centre du cercle. Deux de ces conditions données, donnent la troiſiéme.

Premier Cas. Si la ligne droite *E A*, perpendiculaire à la corde *B C*, la coupe en deux parties égales au point *D*, elle paſſe neceſſairement par le centre. Car puiſque la ligne *E A*, eſt perpendiculaire, & que le point *D*,

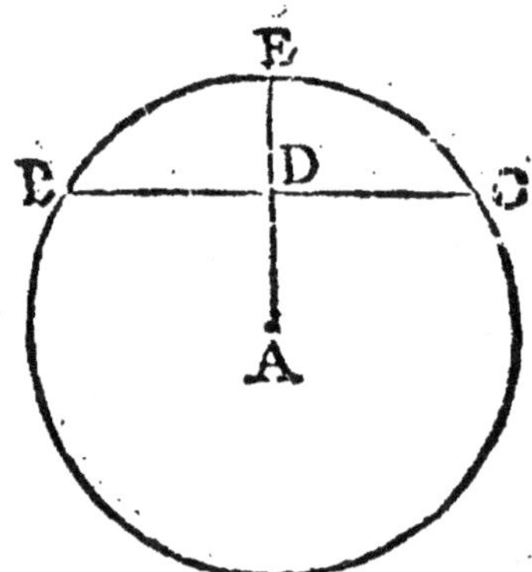

l'un de ſes points eſt ſuppoſé également éloigné des points *B*, *C*, il faut que tout autre point de cette perpendiculaire ſoit également éloigné des points *B*, *C*; & que cette même perpendiculaire comprenne tous les points qui ſont également éloignés des points *B*, *C*; or le centre eſt un point également éloigné des points *B*, *C*, qui ſont en la circonference. Donc la perpendiculaire *E A*, paſſera par le centre.

Second Cas. Si la ligne eſt perpendiculaire à la corde, & qu'elle paſſe par le centre *A*, elle la coupe en deux parties égales au point *D*.

Car puiſque le point *A*, qu'on ſuppoſe être le centre, eſt également éloigné des points *B*, *C*, & que la ligne *E A*, eſt perpendiculaire, il faut que tout autre point de cette même perpendiculaire ſois également éloigné des points BC. Or le point D, est un point de cette perpendiculaire, donc il est également éloigné des points B, C. Donc la corde est divisée en deux parties égales.

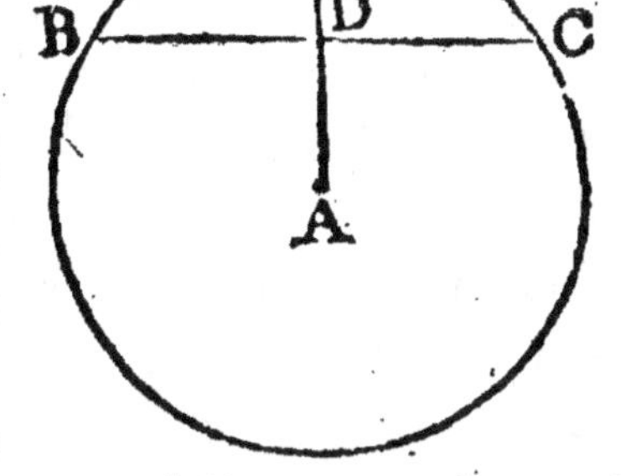

Troisième Cas. Si la ligne EA, passe par le centre, & qu'elle coupe la corde par la moitié; elle est perpendiculaire à la corde.

Car le centre & le point D, étant chacun à égale distance des points B, C, la ligne EA, sera perpendiculaire par la définition.

SECONDE PROPOSITION.

Par trois points quelconques, comme A, B, C, pourvû qu'ils ne soient point dans une même ligne droite, faire passer une circonference.

Soient joints par une ligne droite les points A, B; & par une autre ligne droite, les points B, C. Soient divisées perpendiculairement & par la moitié, les lignes AB, BC, par les lignes FG, ED. Le point H, intersection des deux perpendiculaires, sera le centre de la circonference que l'on décrira de l'intervale HA, ou HB, ou HC.

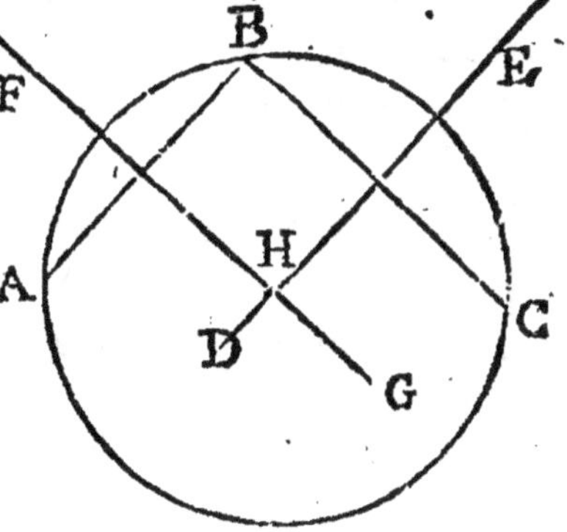

Car par le premier cas de la précedente Proposition, les lignes FG, ED, coupant les lignes AB, BC, qui doivent être des cordes du cercle requis, per-

pendiculairement & par la moitié; l'une & l'autre
paſſe par le centre. Donc le centre doit être neceſſairement dans l'une & l'autre de ces deux lignes, qui
ne pouvant avoir qu'un ſeul point commun, comme
H, le déterminent à être le centre du cercle. On
feroit la même choſe, ſi l'on propoſoit de trouver le
centre d'un cercle donné, il n'y auroit qu'à marquer
à diſcretion, trois points dans ſa circonference, &
faire comme cy-deſſus.

COROLLAIRE.

Quand on a trois points d'une circonference, on a
toute la circonference : Car ayant trois points, on a
le centre par la précedente Propoſition, & le centre
avec un des points donnés déterminent le raïon.

COROLLAIRE II.

Si deux circonferences ont trois points communs,
elles les ont tous, c'eſt à dire, que c'eſt la même
circonference.

COROLLAIRE III.

Il eſt impoſſible que deux circonferences ſe coupent en plus de deux points.

TROISIE'ME PROPOSITION.

La perpendiculaire qui coupe une corde en deux
parties égales, diviſe en deux parties égales les
arcs grands & petits, qui ſont ſoûtenus par cette
corde.

Soit la corde AB, divi-
sée au point E, en deux
parties égales par la perpendiculaire CED. Je dis
que l'arc ACB, est divisé par elle en deux parties
égales au point C, & que
l'arc ADB, est divisé en
deux parties égales au point
D. Soient menées les cordes
AC, CB, AD, DB.

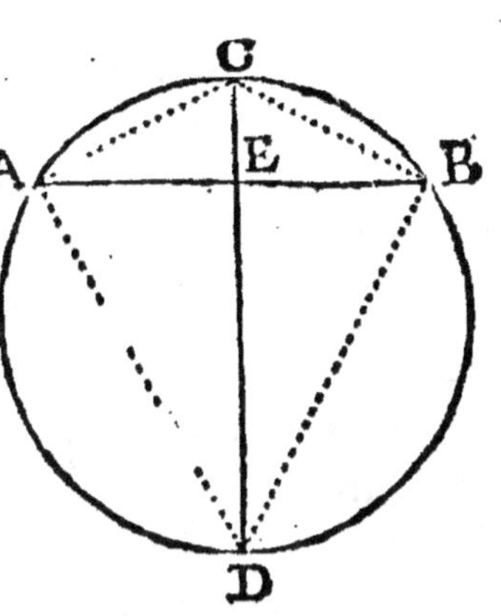

Si la corde AC, est égale à la corde CB, & que
la corde AD, soit égale à la corde DB, les arcs
AC, CB, seront égaux entre eux, & les arcs AD,
DB, pareillement, puisque suivant les Axiomes
que nous avons supposés, dans le même cercle ou
dans les cercles égaux, les cordes égales soutiennent
des arcs égaux. Or l'égalité des cordes AC, CB,
est manifeste, aussi-bien que celle des cordes AD,
DB. Car la ligne CED, étant perpendiculaire à la
corde AB, & le point E, étant supposé également
éloigné des extremités AB. Tout autre point de
cette perpendiculaire, comme les points C, D, sera
également éloigné des extremités AB, donc la ligne AC, qui mesure la distance des points A, C,
est égale à la ligne CB, qui mesure la distance des
points C, B, & la ligne AD, égale à la ligne DB;
donc l'arc AC, égal à l'arc CB; & l'arc AD,
égal à l'arc DB.

COROLLAIRE.

Tout raïon perpendiculaire sur le diametre, partage la demi circonference en deux parties égales :
car le diametre est pour lors consideré comme une

corde qui foutient la demi circonference.

QUATRIE'ME PROPOSITION.

Si de l'extremité de l'un des raïons qui comprennent un arc, l'on meine une perpendiculaire sur l'autre raïon, elle s'appelle le Sinus de l'arc, & si cette perpendiculaire est prolongée jusqu'à la circonference, elle deviendra corde d'un arc double de l'arc donné.

Soit l'arc donné *B C*, compris par les raïons *A B*, *A C*, De l'extremité de l'un des raïons, comme *B* : soit menée sur un point de l'autre raïon, la perpendiculaire *B E*, elle sera par la définition le Sinus de l'arc *B C*. Soit à

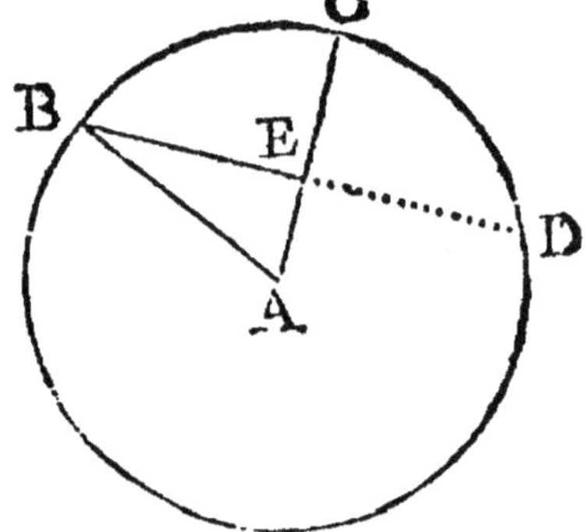

present prolongé ce Sinus *B E*, jusqu'au point *D*. Je dis que l'arc *B C D*, soûtenu par la corde *B E D*, est double de l'arc *B C*.

Car la ligne *C A*, passant par le centre, & étant par la construction, perpendiculaire sur la ligne *B D*, il s'ensuit par les précedentes Propositions, que non-seulement elle coupe cette ligne ou corde *B D*, en deux parties égales au point *E*, mais qu'elle coupe aussi l'arc *B C D*, en deux parties égales au point *C*. D'où s'ensuit que l'arc *B C D*, est double de l'arc donné *B C*, & que la corde *B D*, est double du Sinus *B E*. Ainsi l'on peut encore donner cette autre définition du Sinus.

Le Sinus d'un arc est la moitié de la corde qui soûtient le double de l'arc dont il est Sinus. Ces Propositions & définitions sont d'une extrême consequence pour la suite.

CINQUIE'ME PROPOSITION.

Dans le même cercle , ou dans les cercles égaux , les Sinus égaux donnent des arcs égaux , & les arcs égaux , donnent des Sinus égaux.

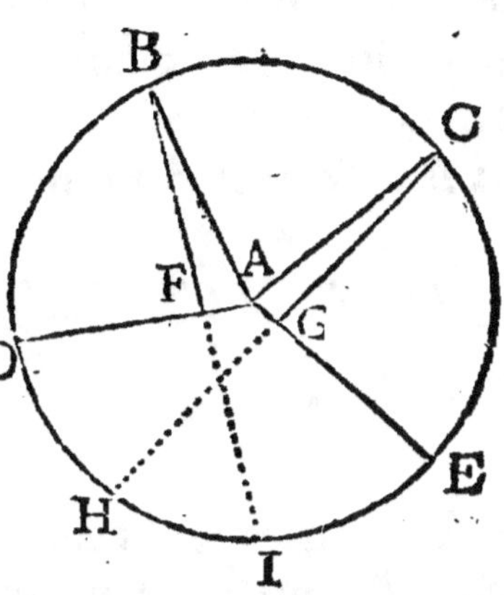

Car *B F*, Sinus de l'arc *B D*, étant égal à *C G*, Sinus de l'arc *C E*, *B I*, double du premier Sinus, fera égale à *C H*, double du second Sinus. Or les deux cordes *B I*, *C H*, é- tant égales, el'es soûtien- nent des arcs égaux ; sça- voir , l'arc *I D B* , & l'arc *C E H.* Donc leurs moi- tiés *D B* , *C E*, feront égales. On démontrera de même l'autre cas de la Proposition.

SIXIE'ME PROPOSITION.

Si plusieurs circonferences sont concentriques , c'est à dire , si elles ont le même centre , & que l'on tire du centre des raïons terminés à la grande circon- ference , ces raïons couperont dans les autres circon- ferences des arcs qui auront chacun même rapport à leur circonference , que l'arc de la grande aura à la sienne.

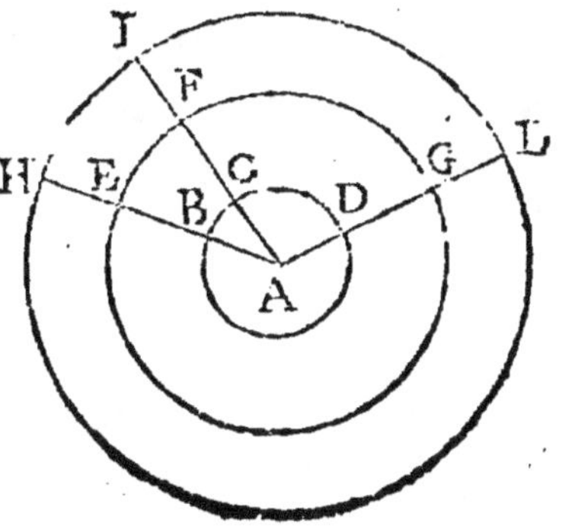

Car si l'on considere la ligne *A L* , tournant de telle sorte , que son point *A* , tournant en lui-même son extremité *L* , décrive la grande circonference , il est évident que chacun des points intermediaires , comme *G D*, décrira une circonference concentrique : & que lorsque le raïon *A L*, sera parvenu au point *I*, le point *D*, sera parvenu en *C*, & le point *G*, en *F*, en sorte que si *L I*, est par exemple, la cinquiéme partie de la grande circonference, *G F*, sera la cinquiéme partie de la moïenne, & *C D*, de la petite. De même quand le point *L*, sera arrivé en *H*, les points *G*, *D*, seront arrivés aux points *E B*, & ainsi du reste.

DES SECANTES EXTERIEURES.

Septiéme Proposition.

De toutes les Secantes exterieures, la plus courte est celle qui étant prolongée passeroit par le centre.

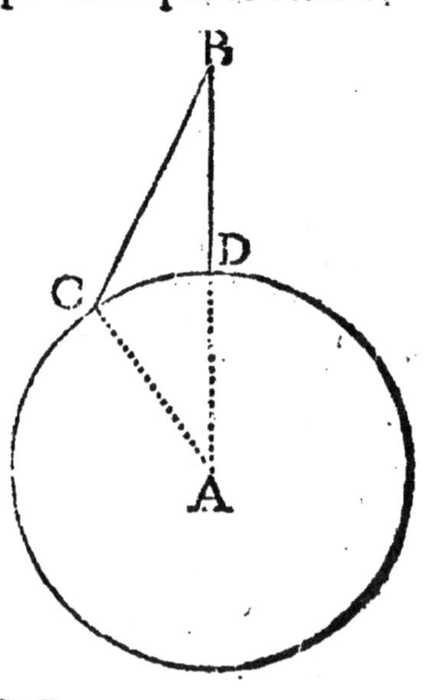

Car si *B D*, Secante est supposée passer par le centre *A*, en la prolongeant ; du même centre *A*, soit tiré le raïon *C A*, au point *C*, où aboutit toute autre secante comme *B C*. Il est évident que *A C B*, pris ensemble enferme *A B*, donc *A C B*, est plus long que *A B*. Si donc de ces deux quantités inégales, on en retranche les raïons *A C*, *A D*, qui sont égaux, le reste *B C*, sera plus grand que le reste *B D*.

Huitiéme Proposition.

De toutes les Secantes exterieures, la plus longue est celle qui passe par le centre.

B iiij

Je dis, par exemple, que la Secante *A D*, qui paſſe par le centre *B*, eſt plus longue que la Secante *A C*. Soit tiré le raïon *B C*. La Secante *A D*, eſt égale aux deux lignes *A B*, *B C*, puiſque c'eſt une même quantité ; ſçavoir, *B D*, *B C*, ajoûtée à la quantité *A B*. Or *A B B C*, eſt plus grand que la ligne *AC* qu'il renferme, donc *AD*, eſt plus grand que *A C*.

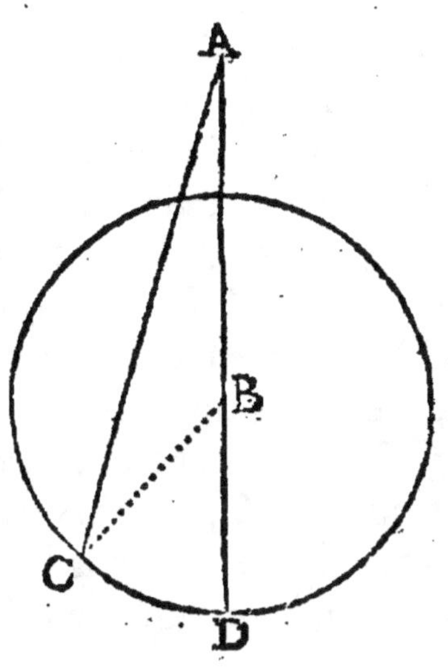

DES SECANTES INTERIEURES.

Neuvie'me Proposition.

La plus longue de toutes les Secantes interieures, eſt celle qui paſſe par le centre.

Car la Secante *A B D*, qui paſſe par le centre *B*, eſt égale aux deux lignes *A B*, *B C*, priſes enſemble, à cauſe de l'égalité des raïons *B D*, *B C*. Or *A B*, *B C* contient *A C*, & par conſequent eſt plus grand que *A C*.

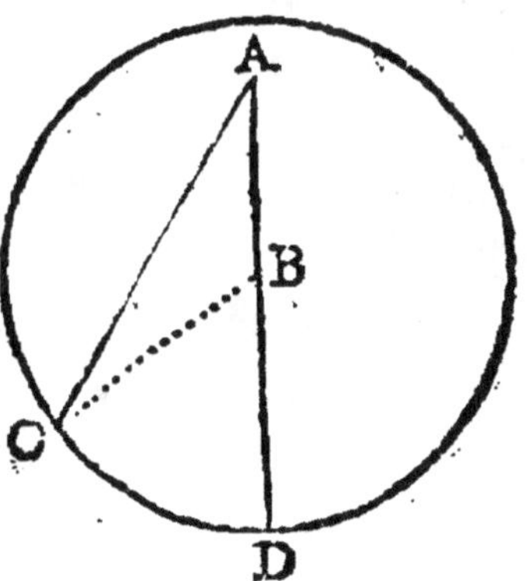

Dixie'me Proposition.

La plus courte de toutes les Secantes interieures, eſt celle qui prolongée paſſeroit par le centre.

Soit la Secante *B D*, prolongée jusqu'au centre *A*,
& du centre *A*, soit mené
le raïon *A C*, au point *C*,
où aboutit la Secante *B C* ;
je dis que *B D*, est plus
courte que *B C* ; car la toute
A D, qui est un raïon, est
égale au raïon *A C*. Or
A B C, contient *A C*,
donc *A B C*, est plus grand que *A D*. Donc si l'on
retranche *A B*, qui leur est commun, le reste *B D*,
sera plus court que le reste *B C*.

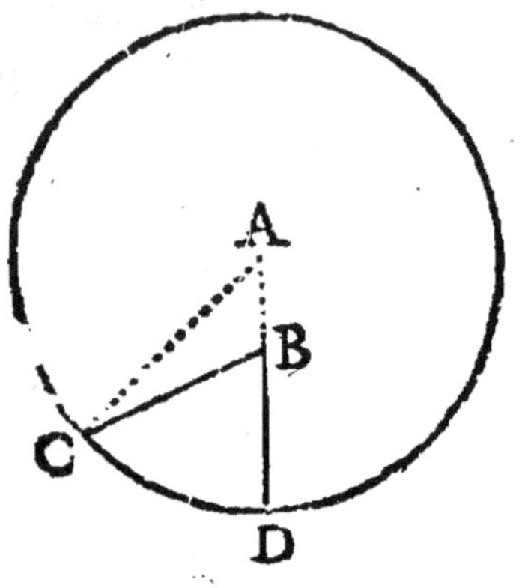

DES TANGENTES.

Onzie'me Proposition.

Toute ligne perpendiculaire sur l'extremité d'un
raïon, touche le cercle, & ne le touche qu'en un
seul point.

Sur le point *B*,
extremité du raïon
A B, soit menée la
ligne *D B E*, per-
pendiculaire. Il est
déja bien certain
qu'elle touche le cer-
cle, puisque le point
B, est commun à
son raïon *A B*, &
à la ligne *D B E*.

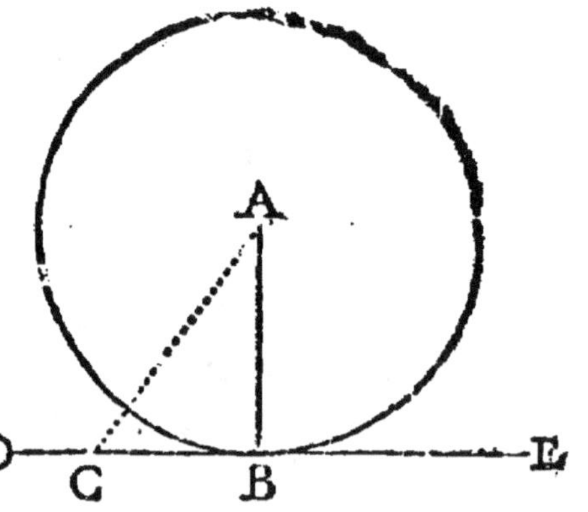

Pour prouver qu'elle ne le peut toucher en aucun autre point comme *C*. Soit menée du centre *A*, la
ligne *A C*. Il est certain qu'elle sera oblique sur la
Tangente, puisque du point *A*, l'on ne peut mener

qu'une feule perpen-
diculaire. Or par la
4 Propofition du I.
Livre, la perpendicu-
laire eft la plus courte
de toutes les lignes,
qu'on peut mener fur
la Tangente *D E* ;
donc l'oblique *A C* ,
fera plus longue que
la perpendiculaire

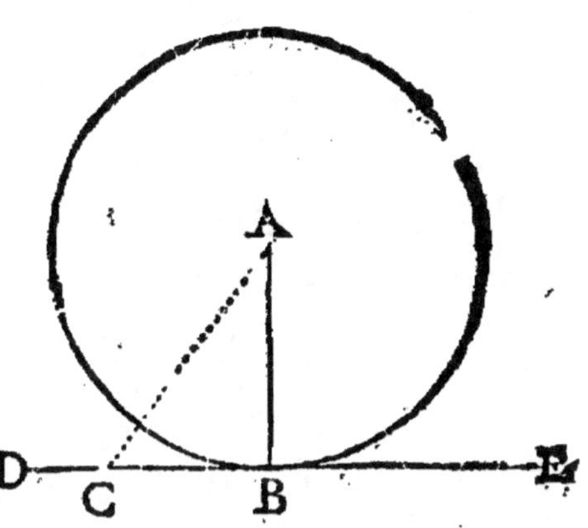

A B , qui eft un raion ; donc fon extremité *C* , eft
hors du cercle & par confequent le point *C* , n'eft
pas commun au cercle & a la Tangente.

Douzie'me Proposition.

Il eft impoffible de faire paffer une feule ligne droite
entre la Tangente & le cercle, quoyqu'on y en puiffe
faire paffer une infinité de circulaires, qui ne le rencontreront toutes qu'au feul point de contingence.

1º. Ayant mené
la Tangente *DBE.*
Si vous dites qu'on
puiffe faire paffer
entre elle & le cer-
cle, la ligne, *B F* ,
fans qu'elle coupe le
cercle; voici comme
je démontre l'im-
poffibilité du cas.

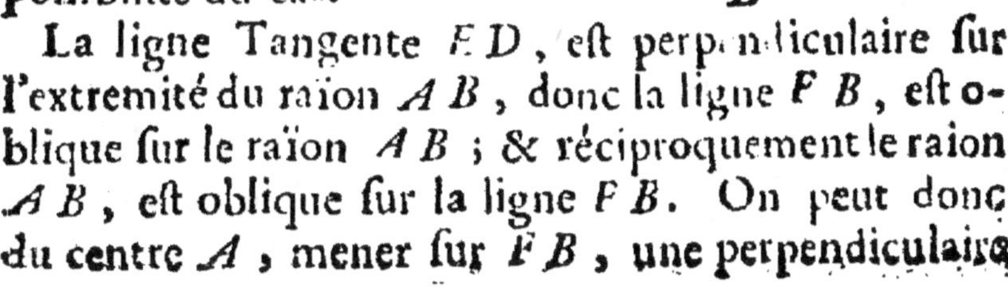

La ligne Tangente *E D* , eft perpendiculaire fur
l'extremité du raion *A B* , donc la ligne *F B* , eft o-
blique fur le raion *A B* ; & réciproquement le raion
A B , eft oblique fur la ligne *F B* . On peut donc
du centre *A* , mener fur *F B* , une perpendiculaire

comme *A C*. Cette perpendiculaire *A C*, sera plus
courte que le raion *A B*, par la 4. Proposition du I.
Livre ; donc le point *C*, extremité de la perpendiculaire *A C*, sera au dedans du cercle, & n'ira pas jufqu'à la circonference ; donc la ligne *B C F*, entre
neceffairement au dedans du cercle.

2°. Ayant le petit
cercle dont le raion eft
A C, & la Tangente
E C F. Si le raion *A C*,
eft prolongé à l'infini,
& que dans ce raion
prolongé, l'on choififfe
une infinité de points,
comme *B*, pour fervir
de centre à de nouvel-
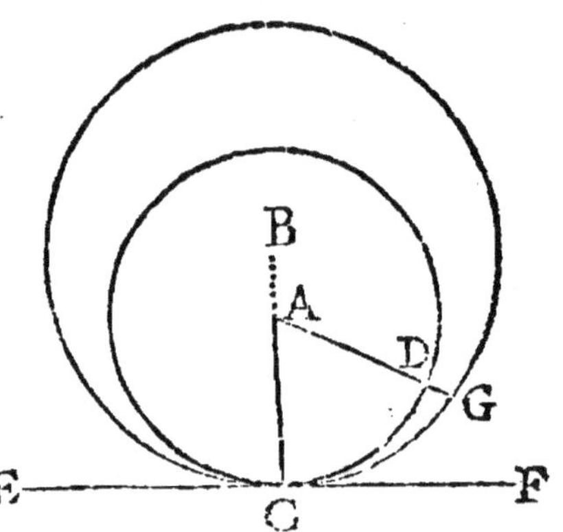
les circonferences, dont le raion foit *B C*. Je dis que
toutes ces circonferences n'ont aucun point commun,
que le feul point *C*, point de contingence. Car par
exemple, fi l'on dit que le point *G*, eft commun aux
deux circonferences de la figure ; du point *A*, centre du petit cercle, foit mené au point *G*, la ligne *AG*.

La ligne *A C*, eft raion du petit cercle ; elle eft Secante interieure à l'égard du grand cercle, & paffe-
roit par fon centre *B*, fi elle étoit continuée. La ligne
A G, eft encore une Secante interieure à l'égard du
grand cercle. Or par la 10. Propofition de ce Livre,
la ligne *A C*, eft neceffairement plus courte qu'aucune Secante interieure menée du point *A* ; donc la ligne *A C*, eft plus courte que la ligne *A G* ; donc la
ligne *A G*, eft plus longue que le raion du petit cercle. Donc fon extremité *G*, eft hors de la circonference du petit cercle ; donc le point *G*, & le point
D, ne font pas le même point. On demontrera la
même chofe de tout autre point choifi à difcretion

dans toutes les circonferences poſſibles, qui auront leur centre dans la ligne *C B*, prolongé à l'infini, & la ligne *E C F*, pour Tangente.

COROLLAIRE.

Il eſt impoſſible d'un autre point que le centre, de mener trois lignes égales, juſqu'à la circonference.

Car on a démontré que la Secante interieure, qui paſſe par le centre, eſt plus longue qu'aucune autre menée du même point, & que la Secante interieure, qui continuée, paſſeroit par le centre, eſt plus courte qu'aucune autre. D'où ſuit manifeſtement que toutes les intermediaires ſont inégales, & par conſequent qu'on peut avoir tout au plus deux Secantes interieures égales entre elles dont l'une ſera d'un côté, & l'autre ſera de l'autre côté, à l'égard de celle qui paſſe par le centre.

II. COROLLAIRE.

Le point d'où l'on peut mener juſques à la circonference trois lignes égales eſt neceſſairement le centre du cercle.

TREIZIE'ME PROPOSITION.

D'un point donné comme *A*, hors du cercle *BCD*, tirer deux Tangentes à ce cercle, & démontrer qu'elles ſont égales.

Du point *E*, centre du cercle, ſoit tirée juſqu'au point donné *A*, la ligne *E A*.

Du centre *E*, intervale *E A*, ſoit décrit le cercle *I A H*. Au point *C*, où ç raïon *E A*, coupe le

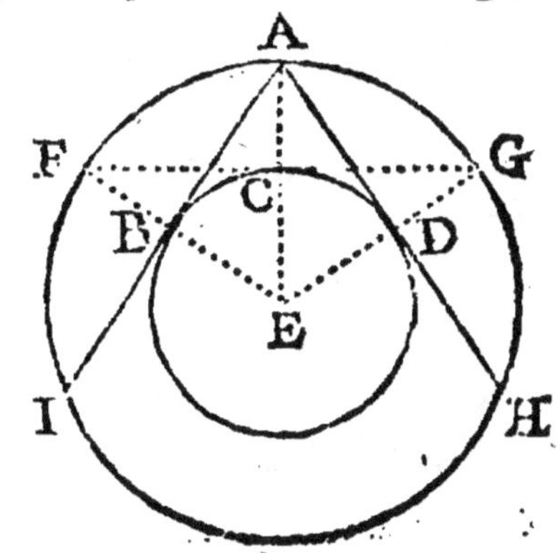

petit cercle, soit menée la perpendiculaire *F C G*, terminée par la circonference aux points *F G*, cette perpendiculaire sera Tangente à l'égard du petit cercle, & corde à l'égard du grand. Soit prise avec le compas, la longueur *F G*, qui soit portée du point donné *A*, jusques aux points de la grande circonference *I H*. Soient menées les lignes *A I*, *A H*. Je dis qu'elles sont Tangentes à l'égard du petit cercle.

Par la construction *F G*, est Tangente; *F G*, *A I*, *A H*, sont cordes égales aussi par la construction. Donc elles sont également éloignées du centre *E*. Or la distance du centre *E*, jusques à la corde *F G*, est mesurée par le raïon *E C*, qui lui est perpendiculaire; donc la distance des deux autres cordes *A I*, *A H*, également éloignées de ce centre, sera mesurée par les raïons *E B*, *E D*. Donc ces deux raïons leur sont perpendiculaires, autrement ils n'en mesureroient pas la distance à l'égard du centre. Donc les deux cordes *A I*, *A H*, sont elles-mêmes perpendiculaires chacune à leur raïon. Donc par la onziéme Proposition de ce Livre, elles touchent le cercle aux points *D B*.

Il s'ensuit de la même démonstration, que les deux Tangentes prises du point donné, jusqu'aux points de contingence, sont égales, puisqu'elles sont moitié de cordes égales par la premiere Proposition de ce Livre.

A V E R T I S S E M E N T.

Avant que de passer à autre chose, il ne sera pas inutile de faire quelques reflexions sur la douziéme Proposition de ce Livre. Elle est trés-propre à humilier l'esprit humain, en le convainquant qu'il y a des verités trés claires, quand on les considere chacune en particulier, dont il est cependant impossible de concevoir la liaison, & qui font de telle nature, que l'une femble détruire l'autre.

On démontre qu'une ligne droite, qui n'a aucune largeur, ne fçauroit paffer entre la Tangente & le cercle. Donc l'efpace qui eft entre la Tangente & le cercle, eft infiniment petit ; & toutefois cet efpace infiniment petit en lui-même, peut être divifé en une infinité d'autres plus petits puifqu'on peut faire paffer entre le cercle & la Tangente, une infinité de circonferences, qui ne fe rencontrent qu'au feul point de contingence. Voilà donc bien certaine-ment un infiniment petit, divifé en une infinité d'au-tres. Cela eft démontré ; mais cela fe conçoit-il bien clairement ?

Pour aider l'imagination, reprefentés-vous une boule parfaite, pofée fur un plan. Cette boule porte fur un feul point qui n'a aucune étenduë. Autre-ment la Tangente & le cercle auroient plus d'un point commun.

Reprefentés-vous maintenant une boule beaucoup plus groffe que la premiere, pofée fur le même plan. Cette groffe boule porte comme la premiere fur un feul point, & cependant, il eft trés-certain que la courbure de la groffe boule, eft moindre que la cour-bure de la petite, & par conféquent, qu'à compter du point de contingence, la circonference de la groffe boule s'éloigne moins de la Tangente, que la cir-conference de la petite ne s'éloigne de la fienne ; quoi-qu'il foit démontré que l'efpace qui eft entre la cir-conference de la petite boule & fa Tangente eft fi pe-tit, qu'une grandeur infiniment petite en largeur, telle qu'eft une ligne droite n'y fçauroit paffer. C'eft à dire que cet efpace eft infiniment petit, & que ce-pendant il en renferme une infinité d'autres.

Tout ce qui fe démontre dans les hautes fpeculations de Geometrie sur les asymptotes, les espaces asymptotiques, les Infiniment Petits de Messieurs de Leibnitz & de l'Hospital, dont les principes sont si feconds ; en un mot, tout ce qui se démontre sur l'infini, est de même nature. L'esprit humain est convaincu de certaines verités : mais il est obligé d'avouer sa foiblesse, quand il veut comprendre, pour ainsi dire, le comment, c'est à dire, comment il est possible que ces verités subsistent ensemble ? Mais comme l'esprit humain est borné, & que le Createur de nos ames, ne leur a pas donné des lumieres infinies, c'est à nous à nous souvenir de nôtre condition. Rien ne seroit plus déraisonnable, que de vouloir nier des verités dont nous sommes convaincus d'ailleurs, parce que nous n'en comprenons pas la liaison. Nous les comprenons ces verités, parce que nous avons une certaine mesure de raison ; nous n'en comprenons pas la liaison, parce que nous ne sommes pas Dieu, & que nôtre raison n'est pas infinie. On a donc grand tort de vouloir attaquer la Geometrie des Infiniment Petits, & celle des Indivisibles, parce qu'il y a de certaines choses qu'on ne comprend pas dans la nature de l'infini, qui en effet doit être incomprehensible ; mais autre chose est de le comprendre, autre chose de se convaincre qu'il existe. J'avoüe de bonne foy, que je suis pleinement convaincu de la verité de la douziéme Proposition ; mais j'avoüe en même temps que je ne la comprends pas.

Que si je me vois obligé de reconnoître des verités incompatibles en Geometrie, où l'esprit humain se pique de voir plus clair qu'ailleurs, à plus forte raison dois-je avoir de la soumission pour des verités d'un ordre superieur à ma raison, & me souvenir toûjours que celuy qui l'a créée n'étoit pas obligé de la rendre capable de tout.

QUATRIÉME LIVRE.

Des Angles.

APRÉ's avoir parlé des Lignes perpendiculaires, des Obliques, des Paralleles, & de celles qui font terminées à une circonference, l'ordre naturel demande que nous parlions des Angles, qui font une efpece de furface.

DÉFINITION.

L'Angle eft une furface indéterminée fuivant fa longueur, qui eft celle des lignes qui le comprennent; & déterminée par la rencontre de ces deux lignes en un point qu'on appelle le Sommet, & par la partie d'une circonference qui a ce fommet pour centre.

Ainfi l'efpace $DBACE$, eft un angle dont le fommet eft le point A, les lignes DBA, ACE, en font les côtés; & la portion de circonference DE, qui eft d'un certain nombre de degrés, eft la mefure de cet angle.

L'angle fe defigne ordinairement par trois lettres, dont celle du milieu marque le fommet. Mais il eft important de bien remarquer que pour mefurer cet angle on peut fe fervir de la portion de la circonference BC, laquelle a autant de degrés que la portion DE, & qu'ainfi l'angle BAC, entant qu'Angle, n'eft

n'eſt point different de l'angle *DAE* ; les côtés du
dernier, ſont à la verité plus longs, mais la meſure
de l'angle eſt la même, & contient pareil nombre de
degrés. De ſorte que ſi l'angle *DAE*, contient 25
degrés, l'angle *BAC* eſt pareillement un angle de
25 degrés, & il n'arriveroit aucun changement à ſa
meſure, qui ſeroit toûjours de 25 degrés, quand les
côtés *DA*, *AE*, ſeroient prolongés à l'infini.

Si les deux côtés d'un angle ſont pris égaux, l'angle
s'appelle Iſoſcelie. En ce
cas, ſi l'on joint les extremités de ces deux côtés par
une ligne droite, il eſt viſible que cette ligne ſera la
corde d'un arc, qui aura
pour raïons les côtés de l'angle.

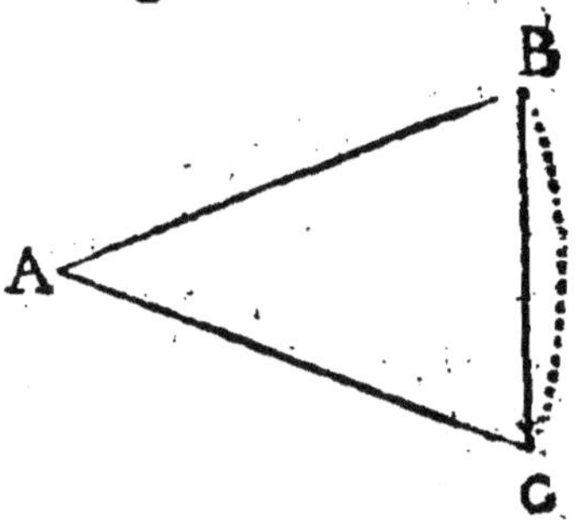

Si les côtés ſont iné-
gaux, & que de l'un,
l'on mene une perpendi-
culaire ſur l'autre, cette
ligne ſera pour lors Sinus
de l'angle ; ainſi dans cette ſeconde figure, la li-
gne *BC*, eſt Sinus, &
dans la premiere, la ligne *BC*, eſt corde.

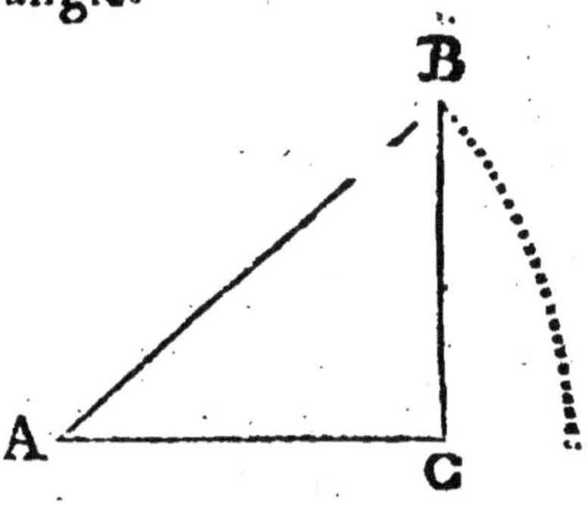

Que ſi cette ligne
qui joint les côtés,
n'eſt ni Corde ni
Sinus, comme en
cette derniere figu-
re, on l'appelle ſim-
plement la Baſe de l'angle, qui eſt un nom commun
à toutes les lignes qui joignent les côtés.

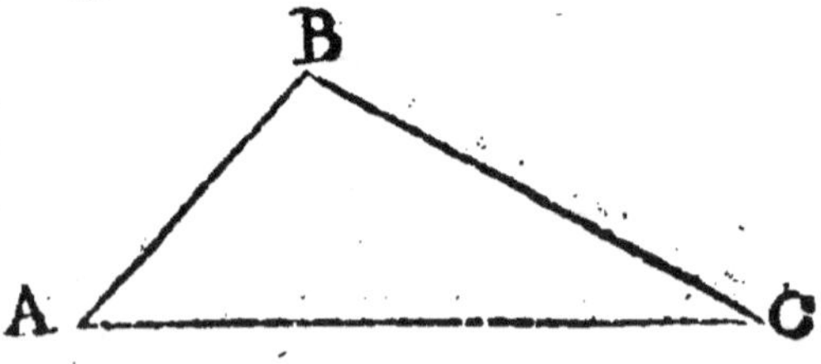

C

Cela donne trois manieres de mesurer les angles, par les Arcs, par les Sinus, par les Cordes; mais il est évident que la maniere absoluë & naturelle de mesurer les angles, est de considerer la grandeur de l'arc, c'est à dire, le nombre de degrés qu'il contient. C'est par là qu'on a divisé l'angle en droit, aigu, obtus.

L'angle droit est un angle de 9 0 degrés, d'où s'ensuit qu'une ligne qui tombe perpendiculairement sur une autre, fait deux angles droits; par exemple, la ligne *AC*, tombant perpendiculairement sur *BD*, fait d'une part l'angle *ACD*, & de l'autre l'angle *ACB*, qui sont chacun un angle de 9 0 degrés, puisque du point *C*, décrivant une demi circonference, elle se trouvera divisée en deux parties égales; c'est à dire en deux arcs de 9 0 degrés chacun, par la troisiéme Proposition du Livre precedent.

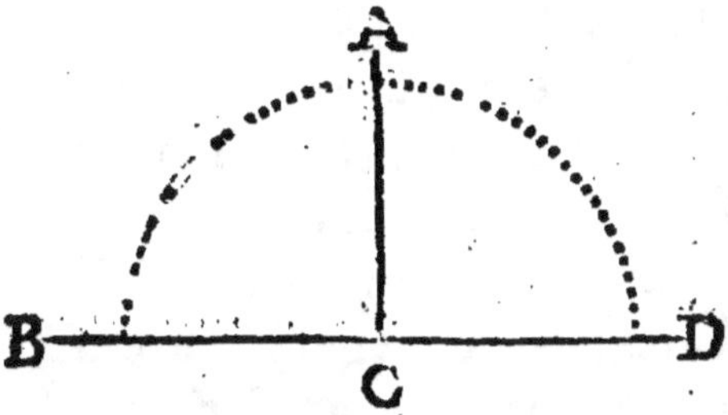

Que si la ligne *AC*, tombe obliquement sur la ligne *BD*, comme en cette seconde figure, elle fait deux angles iné-gaux : *ACD*, qui a moins de 9 0 degrés, & qui se nomme Angle aigu, & *ACB*, qui a plus de 9 0 degrés, & qui se nomme Angle obtus. Mais il est bien visible que ces deux angles inégaux pris ensemble, valent la demi circonference, c'est à dire autant que deux angles droits. Ou si vous voulés, 18 0 degrés, qui font la moitié des 3 6 0 degrés de la circonference entiere.

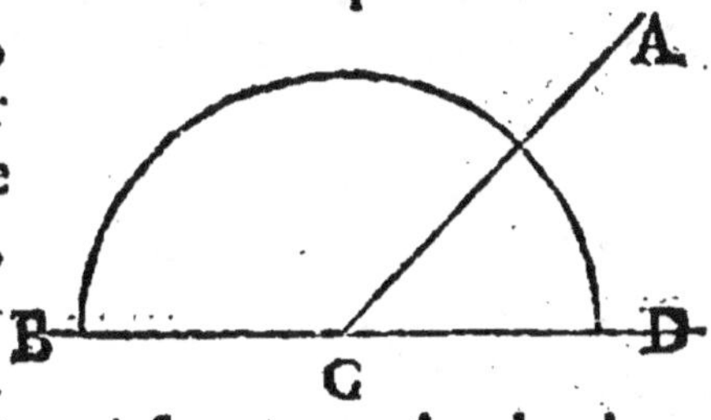

Première Proposition.

Les angles opposés au sommet sont égaux.

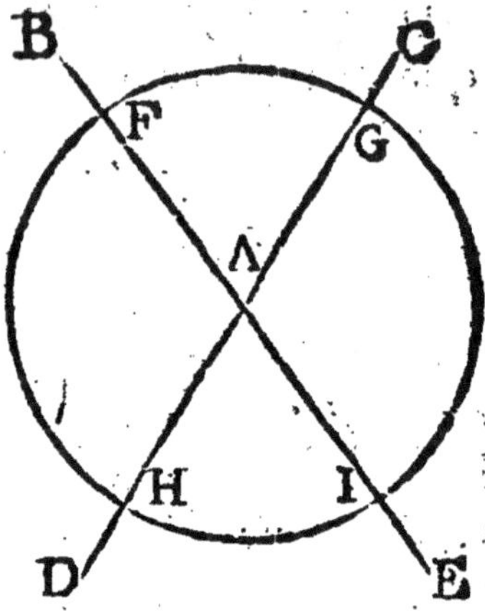

Soient les deux lignes *BAE*, *CAD*, qui se coupent au point *A*. Les angles *BAC*, *DAE*, sont dits opposés au sommet, & de même les angles *BAD*, *CAE*.

Il faut démontrer que l'angle *BAC*, est égal à l'angle *DAE*, & que l'angle *BAD*, est égal à l'angle *CAE*. Du centre *A*, soit décrit un cercle de tel intervalle qu'on voudra. Il n'y a qu'à faire voir que l'arc *FG*, est égal à l'arc *HI*. Or cela est visible de soi-même : car *GFH*, est une demi circonference, ou 180 degrés ; *FHI*, autre demi circonference ; l'une & l'autre a l'arc *FH*, commun : ainsi si l'on le retranche, reste d'une part l'arc *GF*, & de l'autre *HI*, qui ne peuvent manquer d'être égaux. On démontre avec la même facilité, l'égalité des deux autres angles.

Seconde Proposition.

Si l'on meine de differens côtés plusieurs lignes aboutissant toutes au même point, en quelque nombre qu'elles soient, tous les angles qu'elles comprendront, vaudront ensemble quatre angles droits.

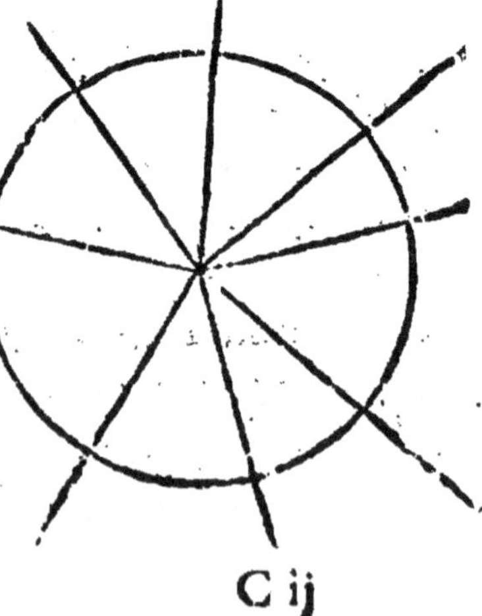

Car du point de rencontre décrivant une cir-

conference, elle sera la mesure de tous ces different
angles, & par conséquent tous ensemble vaudront
360 degrés, ou quatre fois 90 degrés, c'est à dire
quatre angles droits.

I. SECTION.

De la manière de considerer les Angles par leurs Sinus.

Quand on compare deux angles l'un avec l'autre,
on peut considerer l'égalité des angles mêmes, l'égalité de leurs Sinus, & l'égalité des côtés que l'on
choisit pour raïon. Or deux de ces égalités données, donnent la troisiéme.

TROISIÉME PROPOSITION.

Si deux angles ont le raïon égal, & le Sinus égal,
ils sont eux-mêmes égaux.

Soient deux angles
A B D, E F H. Soient
les raïons *B A*, *F E*,
égaux, & soient aussi
égaux les Sinus *A C*,
E G. Il faut démon-
trer que les arcs *A D*,
E H, sont égaux, d'où
s'ensuit l'égalité des
angles.

Puisque les deux
raïons sont égaux, les
deux cercles qui ont
les points *B*, *F*, pour
centres sont égaux. D'ailleurs les deux Sinus *A C*,
E G, étant égaux & étant moitiés de cordes égales,
le double de la ligne *A C*, sera égal au double de la
ligne *E G.* Or le double de la ligne *A C*, & le dou-

ble de la ligne *E G*, feront deux cordes égales de deux cercles égaux ; donc elles foûtiendront des arcs égaux ; donc le double de l'arc *A D*, fera égal au double de l'arc *E H* ; donc l'arc *A D*, eft égal à l'arc *E H* ; donc l'angle égal à l'angle.

Les deux autres cas de la Propofition, qui ne font pas de grand ufage fe démontrent avec la même facilité.

QUATRIE'ME PROPOSITION.

Si une ligne oblique eft entre paralleles, elles forment deux angles aigus & deux obtus. L'aigu à l'égard de l'aigu s'appelle alterne, & l'obtus à l'égard de l'obtus de même, & ces angles alternes font égaux.

Soient les paralleles *C B A*, *DEF*, l'oblique *AD*. Il faut démontrer que l'angle *CAD*, eft égal à l'angle *ADF*, qui eft fon alterne.

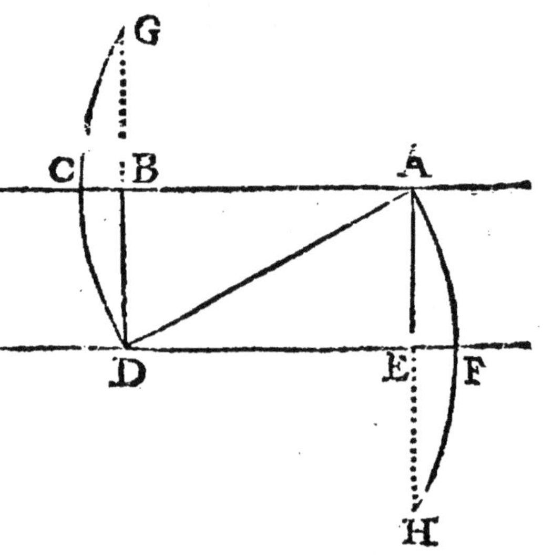

Pour le prouver. Du point *D*, pris pour centre, intervalle *D A*, foit décrite la portion de cercle *A F H*, & du point *A*, pris pour centre, intervalle *A D*, foit décrite la portion *DCG*. Il eft certain que les deux cercles font égaux, puifqu'ils ont même raïon. De plus, ayant mené du point *D*, la ligne *DB*, perpendiculaire fur la ligne *C A* ; *DB*, fera le Sinus de l'arc *DC* : de même ayant mené du point *A*, la ligne *A E*, per-

pendiculairement
sur *D F*; *A E*,
sera Sinus de l'arc
A F. Or ces deux
Sinus étant deux
perpendiculaires
entre mêmes pa-
ralleles, seront ne-
cessairement é-
gaux. Voilà donc
le raïon égal au
raïon ; c'est à dire
A D, égal à *D A*,

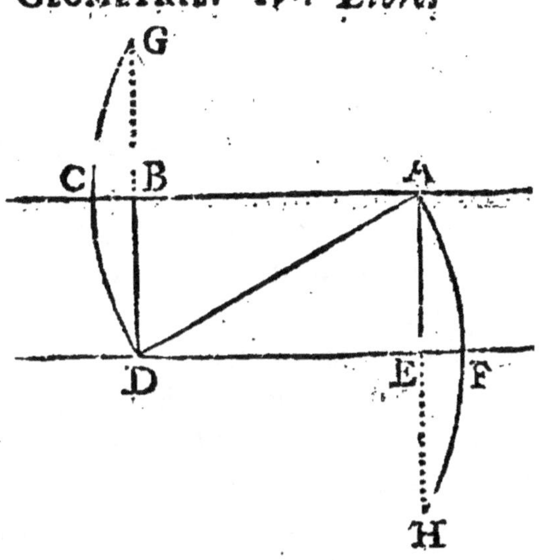

& le Sinus égal au Sinus ; donc l'arc égal à l'arc, &
l'angle égal à l'angle, par la precedente Proposition.
Cela est encore plus visible, en considerant que la
perpendiculaire *D B*, est la moitié de la corde *D G*,
comme la perpendiculaire *A E*, est la moitié de la
corde *A H.* Donc la corde est égale à la corde. Or
par la nature du cercle, les cordes égales dans les
cercles égaux soutiennent des arcs égaux ; donc l'arc
D C G, égal à l'arc *A F H*; donc la moitié *D C*,
égale à la moitié *A F* ; donc les angles font égaux.

CINQUIE'ME PROPOSITION.

Tout angle, y compris les deux angles que ses côtés font avec sa base, vaut deux angles droits, c'est
à dire 180 degrés.

Soit l'angle donné *B A C*,
dont le sommet est *A*, la
base *B C.* Il faut prouver
que l'angle donné *B A C*,
l'angle *A B C*, & l'angle
A C B, pris ensemble, valent 180 degrés.

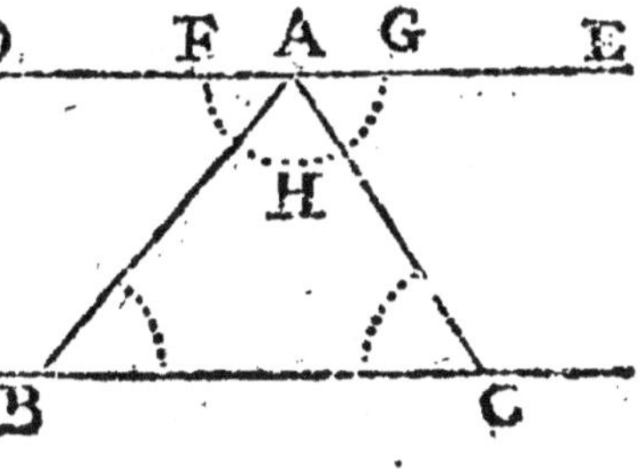

Par le sommet A; soit menée DAE, parallele à la base BC. Il est visible que les deux côtés AB, AC, sont avec la ligne DAE, trois angles qui valent deux droits, puisqu'ils sont mesurés par la demi circonference FHG, dont le centre est A. Or par la précedente Proposition, l'angle DAB, est égal à l'angle de la base ABC, & par la même Proposition, l'angle EAC, est égal à l'angle ACB, Donc c'est la même chose de prendre la valeur des deux angles DAB, EAC, ou celle des deux angles de la base ABC, ACB. Or les deux premiers avec l'angle du sommet BAC, valent deux droits. Donc les deux derniers, c'est à dire les deux angles de la base avec l'angle donné BAC, valent deux angles droits.

COROLLAIRE.

Qui connoît deux de ces angles, connoît necessairement le troisiéme ; car, par exemple, si deux de ces angles pris ensemble, valent 130 degrés il faut que le troisiéme en vaille cinquante, pour faire 180 degrés avec les deux autres.

II. COROLLAIRE.

Si l'angle du sommet est un angle droit , les deux de la base pris ensemble vaudront un angle droit.

SIXIE'ME PROPOSITION.

Si l'on prolonge une ligne prise pour la base d'un angle, elle formera du côté qu'elle sera prolongée, an angle avec l'un des côtés de l'angle donné, & ce nouvel angle s'appelle Angle exterieur, qui est toûjours égal aux deux opposés interieurs ; c'est à dire, à l'angle du sommet, & à l'autre angle de la base.

Car ayant prolongé *BC*, prife pour bafe, jufqu'en *D*, il fe forme l'angle *ACD*, lequel avec l'angle *ACB*, vaut deux angles droits, fuivant les définitions de ce Livre. Or le même angle *ACB*, vaut deux angles droits avec l'angle du fommet, & l'autre angle de la bafe. Donc l'angle du fommet *A*, avec l'angle fur la bafe en *B*, valent autant, pris enfemble que l'angle exterieur *ACD*.

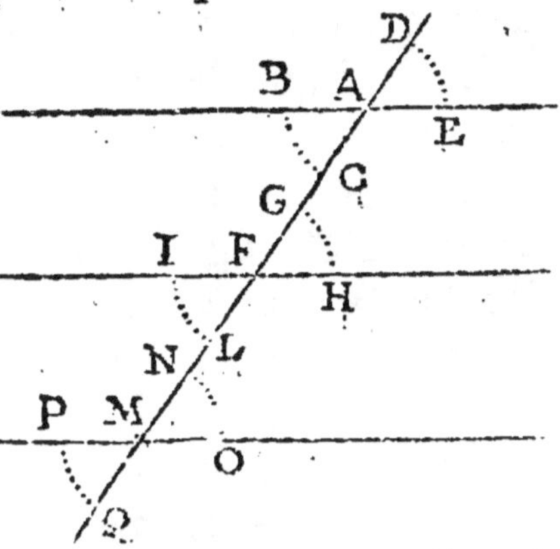

SEPTIEME PROPOSITION.

Si une même ligne coupe plufieurs paralleles, elle les coupe toutes avec la même obliquité.

Car l'angle *DAE*, eft égal à l'angle *BAC*, puifqu'il lui eft oppofé au fommet. L'angle *BAC*, eft alterne de l'angle *GFH*, & par confequent égal à ce dernier, qui eft oppofé au fommet de l'angle *IFL*. L'angle *IFL*, eft alterne de l'angle *NMO*, qui eft oppofé au fommet de l'angle *PMQ*. S'il y avoit mille paralleles, on démontreroit la même chofe, & tous les angles aigus feroient égaux auffi-bien que tous les obtus.

II. SECTION.

De la maniere de confiderer les bafes comme cordes.

HUITIEME PROPOSITION.

Afin que les bafes puiffent être confiderées comme

cordes, on a déja remarqué qu'il faut que les deux côtés qui comprennent l'angle soient égaux, puisqu'ils sont raïons d'un même cercle. Cela posé. Si un tel angle est comparé avec un autre angle Isoscele comme lui, on peut considerer trois égalités ; l'égalité des côtés, l'égalité des angles, l'égalité des bases. Deux de ces égalités données, donnent la troisiéme.

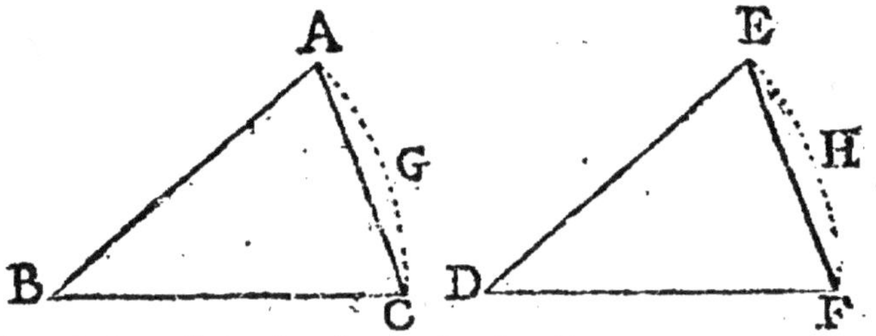

Premier Cas. Si le côté *A B* est égal au côté *D E*, & que la base *A C*, soit égale à la base *E F*, l'angle *A B C*, sera égal à l'angle *E D F*.

Car puisque les raïons sont égaux aux raïons, le cercle est égal au cercle, & puisque la corde est égale à la corde, elles soutiennent des arcs égaux ; donc l'arc *AGC*, égal à l'arc *EHF*, donc l'angle *ABC*, égal à l'angle *E D F*.

Second Cas. Si le côté *A B*, est égal au côté *D E*, & que l'angle *A B C*, soit égal à l'angle *E D F*, la base *A C*, sera égale à la base *E F*.

Car puisque les raïons *A B*, *E D*, sont égaux, le cercle est égal au cercle. Or les angles étant supposés égaux, l'arc *A G C*, doit être égal à l'arc *E H F*; donc la base ou corde *A C*, est égale à la base *E F*.

Troisiéme Cas. Si l'angle *A B C*, est égal à l'angle *E D F*, & que la base *A C*, soit égale à la base *E F*, le côté *A B*, sera égal au côté *E D*.

Car les angles étant égaux, l'arc *A G C*, est égal à l'arc *E H F*. Or la corde *A C*, étant supposée égale à la corde *E F*, il faut bien que le raïon *A B*,

foit égal au raïon *E D*, autrement les cercles feroient inégaux ; & dans deux cercles inégaux, deux
cordes égales ne foutiendroient pas des arcs égaux,
ce qui eft contre la fuppofition.

III. SECTION.

*De la bafe confiderée fimplement comme bafe, c'eft à dire,
quand elle n'eft ni corde ni finus de l'angle.*

NEUVIE'ME PROPOSITION.

Si l'on fuppofe un angle, comme *A B C*, égal à
un angle, comme *D F G*, le côté *A B*, égal au
côté *F D*, le côté *B C*, égal au côté *F G*. La bafe
A C, fera égale à la bafe *D G*.

Il n'y a qu'à conce-
voir que l'une de ces
figures foit pofée fur
l'autre, il faut bien
par neceffité que les
trois points *A, B, C*,
correfpondent aux
trois points *D, F, G*,
en forte que cela ne differe que de pofition, & que
chacune des trois lignes correfponde à chacune des
trois autres.

On prouve de même que fi les côtés font égaux aux
côtés chacun à chacun, & la bafe égale à la bafe,
les angles font égaux.

CINQUIEME LIVRE.

De la maniere de mesurer les angles, dont le sommet n'est point au centre du cercle.

JUSQU'A present nous avons consideré les angles, comme ayant leur sommet au centre d'un cercle, en sorte que leur mesure est déterminée par l'arc de ce cercle compris entre les deux côtés de l'angle. Maintenant nous allons considerer les angles par rapport à un cercle, au centre duquel leur sommet ne sera pas.

DÉFINITIONS.

En supposant une corde, comme *C E*, il est visible qu'elle coupe le cercle en deux portions inégales. La portion *C A E* se nomme le petit Segment, & la portion *C B E*, le grand Segment.

L'Angle *F C E*, que je suppose formé par la tangente *F G*, & par la corde *C E*, s'appelle l'angle du petit Segment.

L'Angle *G C E*, formé par la même corde & par la même tangente, s'appelle l'angle du grand Segment.

L'Angle *C A E*, qui a son sommet en un point de la circonference du petit Segment, comme *A* & qui a ses côtés terminés par la corde, s'appelle l'Angle dans le petit Segment.

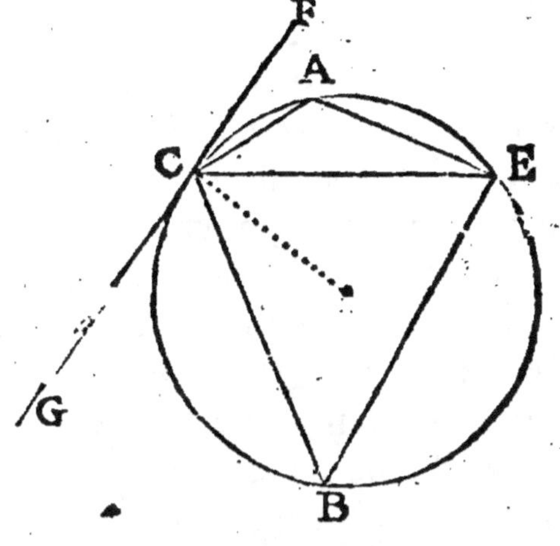

L'Angle *C B E*, qui a son sommet en un point comme *B*, dans la circonference du grand Segment, & qui a ses côtés terminés par la même corde, s'appelle l'angle dans le grand Segment.

Tout Angle soit dans le grand, soit dans le petit Segment, s'appelle du nom general Angle inscript.

PREMIERE PROPOSITION FONDAMENTALE.

De cette Mesure des Angles.

L'Angle du petit Segment a pour mesure la moitié de l'arc soûtenu par la corde.

Soit la corde *B F*, la tangente au point *B*, soit la ligne *D B C*. Il faut prouver que l'angle *C B F*, a pour mesure la moitié de l'arc *B A F*.

Du point de contingence *B*, soit mené le raïon *B E*, & par *D*

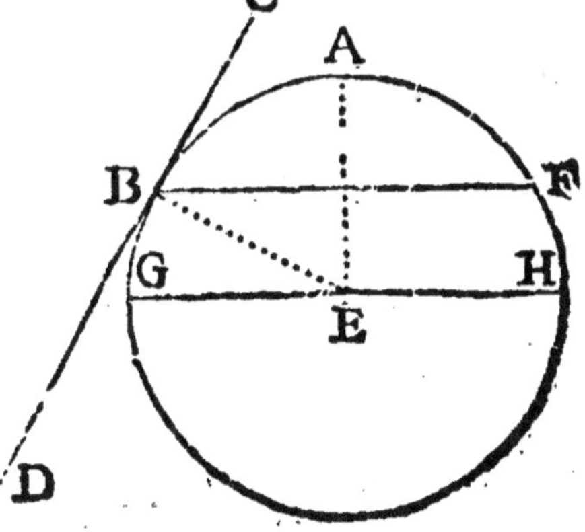

le point *E*, centre du cercle, foit mené le diametre
GH, parallele à la corde que l'on coupera perpendiculairement & par la moitié, par la ligne *A E* ; il
s'enfuit que cette derniere ligne *A E*, paffera par le
centre, & qu'elle coupera l'arc *B A F*, en deux
parties égales au point *A*.

Par la conftruction l'angle *C B E*, eft droit,
puifqu'il eft formé par la tangente & un raïon.
De même l'angle *A E G*, eft droit, puifque le
diametre étant parallele à la corde qui eft coupée
perpendiculairement par la ligne *A E*, eft lui-
même coupé perpendiculairement par cette ligne
A E. Voila donc deux angles droits *C B E*,
A E G. D'ailleurs l'angle *F B E*, eft alterne de
l'angle *B E G*, & par confequent lui eft égal.
Si donc l'on ôte les deux alternes, chacun de
fon angle droit, reftera d'un côté l'angle du petit Segment *C B F*, égal à l'angle *B E A*. Or
l'angle *B E A*, ayant fon fommet en *E*, centre
du cercle, a pour mefure l'arc *B A*, moitié de
l'arc *B A F*. Donc l'angle du petit Segment fon
égal, à pour mefure la même moitié de l'arc *B A F*,
foûtenu par la corde.

COROLLAIRE.

Si plufieurs cercles ayant un feul point commun,
ont une tangente commune, & que du point de
contingence, l'on meine une corde jufques à la circonference du plus grand cercle, cette corde coupera
dans tous les cercles, des arcs tous de pareil nombre
de degrés, au nombre de degrés de l'arc du plus
grand cercle.

Car ces trois cercles, par exemple, ayant pour
leurs centres les points *B*, *C*, *D*, & fe touchant au

point *A*; si par ce point *A*, l'on meine la tangen-te *F A G*, & que du point *A*, l'on meine la corde *A E*, cette corde soûtient dans le grand cercle, l'arc *E L A*; dans le moïen, sa portion *H A*, soûtient

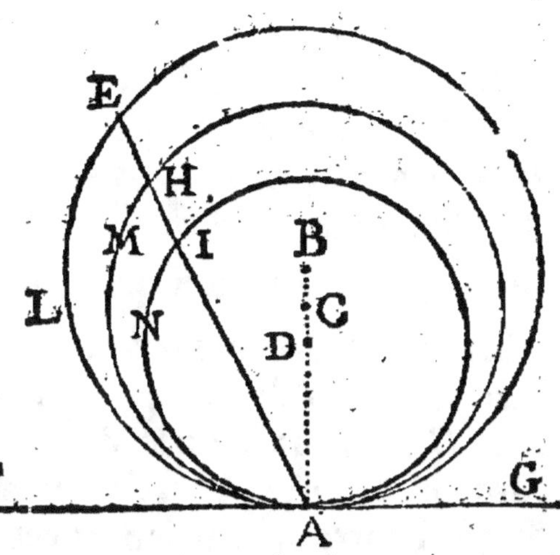

l'arc *H M A*; & dans le petit cercle sa portion *I A*, soûtient l'arc *I N A*. Or ces trois arcs sont necessairement égaux, puisque l'angle *E A F*, angle du petit Segment, n'est pas different de l'angle *H A F*, ni de l'angle *I A F*, & que par la precedente Proposition, il a pour mesure la moitié de celui de ces trois arcs que l'on voudra choisir.

SECONDE PROPOSITION.

L'Angle dans le Segment, ou Angle inscript, a pour mesure la moitié de l'arc sur lequel il est appuyé.

Il faut prouver que l'angle *B A C*, a pour mesure la moitié de l'arc *B F C*. Par le point *A*, soit menée la tangente *D A E*. Les trois Angles *D A B*, *B A C*, *C A E*, pris ensemble, valent deux angles droits, suivant les définitions du Livre pré-

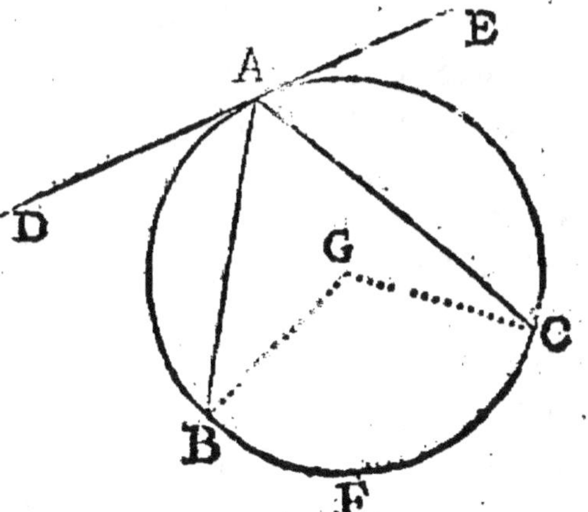

cedent, c'est à dire, 180 degrés ou la demi circonference. Or l'angle *D A B*, par la précedente Propofition vaut la moitié de l'arc *A B*, l'angle *E AC*,
vaut la moitié de l'arc *AC*, reſte donc pour la valeur de l'angle *B AC*, la moitié de l'arc *B F C*.

COROLLAIRE.

Si l'on prend le point *A*, pour centre d'un cercle,
l'arc de ce cercle compris par les côtés de l'angle
B AC, ſera la moitié de l'arc *B FC* ; parce que
l'arc de ce nouveau cercle, ſera la meſure de l'angle,
& que l'autre arc ſur lequel cet angle eſt appuyé, eſt
le double de ſa meſure.

II. COROLLAIRE.

Si du centre du cercle *G*, l'on meine deux lignes
au point *B*, *C*, l'angle *B G C*, ſera double de l'angle inſcript *B AC*. C'eſt ce qui s'exprime ſouvent
ainſi : L'angle au centre eſt double de l'angle en la
circonference, quand ils ſont appuyés ſur le même
arc. Car l'angle *B G C*, a pour meſure tout l'arc
B F C, & l'angle *B AC*, n'en a que la moitié.

III. COROLLAIRE.

L'angle du petit Segment eſt égal à l'angle dans le
grand Segment.

Car l'angle du pe-
tit Segment *C AD*, a
pour meſure la moi-
tié de l'arc *AHD*,
par la 1. Propofition
de ce Livre, & cette
même moitié eſt la
meſure de l'angle
inſcript *AED*, par
la précedente.

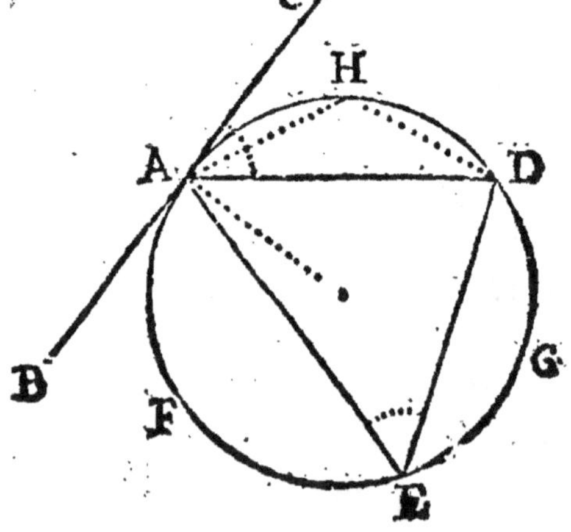

IV. COROLLAIRE.

Tous les angles dans un même Segment sont égaux entr'eux, car ils ont tous la même mesure, qui est la moitié de l'arc sur lequel ils sont appuyés.

V. COROLLAIRE.

L'angle du petit Segment *CAD*, & l'angle dans le petit Segment *AHD*, valent ensemble deux angles droits. Car l'un a pour mesure la moitié de l'arc *AHD*, & l'autre la moitié de l'arc *AFEGD*, c'est à dire la demi circonference.

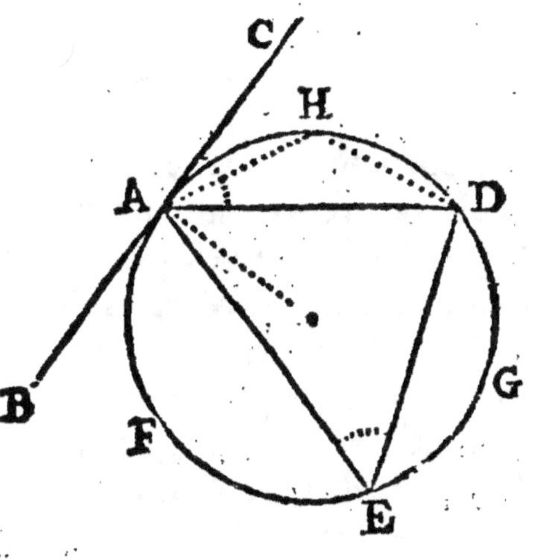

TROISIE'ME PROPOSITION.

L'angle formé par une corde, & par la partie d'une autre corde prolongée hors du cercle, a pour mesure la moitié des deux arcs soûtenus par les deux cordes.

Il faut prouver que l'angle *BAF*, a pour mesure la moitié de l'arc *EGA*, plus la moitié de l'arc *AHF*. Soit par le point *A*, tirée la tangente *DAC*, l'angle *BAF*, est égal aux deux angles *BAC*, *CAF*. Or l'angle *BAC*, est égal

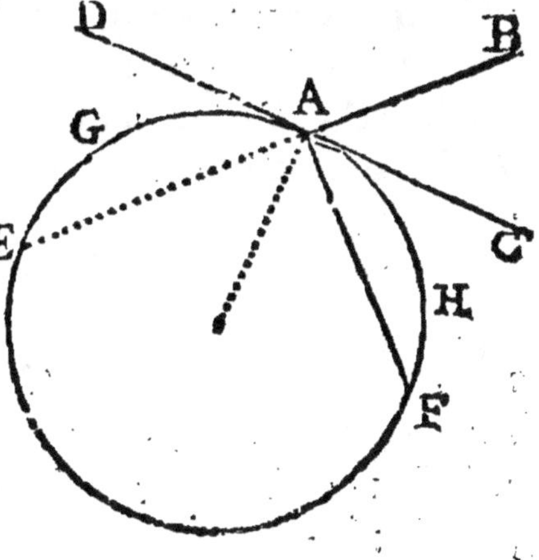

à l'angle *D A E*, parce qu'il lui est opposé au sommet ; & les deux angles *D A E*, *C A F*, étant angles de petit Segment, ont chacun pour mesure la moitié de leurs arcs. Donc l'angle total *B A F*, a pour mesure la moitié des deux mêmes arcs *E G A*, *A H F*.

QUATRIE'ME PROPOSITION.

Tout angle dont le sommet est entre le centre, & la circonference, a pour mesure la moitié de l'arc sur lequel il est appuyé, plus la moitié de celuy qui est compris entre ses côtés prolongés.

Il faut démontrer que l'angle *B A C*, a pour mesure la moitié de l'arc *B C*, plus la moitié de l'arc *D E*, soit tirée la ligne *E C*.

L'angle *A C E*, a pour mesure la moitié de l'arc *E D*, par la seconde Proposition de ce Livre. L'angle *B E C*, a pour mesure la moitié de l'arc *B C*, par la même raison. Or l'angle *B A C*, est exterieur à l'égard de ces deux angles inscripts ; donc il est égal à tous les deux, par la sixiéme Proposition du quatriéme Livre ; donc il a pour mesure la moitié de l'arc *B C*, plus la moitié de l'arc *D E*.

CINQUIE'ME PROPOSITION.

L'angle qui a son sommet hors du cercle, a pour mesure la moitié de l'arc concave, moins la moitié de l'arc convexe sur lequel il est appuyé.

D

Il faut démontrer que l'angle *B A C*, a pour mesure la moitié de l'arc *B C*, moins la moitié de l'arc *E D* ; soit tirée la ligne *B D*.

L'angle *B D C*, angle exterieur est égal aux deux angles *A B D*, *D A B*. Or l'angle *A B D*, a pour mesure la moitié de l'arc *E D*, par la seconde Proposition de ce Livre. Donc pour avoir la mesure de l'autre angle, c'est à dire, de l'angle *B A D*, ou *B A C*, il faut ôter la moitié de l'arc *E D*, de la moitié de l'arc *B C*, qui est la mesure de l'angle exterieur *B D C*.

Sixie'me Proposition.

Si l'on prolonge le diametre d'un cercle, & que sur ce diametre prolongé, l'on meine plusieurs perpendiculaires, une ligne oblique menée de l'extremité du diametre, opposée au côté prolongé, & coupant ces perpendiculaires, formera avec chacune d'elles, un angle qui aura pour mesure la moitié de l'arc soutenu par l'oblique.

Il n'y a qu'à prouver que l'angle *A C B*, a pour mesure la moi-

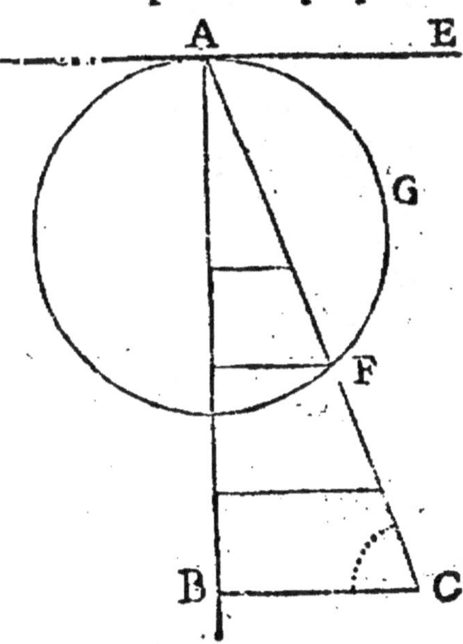

ié de l'arc *A G F.* Car tous les autres formés par
les autres perpendiculaires & l'oblique lui font égaux.
Soit menée la tangente *D A E* ; les lignes *D A E*,
B C, font parallèles par conftruction ; donc l'angle
A C B, eft alterne de l'angle *C A E*, ou *F A E*.
Or l'angle *F A E*, eft un angle du petit Segment,
qui a pour mefure la moitié de l'arc *A G F* ; donc
fon égal ou alterne *A C B*, a la même mefure.

SEPTIE'ME PROPOSITION.

L'Angle formé par deux tangentes, fe nomme
l'Angle circonfcript au cercle, & a pour mefure la
demi circonference, moins l'arc compris entre les
deux tangentes.

Il faut prouver que
l'angle *B A C*, a
pour mefure la de-
mi circonference ,
moins l'arc entier
B D C.

Les trois angles
B A C, *C B A*,
B C A, pris enfem-
ble , valent deux
angles droits ou la
demi circonference ;

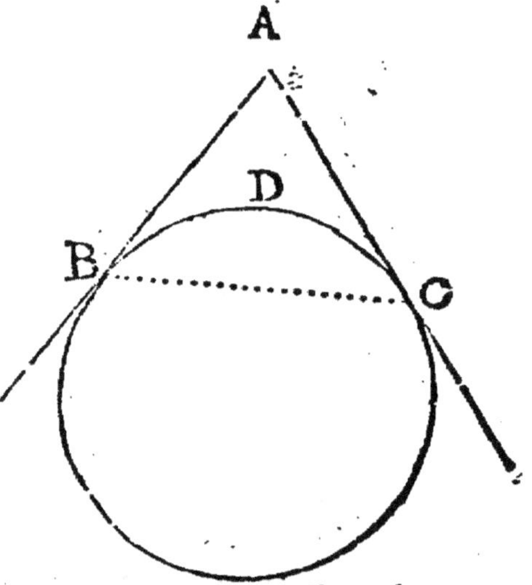

par la 5. Propofition du IV. Livre. Or l'angle qui a
fon fommet en *B*, eft un angle du petit Segment,
auffi-bien que l'angle qui a fon fommet en *C* : ils ont
chacun pour mefure la moitié de l'arc *B D C* ; ils
l'ont donc tout entier à eux deux pour leur mefure ;
refte donc pour le troifiéme angle, qui eft l'angle
circonfcript, le nombre de degrés, qui avec l'arc
B D C, acheve la demi circonference ; donc fi l'on
ôte l'arc *B D C*, de la demi circonference, le refte
fera la mefure de l'angle circonfcript *B A C*.

D ij

SIXIEME LIVRE.

Des Proportions.

NOUS n'avons pû jusqu'à present parler des Proportions, parce qu'elles supposent la connoissance des Lignes Droites, Perpendiculaires, Obliques, Paralleles, & celle des Angles.

DEFINITIONS.

Quand on compare deux grandeurs d'un même genre comme deux nombres, deux lignes, deux surfaces, deux corps ; le rapport de l'une de ces grandeurs à l'autre s'appelle raison. Par exemple, le rapport de 2 à 4, ou de 8 à 11, est une raison. Le premier terme de la raison se nomme l'Antecedent ; le second se nomme le Consequent. Ainsi dans la raison de 8 à 11, 8 est l'Antecedent, & 11 le Consequent.

Cette comparaison se peut faire en deux manieres. Par exemple, étant donnés les nombres 9, 3.

Si je considere combien de fois l'un est contenu dans l'autre, cela se nomme rapport geometrique.

Si je considere seulement l'excés de l'un sur l'autre, alors on nomme ce rapport, rapport arithmetique.

Mais il faut sçavoir que lorsqu'on parle en Geometrie d'une raison, sans ajouter de quelle nature elle est, c'est toujours de la raison geometrique qu'on veut parler.

Il faut ici rappeller quelques axiomes que nous avons posés en commençant.

Un tout se peut diviser en plusieurs parties égales ou inégales.

Un tout est égal à toutes ses parties prises ensemble.

Si une partie prise un certain nombre de fois est égale au tout, elle se nomme partie Aliquotte. Ainsi 2 est partie aliquotte de 30, parce que 2 est une partie, qui prise quinze fois est égale à son tout qui est 30.

5. est une partie Aliquotte de 30, parce que prise six fois, elle est égale à son tout; mais 7, qui pris un certain nombre de fois, est toûjours moindre ou plus grand que ie tout 30, s'appelle partie Aliquante de 30.

En un mot, partie Aliquotte est celle qui mesure exactement son tout.

Partie Aliquante est celle qui ne le mesure point exactement.

Aliquottes pareilles de deux grandeurs, sont celles dont chacune est autant de fois contenuë dans son tout, que l'autre l'est dans le sien. Ainsi 2 & 4 sont Aliquottes pareilles de 6 & de 12; parce que comme 2 est contenu trois fois dans le tout 6, de même 4 est contenu trois fois dans le tout 12.

Il est donc clair que ce qu'on appelle Raison, est la maniere dont l'Antecedent est contenu ou contient le consequent. Par exemple, la Raison de 2 à 4 n'est autre chose, que la maniere dont 2 est contenu dans 4, c'est à dire deux fois; de même la raison de 12 à 4, n'est autre chose que la maniere dont 12 contient 4, c'est à dire trois fois.

Il est évident que l'Antecedent est quelquefois partie Aliquante de son Consequent, comme dans la Raison de 8 à 11, mais cela n'empêche pas qu'on ne puisse remarquer la maniere dont 8 est contenu dans 11; c'est à dire remarquer qu'il y est contenu une fois, avec un reste qui est 3, & cette consideration nous apprend qu'elle est la Raison de 8 à 11.

Il suit encore de ce que nous venons d'expliquer, que si l'on multiplie l'Antecedent & le Consequent d'une même Raison par une même grandeur, la Raison demeure toûjours la même. Par exemple, étant donnée la Raison de 3 à 6 ; si l'on multiplie 3 & 6 par un nombre quelconque, comme 4, il viendra 12 & 24, qui est une Raison pareille à celle de 3 à 6.

Tous les nombres ont une commune mesure qui est l'unité ; ou si l'on veut, l'unité est partie Aliquotte de tout nombre. Le rapport qui est entre deux nombres, s'appelle Raison de nombre à nombre.

Il y a des lignes qui ont entre elles le même rapport que de certains nombres ; par exemple, si l'on suppose qu'une ligne soit le tiers d'une autre. La plus petite sera à l'égard de la plus grande, comme 1 est à 3 ; & pour lors, on dira que ces deux lignes sont commensurables, c'est à dire qu'elles ont une commune mesure, ou bien qu'elles sont entre elles comme nombre à nombre.

Mais on verra dans la suite, que quoique deux certaines lignes ayent chacune une infinité d'Aliquottes, jamais telle Aliquotte de l'une que l'on voudra choisir, ne pourra être l'Aliquotte de l'autre, & pour lors ces deux lignes se nomment incommensurables. L'on dit que leur Raison est sourde, ou irrationnelle, ou que ce n'est pas une Raison de nombre à nombre ; parce qu'en effet, il est impossible de trouver deux nombres, qui ayent entre eux même rapport que celuy de ces deux lignes.

Non seulement l'on peut comparer deux grandeurs entre elles ; l'on peut comparer deux Raisons : & lorsque les Raisons que l'on compare sont égales entre elles, cela s'appelle Proportion. Par exemple,

fi l'on compare la Raifon de 2 à 4 , avec la Raifon
de 6 à 12 , on voit clairement que ces deux Raifons
font égales ; car de même que 2 eft la moitié de 4 ,
ainfi 6 eft la moitié de 12 , & cela fe marque ainfi ,
2 , 4 :: 6 , 12. C'eft à dire deux eft à quatre , comme fix eft à douze.

En cet exemple , 2 s'appelle Antecedent de la premiere Raifon ; 4 s'appelle Confequent de la premiere
Raifon. 6 eft l'Antecedent de la feconde Raifon ;
12 eft le Confequent de la feconde Raifon. 2 & 12
s'appellent les Extrêmes de la Proportion ; 4 & 6
s'appellent les Moyens ; mais il faut remarquer qu'un
même terme peut être le Confequent de la premiere
Raifon , & l'Antecedent de la feconde ; & pour lors
il s'appelle , Moyen Proportionnel , comme en l'e-
xemple qui fuit. 2 eft à 4 , comme 4 eft à 8 ; cela
fe marque ainfi 2 , 4 , 8 ÷ pour abreger.

Que fi l'on comparoit deux Raifons arithmetiques,
comme par exemple la Raifon de 2 à 5 , avec la Raifon de 8 à 11 , alors parce que le nombre 5 furpaffe
le nombre 2 par trois unités , comme le nombre 11
furpaffe le nombre 8 , ces deux Raifons arithmetiques feroient dites égales ; & ces deux Raifons égales
feroient une Proportion Arithmetique. Mais tout ce
qui fuit regarde la Proportion Geometrique.

Comme la définition de la Proportion eft importante , il faut fe la rendre familiere par une autre expref-
fion. L'on connoît qu'il y a Proportion entre quatre
termes , quand les Aliquottes pareilles des Antecedens font contenuës autant de fois dans leurs Confe-
quents ; foient les quatre termes   9 , 27 :: 18 , 54.
                                        3   6

3 eft le tiers de l'Antecedent 9 , comme 6 eft le
tiers de l'Antecedent 18. Ainfi 3 & 6 font Aliquottes pareilles des deux Antecedens. Si donc 3 eft au-

tant de fois contenu dans le Conſequent 27 , que 6 dans le Conſequent 54 ; il y aura Proportion entre ces quatre termes. Or 3 eſt neuf fois dans 27 , comme 6 eſt neuf fois dans 54. Ainſi les quatre termes ſont Proportionels.

Que ſi les Aliquottes pareilles des Antecedens ne meſurent pas exactement leurs Conſequens , c'eſt à dire , ſi elles y ſont contenuës un certain nombre de fois avec un reſte , pour qu'il y ait Proportion , il faut que les deux reſtes ſoient entre eux , comme les Aliquottes pareilles. Par exemple , ſoit la Proportion   9 , 20 :: 27 , 60.

Soit 3 l'Aliquotte de l'Antecedent 9 ; ſoit 9 l'Aliquotte de l'Antecedent 27. Elles ſont Aliquottes pareilles , parce que 3 eſt le tiers de l'Antecedent 9 , comme 9 eſt le tiers de l'Antecedent 27. Mais 3 ne meſure point exactement le Conſequent 20 , car il y eſt contenu ſix fois avec le reſte 2. Afin donc qu'il y ait Proportion , il faut que 9 ſoit contenu ſix fois dans le Conſequent 60 avec un reſte qui ſoit 6. Or il eſt viſible que 2 , premier reſte du Conſequent 20 , eſt à 6 , reſte du Conſequent 60 , comme 3 eſt à 9 , c'eſt à dire , comme les Aliquottes pareilles des Antecedens ; & par conſequent la Proportion ſubſiſte entre les quatre termes   9 , 20 :: 27 , 60.

Si au lieu de prendre pour les Aliquottes pareilles des Antecedens , les deux nombres 3 , 9 , l'on prend 1 , 3 ; il arrivera la même choſe : car 1 eſt contenu neuf fois dans l'Antecedent 9 ; 3 eſt contenu neuf fois dans l'Antecedent 27 , donc 1 , 3 ſont Aliquottes pareilles des Antecedens. Or 1 eſt contenu vingt fois dans 20 , Conſequent de la premiere Raiſon , & 3 eſt contenu vingt fois dans 60 , Conſequent de la ſeconde Raiſon ; donc les quatre termes ſont proportionnels.

Mais il faut un peu s'accoûtumer à considerer la Proportion par les Aliquottes pareilles, qui laissent des restes dans les Consequents ; parce qu'autrement on ne pourroit se former une idée bien distincte de la Proportion qui se trouve entre quatre grandeurs incommensurables.

Car si deux lignes sont incommensurables entre elles, jamais l'Aliquotte de l'une ne pourra être Aliquotte de l'autre. Il ne laisse pas d'y avoir entre ces deux lignes un certain rapport ; & si deux autres lignes ont entre elles le même rapport, il y aura Proportion, parce que les Aliquottes pareilles des Antecedens, seront également contenuës dans les Consequents, avec un reste de part & d'autre, & que ces restes seront entre eux comme les Aliquottes pareilles des Antecedens.

En un mot, Proportion est la comparaison de deux Raisons égales, soit que ces Raisons soient de nombre à nombre, soit qu'elles soient sourdes.

La plus importante proprieté de cette Proportion, qu'on appelle par excellence Proportion Geometrique, c'est que le produit des Extrêmes est toûjours égal au produit des Moyens ; & pour le démontrer d'une maniere universelle, je suppose

1º. Que toute grandeur se puisse exprimer ou designer par une lettre ainsi A, B :: C, D, veut dire, la grandeur que j'appelle A, est à celle que j'appelle B ; comme la grandeur que j'appelle C, est à celle que j'appelle D, soit que ces grandeurs soient des nombres, ou que ce soient des lignes.

Ce signe ╼╾ veut dire *plus*.

Ce signe ── signifie *moins*.

Deux caracteres placés sans virgule l'un auprés de l'autre, comme AB, signifient la grandeur A, multipliée par la grandeur B, ou le produit d'A par B.

$A B = C D$, signifie, le produit d'A, par B, est *égal* au produit de C, par D.

Cela supposé. Soit une Proportion Geometrique A, $B :: C$, D. Il faut démontrer que le produit des Extrêmes $A D$, est égal au produit des Moyens $B C$, c'est à dire, $A D = B C$.

Souvenons nous d'abord que deux grandeurs sont égales, quand elles sont en même Raison avec une même grandeur. Par exemple, si une ligne quelconque est le tiers ou le quart d'une ligne que j'appellerai Z, toute autre ligne qui sera le tiers ou le quart de Z, sera égale à la première.

Il faut se souvenir en second lieu, que deux Raisons égales à une même Raison sont égales entre elles. Cela est évident par soi-même.

De plus il est évident que $A D$, $B D :: A$, B. C'est à dire, que le produit de A, par D, est au produit de B, par D, comme A, est à B. Parce que la premiere de ces deux raisons $A D$, $B D$, n'est autre chose que la Raison A, B, multipliée par une même grandeur, qui est D. Nous l'avons expliqué cy-dessus en nombres.

Suivant le même raisonnement, $C B$, $B D :: C$, D, parce que la raison de $C B$, à $B D$, n'est autre chose que la Raison de C, à D, multipliée par la même grandeur, qui est B.

Il est donc démontré que $A D$, $B D :: A$, B.

Il est encore démontré que $C B$, $B D :: C$, D.

Voilà donc quatre Raisons, qui sont necessairement égales ; car la premiere vient d'être démontrée égale à la seconde, & la troisiéme égale a la quatriéme ; or par la supposition, la seconde & la quatriéme sont égales, puisqu'elles constituent la Proportion A, $B :: C$, D. Donc la premiere Raison, $A D$, $B D$, est aussi égale à la troisiéme Raison, $C B$, $B D$,

& ces deux Raisons font une nouvelle Proportion
AD, BD :: CB, BD.

Dans cette derniere Proportion, les deux Confe-
quents font égaux, ou fi vous voulés font la même
grandeur *BD* ; donc les deux Antecedens *AD, CB,*
qui ont le même rapport avec cette même grandeur
BD, font necessairement égaux ; c'est à dire, *AD*
= *BC*, ou *CB*, ce qui fignifie *A*, multiplié par
D, eft égal à *B*, multiplié par *C*, ou *C*, multiplié
par *B*, ce qui eft la même chofe ; donc le produit
des Extrêmes d'une Proportion eft toûjours égal au
produit des Moyens.

AVERTISSEMENT.

*Pour encourager ceux qui commencent, & leur faire
connoître, par un exemple illuftre, de quoy un bon efprit eft capable, quand il veut fe rendre attentif, l'on
croit devoir rapporter ici une merveille, dont M. de
Malezieu eft témoin. Madame la Duchefse du Maine,
n'ayant pas encore feize ans accomplis, avoit déja un
gouft furprenant pour les Sciences & les Belles Lettres.
Elle fe faifoit entretenir tous les jours pendant deux heures par M. de Malezieu, & l'engageoit même à aller
de deux jours l'un, la trouver à Marly, quand la
Cour y étoit. Dans ces premiers commencemens, &
pendant l'un de ces voyages, elle voulut apprendre
l'Arithmetique. La Regle de trois la frappa elle en
demanda le fondement. Cela engagea M. de Malezieu
à lui dire que c'étoit une fuite de la proprieté de ce qu'on
appelle Proportion Geometrique, dont il lui donna
fimplement un exemple fur les quatre nombres fuivans,
3, 4 :: 6, 8, en lui ajoûtant que lorfque quatre
nombres quelconques avoient entre eux ce rapport, le
produit des Extrêmes étoit toûjours égal au produit des
Moyens. Cette explication redoubla la curiofité de la*

Princeſſ. Elle demanda la raiſon de cette proprieté: M. de Malezieu luy répondit qu'il n'y falloit pas ſonger, & que cette démonſtration étoit la ſuite de p'uſieurs principes dont elle n'avoit jamais oüy parler, & qui viendroient à leur tour. Mais il fut bien ſurpris de recevoir le lendemain matin un Billet de Madame la Ducheſſe du Maine, qui l'exhortoit à venir ſur le champ, pour examiner avec elle, ſi dès reflexions qu'elle avoit faites pendant la nuit ſur cette merveilleuse proprieté, pouvoient être de quelque uſage. Il partit auſſi-tôt, & fut bien payé de ſon voyage, par le plaiſir qu'il eut de voir que cette jeune Princeſſe avoit parfaitement demêlé tout le fond de la démonſtration, & l'avoit mis dans une évidence plus parfaite que tout ce qu'il avoit jamais vû ſur cette matiere. Voici preciſément ce qu'elle dit à M. de Malezieu.

Je conſidere les quatre nombres 2, 4, 3, 6, qui ſont en Proportion, parce que le premier eſt la moitié du ſecond, comme le troiſiéme eſt la moitié du quatriéme; & je veux trouver pourquoy le produit de 2 par 6, eſt égal au produit de 4 par 3.

Pour cela, je vois d'abord que ſi je multiplie 2 par 6, ce produit, qui eſt le produit des Extrêmes, doit être double du produit de 2 par 3, parce que 6 eſt double de 3.

Mais ſi au lieu de prendre ce produit de 2 par 3, ou 3 par 2, qui n'eſt que la moitié du produit des Extrêmes, je m'aviſe de prendre le produit de 3 par 4; il faudra bien que ce produit de 3 par 4, ſoit double du produit de 3 par 2, puiſque 4 eſt le double de 2, de même que 6 eſt le double de 3; donc le produit de 3 par 4, étant double du produit de 3 par 2 qui n'eſt que la moitié du produit des Extrêmes, ce produit de 3 par 4, ſera neceſſairement égal au produit des Extrêmes, c'eſt à dire que le produit des Extrêmes ſera égal au produit des Moyens.

Pour faire voir que cette admirable démonstration trouvée par Madame la Duchesse du Maine, ne laisse rien à desirer, & qu'elle revient à la démonstration generale que nous avons donnée par lettres, il n'y a qu'à nommer les quatre nombres qu'elle avoit choisis & suivre la démonstration.

$$A \quad B \qquad C \quad D$$
$$2, 4 :: 3, 6$$

2 multiplié par 6, est à 2 multiplié par 3, comme 6 est à 3, ou $\qquad AD, AC :: D, C.$

3 multiplié par 4, est à 3 multiplié par 2, comme 4 est à 2, ou $\qquad CB, CA :: B, A.$

Or par la supposition, 4 est a 2, comme 6 est à 3, ou $\qquad B, A :: D, C.$

Donc 2 multiplié par 6, est à 2 multiplié par 3, comme 3 multiplié par 4, à 2 multiplié par 3, ou $\qquad AD, AC,$ ou $CA :: CB, CA.$

Donc 2 multiplié par 6, égal à 3, multiplié par 4, ou $\qquad AD = CB.$

Il suit de cette Proposition, que si quatre termes quelconques sont tels, que le produit des Extrêmes soit égal au produit des Moyens, ces quatre termes seront proportionels ; puisque ces deux produits, comme $AD, BC,$ auront necessairement même rapport à une grandeur qui sera $BD,$ & en remontant par degrés, la démonstration précedente, on trouvera que $\qquad A, B :: C, D.$

Cela étant, quand une proportion me sera donnée, je puis y faire tels changemens qu'il me plaira sans la détruire, toutes les fois que je conserverai l'égalité du produit des Moyens & des Extrêmes.

Ainsi, si $A, B :: C, D,$ il s'ensuivra que $A, C :: B, D,$ parce que les deux produits demeurent necessairement les mêmes. Il a plû aux Geometres d'appeller ce changement : *Alternando.*

Maintenant ſi l'on ajoûte le Conſequent de la premiere Raiſon à ſon Antecedent, pour comparer cette ſomme au Conſequent, & qu'on faſſe la même choſe à l'égard de la ſeconde Raiſon. C'eſt à dire, ſi ayant A, B :: C, D, l'on dit $A + B$, B :: $C + D$, D, il eſt aiſé de voir que le produit des Extrêmes ſera égal au produit des Moyens ; car le produit des Extrêmes eſt $AD + BD$; le produit des Moyens eſt $CB + BD$. Or il eſt viſible que $AD + BD = CB + BD$, puiſque AD, eſt égal à BC, à cauſe de la premiere Proportion. Cela s'appelle *Componendo*. En nombres, ſi 2, 4 :: 3, 6, je dis que $2 + 4$, 4 :: $3 + 6$, 6. C'eſt à dire, 6 eſt à 4, comme 9 eſt à 6.

Que ſi au lieu d'ajoûter les Conſequents à leurs Antecedens, pour en faire la comparaiſon avec les Conſequents, on les ôte des Antecedens, c'eſt à dire, ſi ayant A, B :: C, D, l'on dit $A - B$, B :: $C - D$, D. L'on prouvera par le même raiſonnement, que le produit des extrêmes ſera égal au produit des Moyens, & qu'ainſi la Proportion ne ſera point bleſſée. Cela s'appelle *Dividendo*. En nombres, ſi 9, 4 :: 27, 12, je dis que $9 - 4$, 4 :: $27 - 12$, 12. C'eſt à dire, 5 eſt à 4, comme 15 eſt à 12.

Voilà les changemens eſſentiels & les plus ordinaires qu'on fait dans la Proportion, car à proprement parler, ce n'eſt point en faire un, lorſqu'ayant la Proportion 2, 4 :: 3, 6, l'on dit 6, 3 :: 4, 2, puiſqu'on ne fait, que prendre les termes à rebours, qu'ils gardent le même ordre entre eux ; & qu'ainſi il n'y peut avoir aucun changement, cela s'appelle pourtant *Invertendo*.

De même, ſi l'on dit 3, 6 :: 2, 4, ce n'eſt pas un vrai changement, puiſqu'on fait ſimplement changer de place .. .eux Raisons égales pour les comparer. Cela s'appelle *Permutando.*

Il faut parler maintenant des Raisons composées.

Lors qu'ayant deux Raisons, comme *A*, *B*, l'une, & *C*, *D*, l'autre ; l'on multiplie les deux Antecedens l'un par l'autre, & les deux Consequents aussi l'un par l'autre ; ces deux produits font une nouvelle Raison, comme *A C*, *B D* ; c'est à dire, la grandeur *A*, multipliée par *C*, comparée avec la grandeur *B*, multipliée par *D*. Cette nouvelle Raison est dite composée de la Raison de *A*, à *B*, & de la Raison de *C*, à *D*. Exemple en nombres.

Premiere Raison,   2 , 4.
Seconde Raison,   9 , 15.

2, multiplié par 9, donne 18 ; 4, multiplié par 15, donne 60. La Raison de 18 à 60, est dite, Raison composée de la Raison de 2 à 4, & de la Raison de 9 à 15.

Si les deux Raisons composantes font égales, c'est à dire, si elles constituent une Proportion ; la Raison composée est dite, Raison doublée de la premiere Raison. Par exemple, 2, 4 :: 6, 12. Je multiplie les deux Antecedens, vient 12, & les deux Consequents, vient 48 ; la Raison de 12 à 48, qui est la Raison composée de ces deux Raisons égales, est dite, Raison doublée de la Raison de 2 à 4, ou de la Raison de 6 à 12, qui est son égale.

Il ne faut pas confondre la Raison double avec la Raison doublée : car par exemple, on dit que 4 est en Raison double de 2 ; c'est à dire, que 4 est double de 2, mais n'est pas en Raison doublée. On doit s'imprimer fortement toutes ces définitions dans l'esprit.

Il faut sur tout bien remarquer qu'une même Rai-

ſon peut être exprimée d'une infinité de manieres.
Par exemple, A, B.
        AD, BD.
        ADC, BDC.

C'eſt toûjours la même Raiſon A, B, puiſque la Raiſon du produit AD, au produit BD, n'eſt autre choſe que la Raiſon A, B, multipliée par la même grandeur D ; & de même la Raiſon ADC, BDC, n'eſt autre choſe que la Raiſon A, B, multipliée par le même produit ou même grandeur DC ; en nombres.   1,   2.
             2,   4.
             8,   16.
            32,   64.
       100,   200.

C'eſt toûjours la même Raiſon, étant viſible que l'Antecedent eſt toûjours la moitié du Conſequent dans ce dernier exemple ; ou ſi vous voulés, la ſeconde Raiſon 2, 4, n'eſt autre choſe que la premiere Raiſon 1, 2, multipliée par une même grandeur, qui eſt 2, & de même la derniere Raiſon 100, 200, n'eſt autre choſe que la premiere Raiſon 1, 2, multipliée par une même grandeur, qui eſt 100.

Les plus petits termes qui expriment une Raiſon, ou ſi vous voulés les plus ſimples termes d'une Raiſon, s'appellent les Expoſans de la Raiſon. Par exemple, dans la Raiſon cy-deſſus exprimée en lettres, A, B, en ſont les Expoſans, & dans l'exemple en nombre 1, 2, en ſont les Expoſans, & le ſeront toûjours, par quelque nombre que l'on puiſſe multiplier 1, 2, car la Raiſon de 10000, 20000, aura toûjours 1, 2, pour Expoſans, & ſera toûjours la Raiſon de 1 à 2.

On tire de là une conſequence fort importante pour la ſuite ; ſçavoir, que la Raiſon doublée d'une Rai-

ſon

ſon de nombre à nombre, a neceſſairement pour Expoſans des nombres quarrés.

Car ayant une Raiſon de nombre à nombre, comme 3 , 6 , ſi j'en veux avoir la Raiſon doublée, il faut que je mette à côté de celle-là, une raiſon qui lui ſoit égale.   Par exemple,   3 , 6 :: 4 , 8.

Puis multipliant les deux Antecedens l'un par l'autre, & les deux Conſequents pareillement, pour avoir la Raiſon doublée, il viendra la Raiſon 12 , 48.

Reduiſant cette Raiſon 12 , 48, aux moindres termes, qui ſont 1 , 4 , & qui en ſont par conſequent les Expoſans, on voit que ce ſont deux nombres quarrés ; & cela ne peut jamais manquer d'arriver, dont voici la Raiſon.

Je diſpoſe les deux Raiſons égales en Proportion ,   3 , 6 :: 4 , 8.

Je les reduits aux plus ſimples termes, 1 , 2 :: 1 , 2.

En cette derniere Proportion, il eſt évident que les deux Antecedens ſont le même nombre, & les deux Conſequents auſſi le même nombre. Si donc je multiplie les deux Antecedens l'un par l'autre, & les deux Conſequens l'un par l'autre, pour avoir la Raiſon doublée, j'auray neceſſairement deux nombres quarrés, puiſque chacun de ces nombres, ſera le produit d'un nombre multiplié par ſoi-même.

De cette conſequence j'en tire une autre, qui eſt le fondement des incommenſurables, comme nous le verrons dans la ſuite ; ſçavoir, que

Si l'on me donne une raiſon doublée, qui n'ait pas pour Expoſans des nombres quarrés, la Raiſon dont elle eſt doublée n'eſt pas Raiſon de nombre à nombre.

Avant que de quitter ces reflexions generales ſur les Proportions , il eſt bon de conſiderer que ce que

E

nous avons dit cy-deſſus de l'égalité du produit des Extrêmes, & de celui des Moyens, eſt le fondement de ce que les Arithmeticiens appellent la Regle de trois. Car dans cette Regle, il ne s'agit que de trouver le quatriéme Proportionnel à trois nombres donnés. Par exemple, j'ay   2, 4 :: 6,

Je veux trouver un quatriéme nombre qui finiſſe la Proportion; c'eſt à dire, auquel 6, ſoit en même Raiſon que 2 eſt à 4; il eſt bien certain que ce quatriéme nombre, quel qu'il puiſſe être, étant multiplié par le premier, me donnera un produit égal au produit de 4 par 6, puiſque le premier nombre & lui inconnu, ſont les Extrêmes d'une Proportion, dont 4 & 6, ſont les Moyens; ainſi multipliant 4 par 6, il me viendra 24, & je ſuis ſeur que 24, eſt auſſi le produit de mon nombre inconnu par 2; donc ſi je diviſe 24 par 2, il me viendra neceſſairement le nombre inconnu 12 que je cherchois.

$$2, 4 :: 6, 12.$$

Au reſte, il ne faut pas laiſſer ignorer la proprieté de la Proportion Arithmetique dont on peut avoir quelquefois à faire. 4, eſt à 7, comme 9 eſt à 12; c'eſt-à-dire, 4 eſt ſurpaſſé de trois unités par 7, comme 9 eſt ſurpaſſé de trois unités par 12.

En toute Proportion Arithmetique la ſomme des Extrêmes eſt égale à la ſomme des Moyens, comme ici 4 + 12 eſt égal à 7 + 9.

Pour le démontrer d'une maniere generale A eſt à $A + x$, comme B eſt à $B + x$. x exprime l'excés du Conſequent ſur l'Antecedent, qui eſt égal dans les deux Raiſons.

Ajoûtant les deux Extrêmes, vient $A + B + x$.

Ajoûtant les deux Moyens, vient $A + x + B$, qui eſt la même choſe.

PREMIERE PROPOSITION FONDAMENTALE.

Des Lignes Proportionelles.

Les Lignes également inclinées dans deux differens espaces enfermés par des paralleles, sont entre elles en même Raison que les perpendiculaires de ces espaces.

Soient supposées les deux lignes *C D*, *G H*, chacune antant inclinée dans son espace; c'est à dire, l'angle *C D B*, égal à l'angle *G H F*. Il faut démontrer que la ligne *C D*, est à la ligne *G H*, comme la perpendiculaire *A B* est à la perpendiculaire *E F*.

Pour cela, je divise la ligne *C D*, en telles Aliquottes qu'il me plaira. Ici, par exemple, je la divise en six parties égales comme *C K*. Par les points de division je meine dés paralleles à l'espace, c'est à dire à la ligne *A C*. Ces paralleles divisent l'espace total en six pétits espaces paralleles égaux entre eux; & la perpendiculaire *A B*, se trouve divisée de telle sorte que la ligne *A I*, est sa sixiéme partie, de même que la ligne *C K*, est la sixiéme partie de la ligne *C D*. Voilà donc les lignes *C K*, *A I*, Aliquottes pareilles des lignes *C D*, *A B*. Je prens maintenant la petite ligne *A I*, pour mesurer l'autre perpendiculaire *EF.* Je trouve qu'elle y est contenuë trois fois avec un reste. Par les points de division je meine des paralleles à la ligne *EG.* Il s'ensuivra de là que la ligne *GH*, sera divisée de telle sorte, que la petite ligne *GM*, sera contenuë trois fois avec un reste dans la ligne *GH*; de même que la ligne *AI*, ou plûtôt son égale *EL*, est contenuë trois fois avec un reste dans la perpendiculaire *EF.* Il s'ensuivra de plus que *GM*, sera necessairement égale à la petite ligne *CK*, par la cinquiéme Proposition des paralleles. Cette préparation faite, il est visible que *CK*, sixiéme partie de *CD*, est contenuë trois fois avec un reste dans la ligne *GH*, & que *AI*, sixiéme partie de *AB*, est contenuë pareillement trois fois avec un reste dans la ligne *EF.* D'ailleurs, les deux restes *OH*, *NF*, sont entre eux cómme les Aliquottes pareilles *CK*, *AI*, ou leurs égales *GM*, *EL*; ce qu'on démontrera de même, en divisant l'espace parallele *EGLM*, en telles Aliquottes qu'on voudra, & en se servant de ces Aliquottes pour mesurer le petit espace *NOFH*, qui renferme les deux restes; donc les lignes *CK*, *AI*, Aliquottes pareilles des Antecedens *CD*, *AB*, sont également contenuës dans les Consequents *GH*,

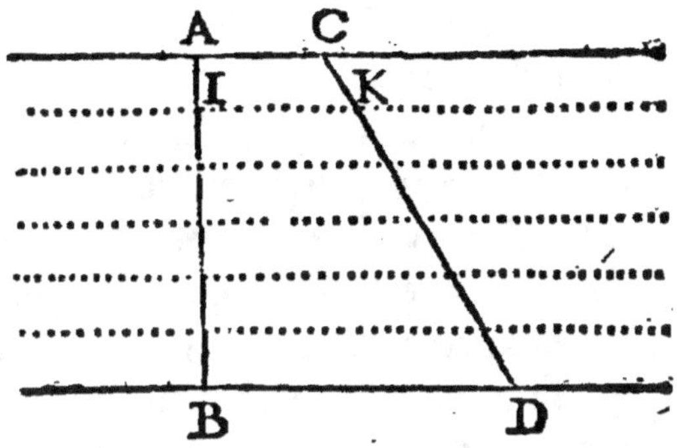

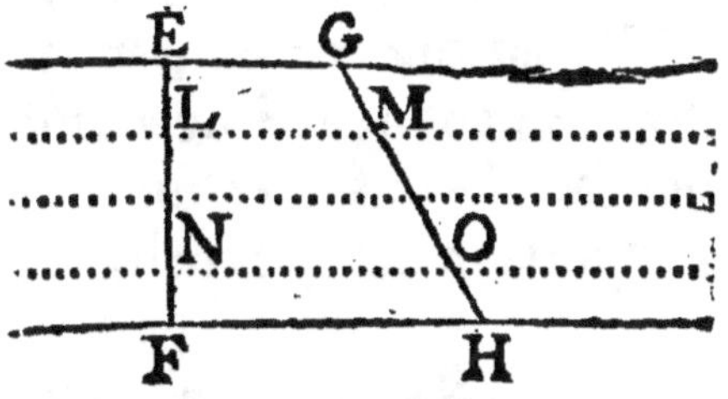

E F ; donc *C D*, *G H* :: *A B*, *E F*. *Ce qu'il falloit démontrer.*

Si au lieu de diviser la ligne *C D*, en six parties égales, je l'avois divisée en cent mille parties égales ; je me serois servi de ces cent milliêmes parties pour mesurer la ligne *G H*, chacune de ces cent milliêmes parties auroit été contenuë dans la ligne *G H*, ou précisément un certain nombre de fois, ou avec un reste ; de même une cent milliême partie de la ligne *A B*, auroit été contenuë dans la ligne *E F*, ou précisément le même nombre de fois, ou le même nombre de fois avec un reste ; & de là s'ensuivroit la Proportion des quatre lignes, comme cy-dessus.

SECONDE PROPOSITION.

Si deux lignes sont autant inclinées dans leur espace parallele, que deux autres lignes dans le leur, les quatre lignes sont Proportionnelles.

Si la ligne *A B*, est autant inclinée dans son espace, que la ligne *E F*, l'est dans le sien, ces deux lignes seront entre elles, comme les perpendiculaires des espaces par la Proposition precedente.

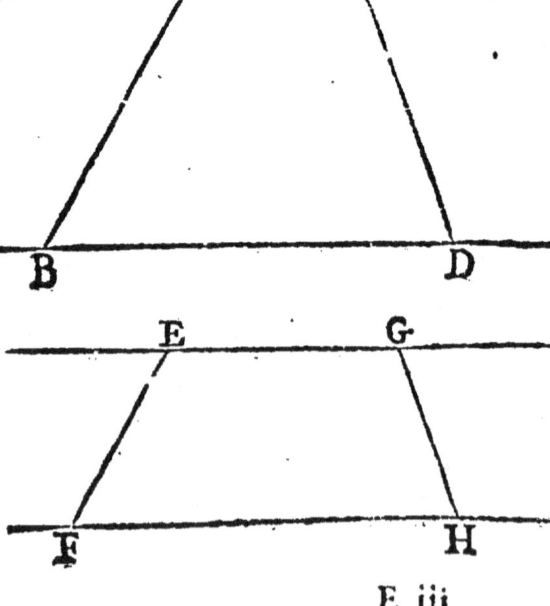

De même,
si les lignes
CD, *GH*,
font autant
inclinées
chacune
dans leur
efpace, e les
feront ent e
elles comme les
mêmes perpen-
diculaires de
ces efpaces. Or
deux Raifons
égales à une
même Raifon,

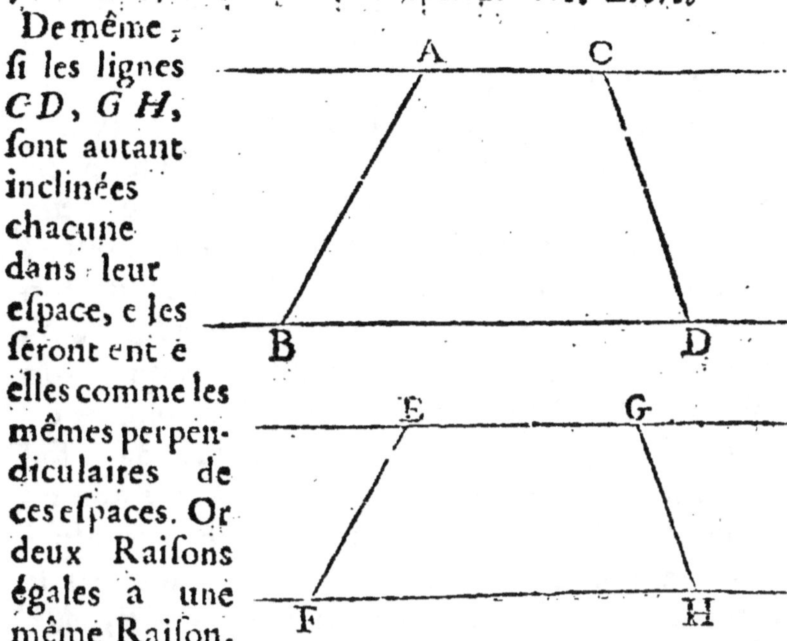

font égales entre elles; donc la Raifon des deux premieres inclinées *AB*, *EF*, eft égale à la Raifon des
deux autres *CD*, *GH*, ce qui fait leur Proportion.

TROISIE'ME PROPOSITION.

Si un même angle a deux bafes paralleles, fes côtés, felon une bafe font proportionnels à fes côtés,
felon l'autre; & les bafes elles-mêmes font en même
Raifon que les côtés de même part, appellés côtés
Homologues.

Soit l'angle *DAE*,
ou *BAC*, ayant les
deux bafes *DE*, *BC*.
Il faut démontrer que
le côté *AB*, eft au
côté *AD*, fon Ho-
mologue, comme le
côté *AC*, eft au côté
AE, fon Homolo-
gue; & que la bafe *BC*, eft à la bafe *DE*, auffi com-

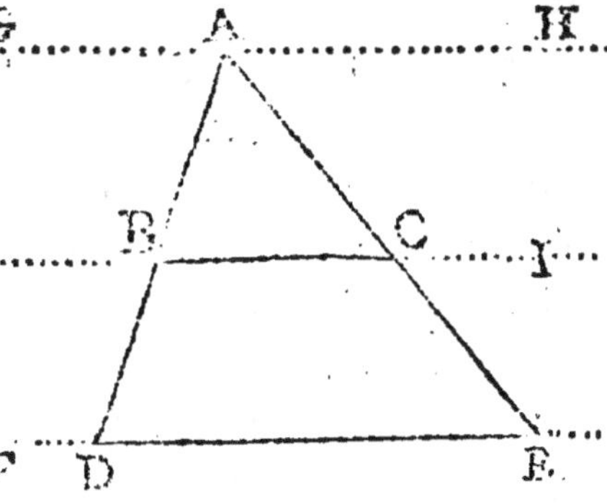

me le côté *A B*, eſt au côté *A D*, ou comme le côté
A C, eſt à ſon Homologue *A E*.

Par le Sommet *A*, ſoit menée une parallele aux
deux baſes, cette parallele forme avec les deux baſes, deux eſpaces paralleles, dont le plus grand eſt
G A H F D E, & le moindre *G A H B C I*; les deux
baſes étant paralleles, la ligne *A D*, qui les coupe,
les coupe avec la même obliquité. L'angle qui a ſon
Sommet en *B*, eſt donc égal à l'angle qui a ſon Sommet en *D*; par la même Raiſon, l'angle qui a ſon
Sommet en *C*, eſt égal à l'angle qui a ſon Sommet en
E; donc la ligne *A B*, eſt autant inclinée dans ſon
petit eſpace, que la ligne *A D*, l'eſt dans le grand;
& la ligne *A C*, autant inclinée dans le petit eſpace, que la ligne *A E*, dans le grand ; donc par la
précedente Propoſition, ces quatre lignes *A B, A D,
A C, A E*, ſont proportionnelles.

Pour démontrer
preſentement que la
baſe *B C*, eſt à la ba-
ſe *D E*, comme le cô-
té *A C*, eſt au côté
Homologue *A E*.

Soit menée par le
point *E*, la ligne *R T*
parallele au côté *A D*
& par le point *C*, la
ligne *O C P*; il ſe for-

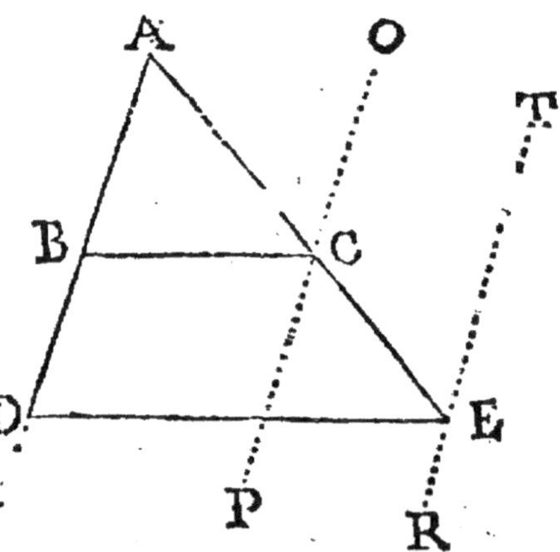

me par-là deux nouveaux eſpaces paralleles, le plus
grand compris par les lignes *T E R, A B D*, & le petit
compris par les lignes *O C P, A B D*. Or la ligne *A C*,
eſt autant inclinée dans le petit eſpace, que la ligne
A E, l'eſt dans le grand, & la ligne *B C*, autant inclinée dans le petit eſpace, que la ligne *D E*, dans le
grand, à cauſe du parallelifme des baſes; donc la ba-

E iiij

se *BC*, est à la base *DE*, comme le côté *AC*, est au côté *AE*, par la précedente Propôsition.

COROLLAIRE.

Cette Proposition est le fondement d'une partie du Compas de Proportion, qu'on appelle les Parties égales. Car ce n'est autre chose en effet que deux lignes égales, divisées en 100, 200, &c. parties égales à la discretion du diviseur ; ces deux lignes tournent par leur extremité sur un même centre, en sorte qu'elles forment tel angle que l'on veut. Voilà la machine faite.

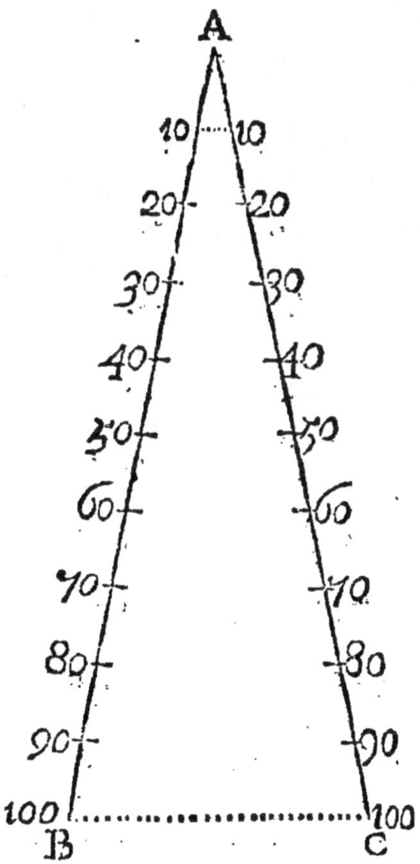

Si je veux diviser une ligne donnée, comme *BC*, en dix parties égales, j'ouvre l'instrument composé de mes deux lignes divisées en 100 parties égales, de telle sorte que l'angle que ces deux lignes formeront, ait pour base la ligne à diviser *BC* ; ensuite de quoy portant un compas ordinaire sur les divisions, de maniere que ses pointes soient appliquées de part & d'autre de 10 en 10, la ligne 10, 10, comprise par les pointes du compas sera la dixiéme partie de la ligne *BC* ; puisque toute cette operation aboutit à donner deux bases paralleles à un même angle, & que de même que le côté

A 10 , eſt la dixiéme partie du côté *A* 100 , ainſi la baſe 10 , 10 , eſt la dixiéme partie de la baſe *B C.*

II. COROLLAIRE.

Cette même Propoſition eſt le fondement de toutes les operations que l'on fait avec le Bâton de Jacob. Cet inſtrument eſt compoſé de deux Regles , chacune diviſée en parties égales. Ces deux Regles ſe coupent à angles droits , & on les diſpoſe de telle maniere que la hauteur du bâton *A B* , poſée perpendiculairement ſur le terrain *B C* , que l'on veut meſurer , & le raïon viſuel conduit du haut du bâton *A* , juſques au point d'éloignement *C* , font un angle qui a deux baſes paralleles ; ſçavoir , la diſtance *B C* , & la partie *D E* , de la Regle tranſverſalle de l'inſtrument. Ainſi l'on connoît la diſtance *B C* , en conſiderant que comme *A D* , eſt à *A B* , de même *D E* , eſt à la diſtance *B C* , que je ſuppoſe , par exemple , être la largeur d'une riviere que l'on veut meſurer du bord *B.*

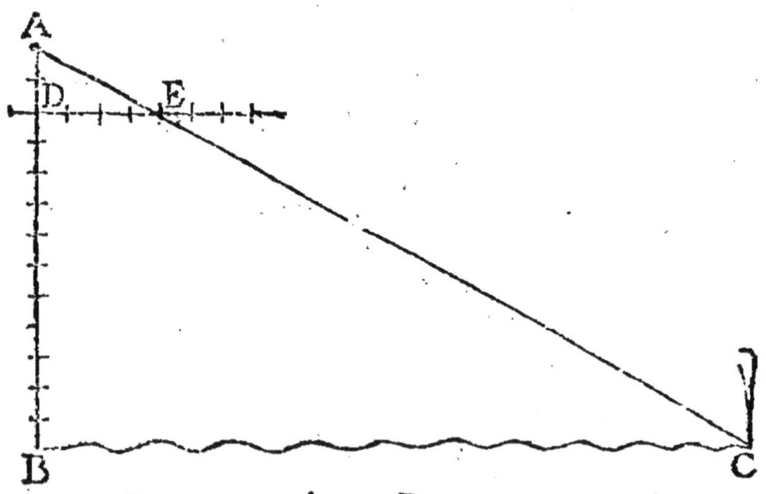

QUATRIE'ME PROPOSITION.

Quand deux angles égaux ont chacun une baſe , & que les angles formés ſur les baſes par les côtés ſont

égaux chacun à chacun ; c'est à dire, un angle formé
sur une des bases, égal à un angle formé sur l'autre
base ; tels angles sont appellés angles semblables, &
les côtés de l'un sont proportionnels aux côtés de l'autre, aussi-bien que la base à la base.

Soit l'angle dont le som-
met est en *A*, égal à l'angle dont le sommet est en *D*.
Soit l'angle *A B C*, formé
sur la base *B C*, par le côté
A B, égal à l'angle *D E F*,
formé sur la base
E F, par le côté
D E. Les angles
A C B, *D F E*,
seront par consé-
quent égaux, le
côté *B A*, en
ce cas est appellé
Homologue à l'égard du côté *D E*, & le côté *A C*,
Homologue par rapport au côté *D F*. Il faut démontrer que le côté *A B*, est au côté *D E*, comme
le côté *A C*, est au côté *D F*, & comme la base
B C, est à la base *E F*.

1°. Il est évident que ce n'est presque que la précédente Proposition énoncée autrement : Car en appli-
quant le sommet *A*, sur le sommet *D*, viendra un angle ayant deux bases paralleles, puisque l'angle en *B*,
est supposé égal à l'angle en *E*. Mais pour démontrer la chose immediatement, il n'y a qu'à mener par
les deux sommets *A*, *D*, deux paralleles aux bases,
l'on aura deux espaces paralleles la ligne *A B*, sera autant inclinée dans son espace que la ligne *D E*, dans le
sien ; & la ligne *A C*, autant inclinée dans son espace,
que la ligne *D F*, dans le sien ; donc ces quatre lignes

fent proportionnelles ; c'est à dire, le côté *AB*, est
au côté *D E*, comme le côté *A C*, est au côté *D F*.
L'on démontrera de même la proportion des bases.

Cinquieme Proposition. Probleme.

Etant données trois lignes, trouver une quatriéme
proportionnelle.

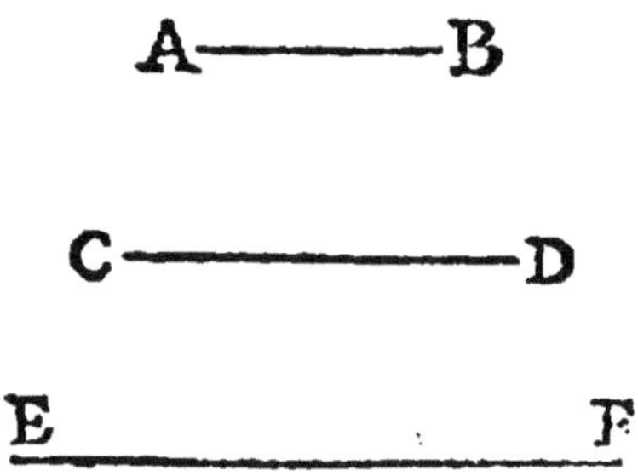

Soit les trois lignes données *A B*, *C D*. *E F*.

Soit du point *A*, soit le
sommet d'un angle dont
la ligne *AB*, soit un côté.

Sur le point *B*. soit placé le point *C*. de la ligne
C D, en sorte que la ligne
C D, soit
base de
l'angle
dont le
sommet
est en *A*.
Au mê-
me point
A, soit F

appliqué le point *E*, de la ligne *E F*, en sorte que
la ligne *E F*, soit couchée sur la ligne *AB* ; par les
points *A,D*, soit menée une ligne indefinie ; la ligne
FH, menée parallelement à la premiere base *C D*,
& déterminée au point *H*, par la ligne indefinie
A D, sera la quatriéme proportionelle cherchée.
Car en cette figure, il est visible que l'angle en *A*,
a deux bases *C D*, *F H*, paralleles, & qu'ainsi le
côté *A B*, est à la base *C D*, comme le côté *E F*,
est à la base *F H*, qui est la quatriéme proportionnelle que l'on cherche.

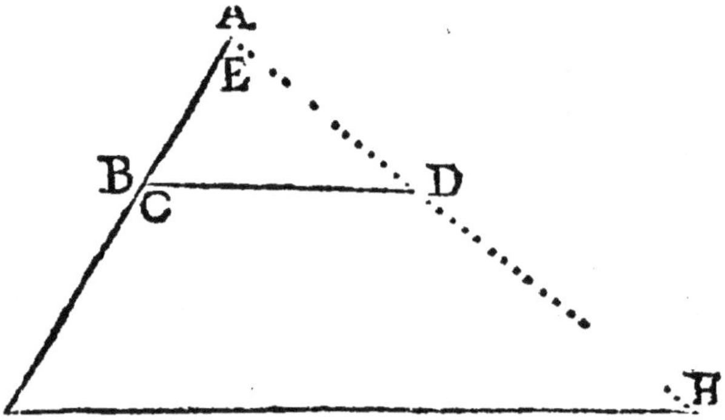

Sixie'me Proposition.

Si deux angles font entre mêmes paralleles, & que l'on leur donne deux nouvelles bafes paralleles aux deux premieres, les nouvelles bafes font proportionnelles aux deux premieres.

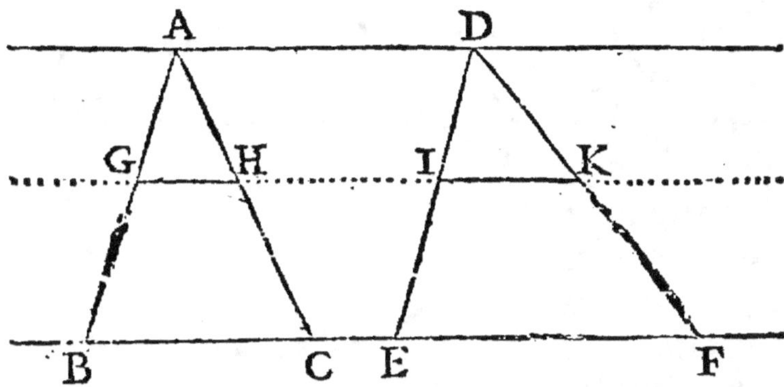

Soient les deux angles *B A C*, *E D F*, les deux bafes *B C*, *E F* ; foit tirée la parallele *G K*, elle donne deux nouvelles bafes aux deux angles ; fçavoir, *G H*, *I K* ; je dis que la bafe *G H*, eft à la bafe *B C*, comme la bafe *I K*, a la bafe *E F* ; car la Raifon de *G H*, a *B C*, eft égale la Raifon de *A G*, à *A B*, qui eft égale à la Raifon de *D I*, à *D E*, qui eft égale a la Raifon de *I K*, à *E F* ; donc la premiere Raifon eft égale à la derniere ; c'eft à dire, *G H*, *B C* :: *I K*, *E F*.

Septie'me Proposition.

Etant donnés deux cercles inégaux ; fi l'on choifit dans le petit deux cordes, qui foûtiennent un certain nombre de degrés, & que l'on prenne dans le grand cercle deux cordes, dont chacune foutienne le même nombre de degrés, que chacune du petit cercle, ces quatre cordes font proportionnelles.

Il n'y a qu'à difpofer les deux cordes du petit cer

cle ; en forte qu'elles comprennent un angle ; faire la même chofe des deux cordes du grand, enfuite donner une bafe à chacun des angles, l'on aura des angles femblables ; & par la quatriéme Propofition, les côtés qui font les cordes, feront proportionnels.

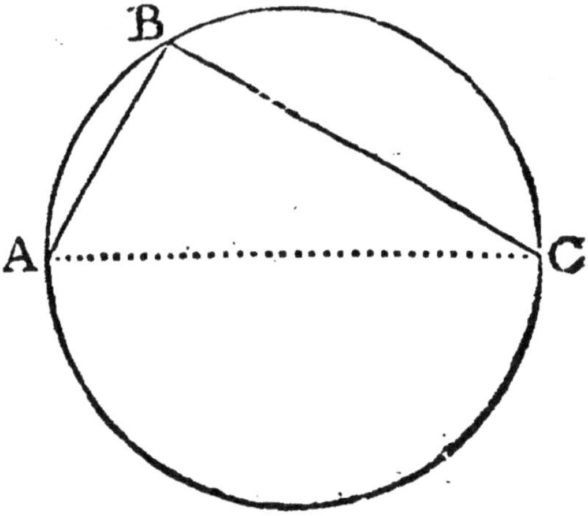

Car la corde *AB* foûtenant autant de degrés que la corde *DE*. L'angle de la bafe en *C*, fera égal à l'angle de la bafe en *F*; puifque ce font deux angles infcripts fur des arcs égaux ; & de même l'angle en *A*, fera égal à l'angle en *D* ; donc les deux angles du fommet *DEF*, *ABC*, feront auffi égaux ; donc le côté *AB*, eft au côté homologue *DE*, comme le côté *BC*, eft au côté *EF*.

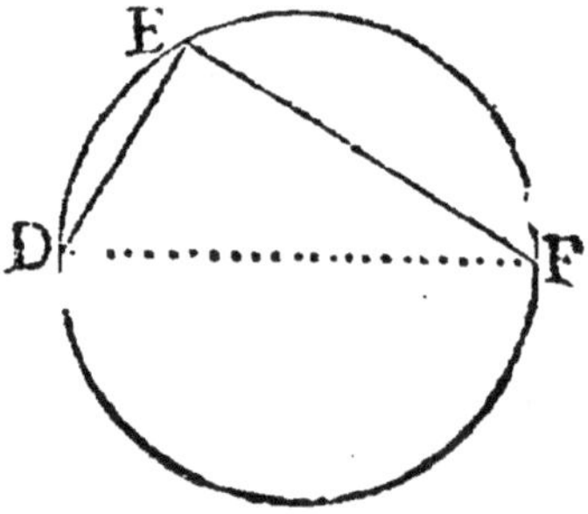

Si deux des cordes données font diametres chacune de fon cercle, cela ne changera rien à la démonftration, ainfi le diametre eft au diametre, comme toute corde de l'un eft à la corde de l'autre de pareil nombre de degrés.

COROLLAIRE.

Cette Propofition eft le fondement de la partie du Compas de Proportion qu'on appelle les Cordes. Pour le faire entendre, il faut expliquer la fabrique du Compas.

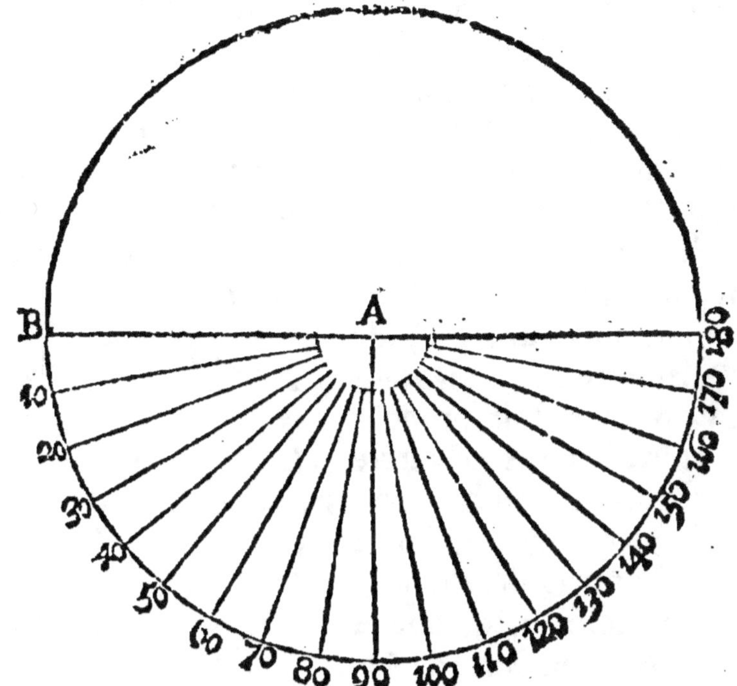

L'on fait un cercle que l'on divise en sesdegrés; par exemple, celui-ci, depuis 1, jusques à 180. Ensuite ayant 2 lignes mobiles autour du centre O, pris pour centre du

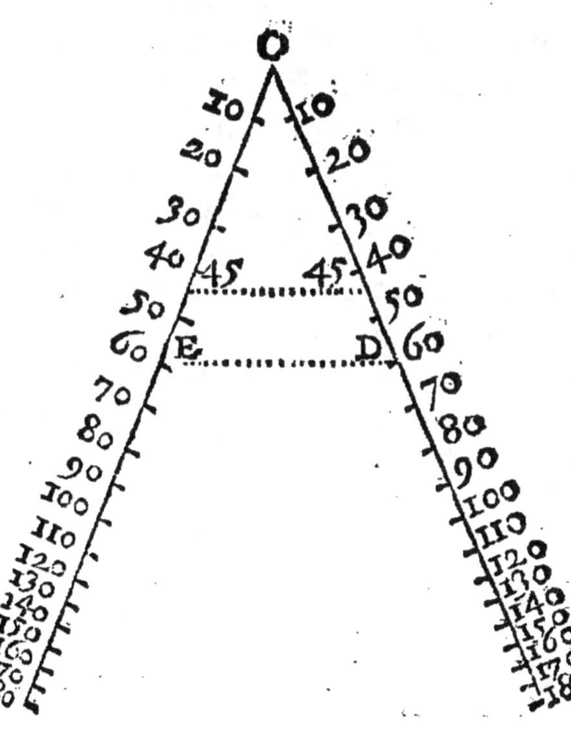

Compas de Proportion, l'on tranſporte toutes les cordes du cercle diviſé ſur les deux lignes mobiles de part & d'autre, à commencer du point *O* ; par exemple, la longueur de la corde *B* 10, corde de 10 degrés, ſe tranſporte de *O*, en 10 ; la corde *B* 20, corde de 20 degrés, ſe tranſporte de *O*, en 20, ſur les deux lignes ; & ainſi du reſte. L'inſtrument ainſi preparé l'uſage n'en eſt pas difficile.

Soit donné un cercle de tel diametre que l'on voudra, & qu'il ſoit propoſé de trouver dans ce cercle un arc de 45 degrés. J'ouvre les deux lignes qui font mon Compas de Proportion de telle ſorte, que le raïon *ED*, ſoit porté de 60 en 60 ; enſuite cherchant

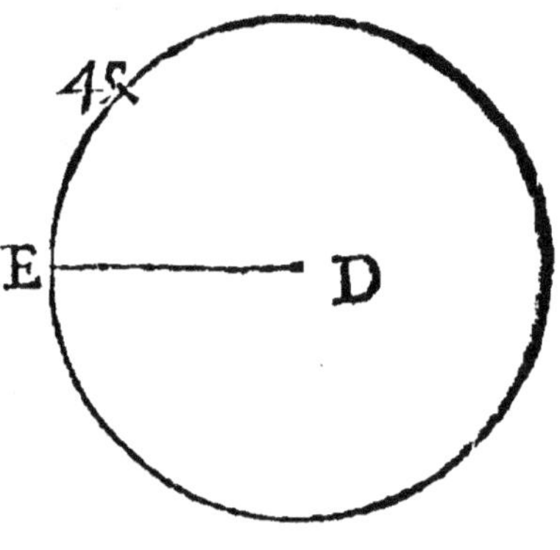

l'intervalle qui eſt entre 45 & 45, je le porte dans mon cercle à diviſer, & je dis que c'eſt un arc de 45d.

Car conſiderant mon Compas de Proportion dans la ſituation où je viens de le mettre, je remarque que j'ai un angle à deux baſes paralleles, & par conſéquent que la ligne *O* 60, eſt à la ligne *O* 45, comme la baſe 60, 60, eſt à la baſe 45, 45, & *alternando*, la ligne *O* 60, eſt à la ligne 60, 60, comme la ligne *O* 45, eſt à la ligne 45, 45. Or la ligne *O* 60, eſt le raïon du cercle ſur lequel mon Compas de Proportion a eſté fait, parce que la corde de 60 degrés, eſt neceſſairement égale au raïon du cercle, ainſi qu'on va le démontrer fort aiſément. La ligne 60, 60, eſt ſuppoſée priſe égale à la ligne *E D*, raïon du cercle à diviſer ; donc en cette proportion, le raïon eſt au raïon, comme la corde de 45 degrés du premier, eſt à la corde de 45 degrés du ſecond.

Ainsi portant cette longueur dans le cercle à diviser du point E à 45, j'ay un arc en effet de 45 degrés.

Il est très-visible que la ligne E G, corde de l'arc de 6 o degrés, est égale au raïon E D car l'angle E D G, est un angle de 6 o degrés qui a son sommet au point D, centre du cercle ; chacun des deux angles, que ses côtés font sur sa

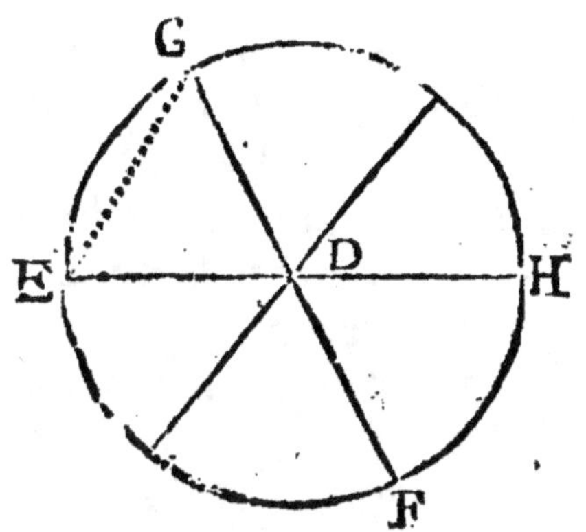

base E G, est aussi de 6 o degrés ; par exemple, l'angle E G F, est un angle inscript, qui ayant pour mesure la moitié de l'arc E F, de 120 degrés, est necessairement un angle de 6 o degrés ; donc ces trois angles étant égaux, les trois lignes E G, G D, E D, sont égales.

HUITIEME PROPOSITION.

Si une ligne divisant un angle quelconque en deux parties égales, tombe sur la base de cet angle, elle la partage proportionnellement aux côtés de l'angle.

Soit l'angle B A D divisé en deux parties égales par la ligne A C, qui coupe la base B D, au point C ; je dis que le côté A B, est a la portion B C, de la base, comme le côté A D, est à la portion C D.

Par les points B,

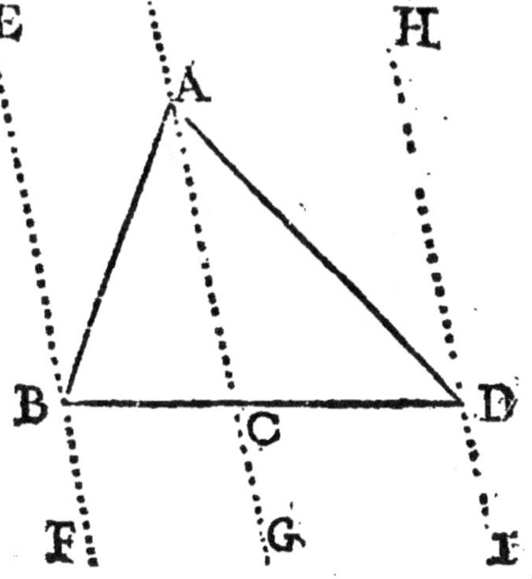

&

& D, soient menées les lignes *E F*, *H I*, paralleles
à la ligne *A C*, prolongée en *G*. Il se forme par là
deux espaces paralleles, & il est évident que la ligne
B A, est autant inclinée dans son espace que la ligne
D A, l'est dans le sien, puisque par la construction,
l'angle *B A C*, est égal à l'angle *C A D* ; de même la
ligne *B C*, est autant inclinée dans le premier espace, où est renfermée la ligne *B A*, que la ligne *C D*,
l'est dans le second espace, où est renfermée la ligne
A D, puisque c'est une même ligne coupée par des
paralleles ; donc par la deuxiéme Proposition de ce
Livre, la ligne *A B*, est à la ligne *A D*, comme la
ligne *B C*, est à la ligne *C D*, & *alternando*, la ligne *A B*, est à la ligne *B C*, comme la ligne *A D*,
est à la ligne *C D*.

NEUVIÉME PROPOSITION.

Si du sommet d'un angle droit, l'on meine une
perpendiculaire sur la base ; cette perpendiculaire
forme deux angles semblables entre eux & au total,
d'où s'ensuivent plusieurs Proportions. Il faut relire
soigneusement la quatriéme Proposition de ce Livre,
pour bien entendre celle-ci qui est fort importante.

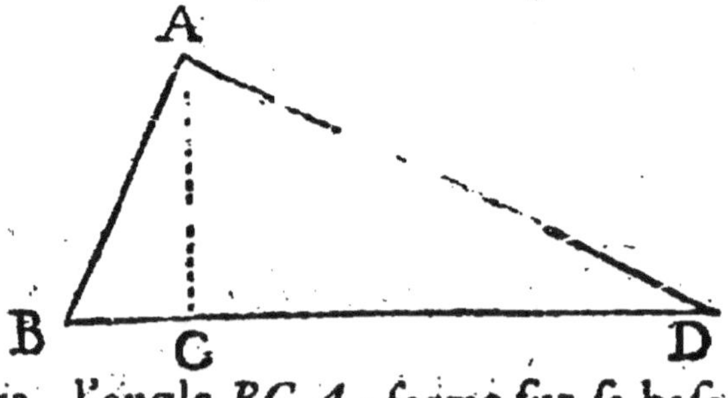

L'angle *B A D*
est droit, l'an-
gle *B C A*, est
droit. Le pre-
mier forme sur
sa base *B D*, l'an-
gle *A B D* ; le se-
cond, c'est à dire, l'angle *B C A*, forme sur sa base
B A, le même angle *A B D*, ou *A B C* ; donc l'angle *B A D*, est semblable à l'angle *B C A*, puisque
les angles sur les bases sont égaux entre eux, & que

F

les angles *B AD*
BCA étant tous
deux droits ,
font eux mêmes
fuppofés égaux.
On démontre-
ra de même que

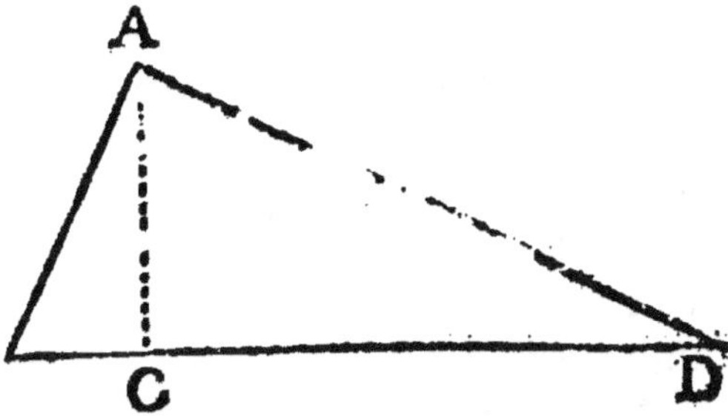

l'angle *B AD*, eft femblable à l'angle *DCA*, parce que outre qu'ils font tous deux droits, ils forment par leurs côtés des angles égaux chacun à
chacun fur leurs bafes, car le premier forme fur fa
bafe *BD*, l'angle *B DA*, & ce même angle *B DA*,
ou *CDA*, eft l'angle formé fur la bafe *AD*, par un
côté de l'angle *DCA*. Les trois angles *BAD*, *BCA*,
DCA, font donc non-feulement égaux, mais femblables, ce qu'il ne faut pas confondre ; c'eft à dire,
que les angles qu'ils fo ment par leurs côtés fur leurs
bafes font égaux chacun à chacun ; donc par la quatriéme Propofition de ce Livre les côtés homologues
de ces trois angles femblables font proportionnels,
c'eft à dire :

Le petit côté *B C*, eft à fa bafe *A B*, comme le
petit côté *A B*, eft à fa bafe *B D*.

Le côté *CD* eft à fa bafe *A D*, comme le côté *AD*
eft à fa bafe *B D*.

Le petit côté *B C*, de l'angle *B C A*, eft à fon autre côté *C A*, comme le petit côté *C A*, de l'angle
D C A, eft à fon autre côté *D C*.

Pour prouver plus briévement ces proportions, on
peut dire, que par la perpendiculaire *A C*, l'on a
trois moyennes proportionnelles ; fçavoir, *A B*,
moyen proportionnel entre *B D*, & *B C*.

A D, moyen proportionnel entre *B D*, & *C D*.

A C, moyen proportionnel entre *B C*, & *C D*.

Dixie'me Proposition.

Entre deux lignes don-
nées comme *AB*, *CD*,
trouver une moyenne
proportionnelle.

Je les difpofe de telle
forte bout à bout, qu'-
elles ne faf-
fent qu'une
même ligne
droite, telle
qu'eſt la li-
gne *AD*, ſur
le point *B*,
qui les joint
j'éleve la

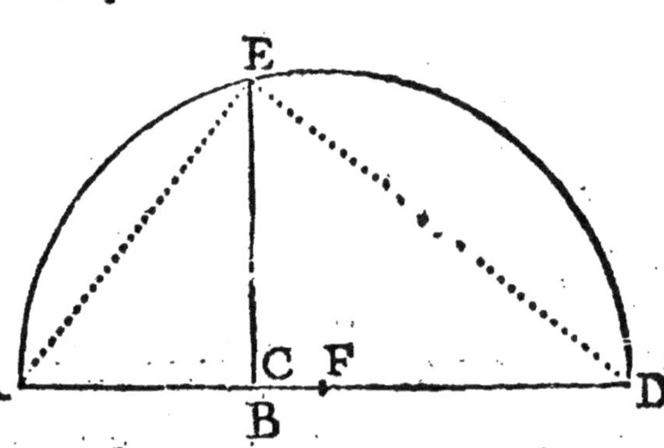

perpendiculaire indefinie. Je divife la ligne *AD*,
en deux parties égales au point *F*, & du point *F*,
pris pour centre, intervalle *FD*, je décris le cercle,
qui coupe la perpendiculaire au point *E* ; je dis que
la ligne *BE*, eſt la moyenne proportionnelle cherchée : car par la conſtruction, l'angle *AED*, eſt
un angle droit, puiſqu'il a ſon ſommet dans la circonference, & qu'il eſt appuyé ſur un demi cercle ou
180 degrés ; donc par la précedente Propofition, la
perpendiculaire *EB*, eſt moyenne proportionnelle
entre les deux ſegmens de la baſe *AB*, *BD*, ou
CD, qui ſont les deux lignes données.

SEPTIÉME LIVRE.

Des Reciproques.

Définitions.

LORSQUE quatre lignes font proportionnelles, les Extrêmes font dites Reciproques à l'égard des Moyennes.

Ainſi lorſque l'on dit, ces deux lignes-là font Reciproques à ces deux autres-cy ; c'eſt comme ſi l'on diſoit : la premiere de ces deux lignes-là, eſt à la premiere de ces deux lignes-cy, comme la ſeconde de ces deux lignes-cy, eſt à la ſeconde de ces deux lignes-là.

Lorſqu'un même angle a deux baſes, qui n'étant point paralleles, forment avec ſes côtés des angles égaux ; l'un d'un côté, l'autre de l'autre, telles baſes ſont dites Antiparalleles, & ces baſes peuvent être Antiparalleles, ſuivant trois diſpoſitions.

L'angle *C A E*, a deux baſes, qui ſe croiſent, & en ce cas, l'angle en *C*, doit être égal à l'angle en *E*, & par conſequent l'angle en *B*, égal à l'angle en *D*.

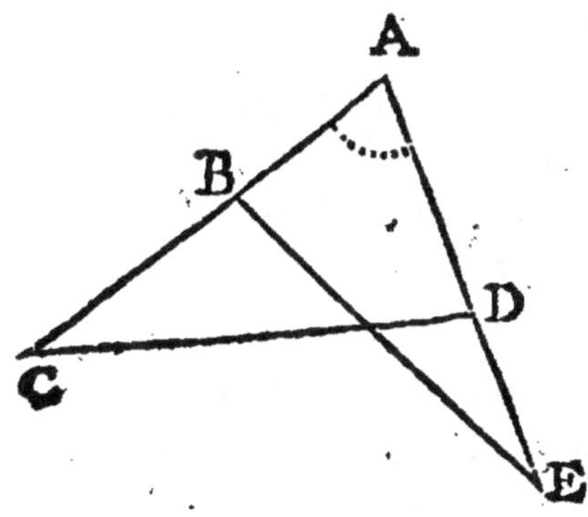

Dans la deuxiéme difposition, l'angle *I F K*, a deux bafes *I K*, *G H*, entierement fepa-rées, & dans cette difpofition, l'angle en *I*, doit être égal à l'angle *G H F*, & par confequent, l'angle en *K*, égal à l'angle *H G F*.

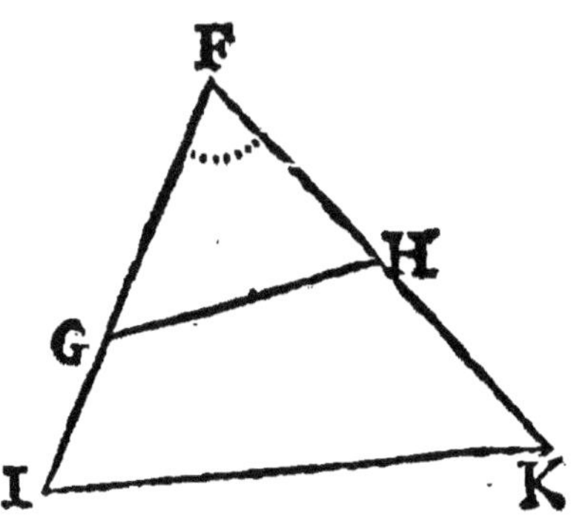

Dans la troifiéme dif-pofition, l'angle *N L O*, a deux bafes qui fe joi-gnent au point *O*, & en ce cas l'angle *L N O*, eft égal à l'angle *L O M*, & l'angle *L M O*, eft égal à l'angle *L O N*.

Dans ces trois difpofi-tions, les côtés totaux

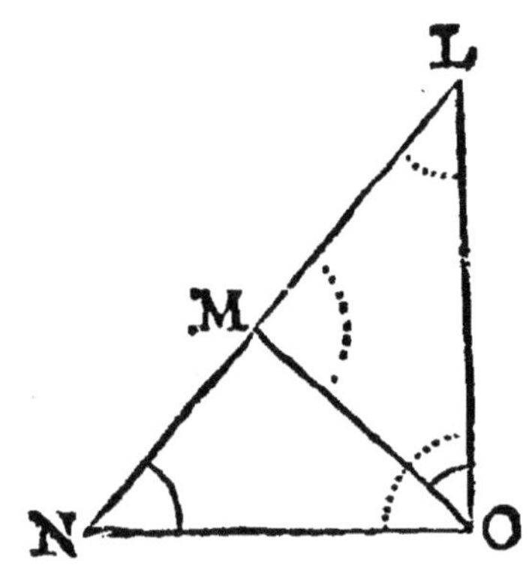

comparés avec les côtés partiaux, donnent des Re-ciproques ; car :

Dans la premiere difpofition, le côté *A C*, eft au côté *A D*, comme le côté *A E*, eft au côté *A B*.

Dans la feconde, le côté *F I*, eft au côté *F H*, comme le côté *F K*, eft au côté *F G*.

Dans la troifiéme, le côté *L N*, eft au côté *L O*, comme le côté *L O*, eft au côté *L M*.

Pour le démontrer :

Par les trois fommets *A*, *F*, *L*, foient tirées des paralleles à chacune des deux bafes ; chacu-ne des trois difpofitions donne deux efpaces pa-ralleles.

Dans la premiere difpofition, la ligne *A C*, & la ligne *AD*, font dans l'efpace compris entre les paralleles *RS*, *TV*; la li-

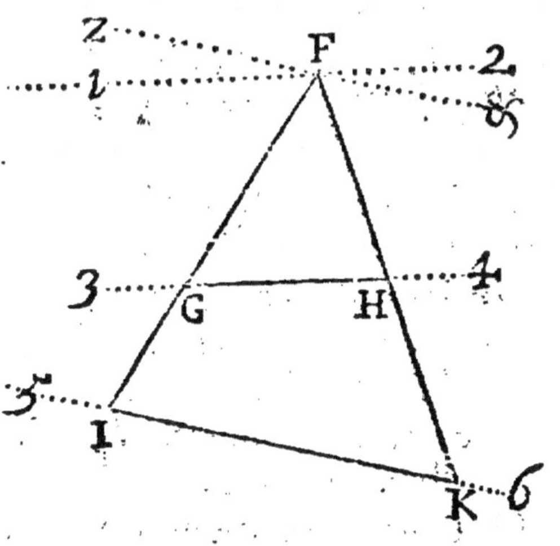

gne *A E*, & la ligne *A B*, font dans l'autre efpace compris entre les paralleles *P Q*, *X T*. Or par la fuppofition, la ligne *A C*, eft autant incli-née dans le premier efpace, que la ligne *A E*, dans le fecond, & la ligne *A D*, autant inclinée dans le premier efpace, que la ligne *A B*, dans le fecond ; donc par la premiere Propofition des Proportionnel-les, la ligne *A C*, eft à la ligne *A E*, comme la ligne *A D*, eft à la ligne *A B*.

Dans la fecon-de difpofition, la ligne *F I*, & la ligne *F K*, font dans l'ef-pace compris entre les paral-leles *Z &*, *5 6*, la ligne *F H*, & la ligne *F G*, font dans l'au-tre efpace com-

pris entre les paralleles 1 2, 3 4. Or la ligne *F I*,

est autant inclinée dans le premier espace, que la ligne *F H*, dans le second ; la ligne *F K*, est autant inclinée dans le premier espace, que la ligne *F G*, dans le second ; donc la ligne *F I*, est à la ligne *F H*, comme la ligne *F K*, est à la ligne *F G*.

Dans la troisiéme disposition, il faut que la ligne *L N*, & la ligne *L O*, soient dans l'espace compris entre les paralleles 13, 14, 7, 8 ; & que la ligne *L O*, & la ligne *L M*, soient dans l'espace compris entre les paralleles 11, 12, 9, 10 ; en sorte que la ligne *L O*,

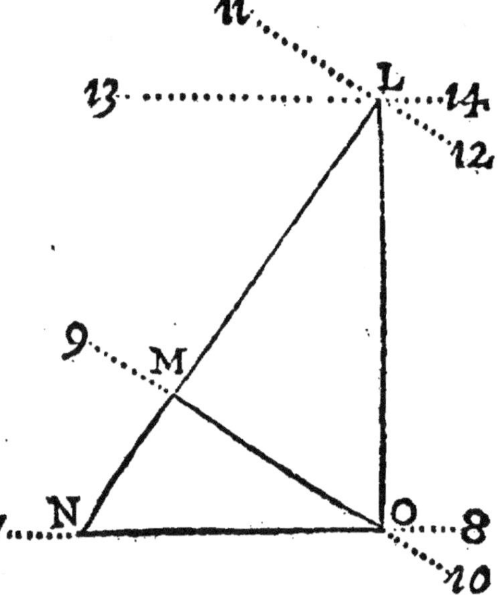

se trouve dans les deux espaces paralleles, où elle forme differens angles avec les bases. Or la ligne *L N*, est autant inclinée dans le premier espace, que la ligne *L O*, dans le second, où elle fait un angle aigu en *O*, égal à l'angle aigu en *N* ; & d'ailleurs, la ligne *L O*, fait dans le premier espace un angle égal à l'angle que la ligne *L M*, fait dans le second ; donc la ligne *L N*, est à la ligne *L O*, comme la ligne *L O*, est à la ligne *L M*.

PREMIERE PROPOSITION GENERALE.

Pour les Reciproques.

Si l'on prolonge indefiniment le diametre d'un cer

cle, & que l'on coupe le diametre par une perpendiculaire, soit qu'elle entre dans le cercle, soit qu'elle
touche le cercle, soit qu'elle soit hors du cercle ; &
que de l'extremité du diametre opposée au côté du
prolongement, l'on tire deux lignes quelconques terminées par la circonference, ou par la perpendiculaire, & coupées par l'une ou par l'autre ; chaque
toute & sa partie, à prendre du point d'où elles sont
tirées, sera Reciproque à chaque autre toute & sa
partie. Voyez les figures.

Premier Cas. Lorsque la perpendiculaire coupe le
cercle.

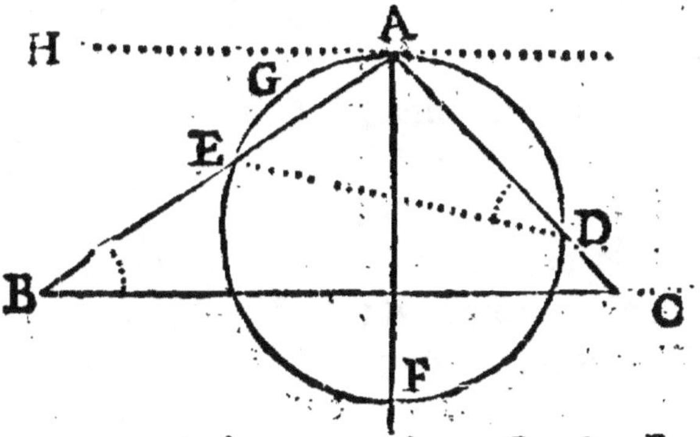

Soit le dia-
metre *A F*,
coupé par la
perpendicu-
laire *B C* ;
du point *A*,
soient tirées à
discretion les
lignes *A B*,
A C, elles seront terminées aux points *C*, & *B*,
par la perpendiculaire, & coupées par le cercle aux
points *E*, & *D* ; je dis que la ligne *A B*, est à la ligne *A C*, comme la portion *A D*, est à la portion
A E. Pour le prouver, soient joints les points *E*,
D, par la droite *E D*, il n'y a qu'à démontrer que
les bases *B C*, *E D*, sont antiparalleles ; or cela est
aisé : car l'angle *E D A*, est inscript, & a pour mesure la moitié de l'arc *E G A*, de même l'angle
A B C, a pour mesure la moitié de l'arc *E G A*,
parce que c'est un angle alterne de l'angle *H A E*,
angle du petit segment, qui a pour mesure la moitié de l'arc *E G A*, donc les bases sont antiparalleles.

Dans ce même premier cas, les bases se peuvent

croiser , comme
l'on voit à la pre-
sente figure , ce
qui ne change rien
à la démonstra-
tion ; puisque l'an-
gle *E C A* , ins-
cript est égal à
l'angle *DBA*, par
la même raison ;

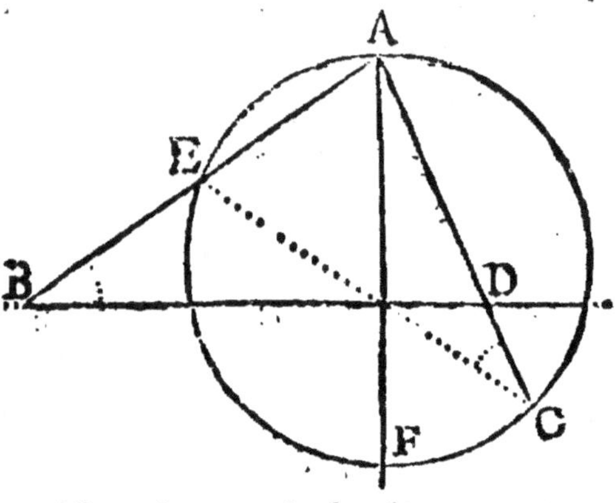

donc la ligne *A B* , est toûjours à la ligne *A C* ,
comme la portion *A D* , à la portion *A E*.

Second Cas. Lorsque la perpendiculaire touche le
cercle.

Si l'on tire deux
lignes, comme *A B*
A D , terminées
par la perpendicu-
laire aux points *B* ,
D, elles seront cou-
pées réciproque-
ment aux points
E , *F*, par le cercle;
c'est à dire , que la
toute *A B* , sera à

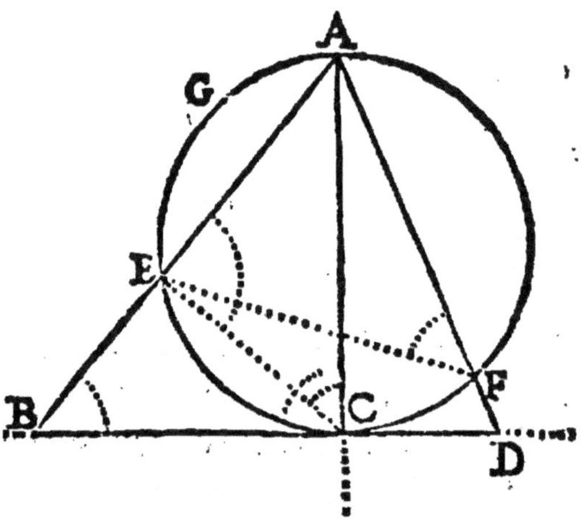

la toute *A D*, comme la portion *A F* , à la portion
A E ; soient joints les points *E F* , il n'y a qu'à démontrer que les bases *B D* , *E F*, sont antiparalleles ;
car ainsi qu'il a déja été dit deux fois, l'angle *C B A*,
alterne de l'angle du petit Segment, a pour mesure
la moitié de l'arc *E G A* , qui est aussi la mesure de
l'angle inscript *E F A*.

D'ailleurs dans ce second cas, le diametre est moyen
proportionnel entre chaque toute, & sa partie dans
le cercle. Soit tirée la ligne *E C*, il n'y a qu'à dé-

montrer que les ba-
fes *B C*, *E C*, ba-
fes de l'angle *B AC*
qui fe joignent au
point de contin-
gence *C* font an-
tiparalleles fuivant
la troifiéme difpo-
fition. Or cela n'eft
pas difficile : car
l'angle *E C A*, eft
infcript, & a pour

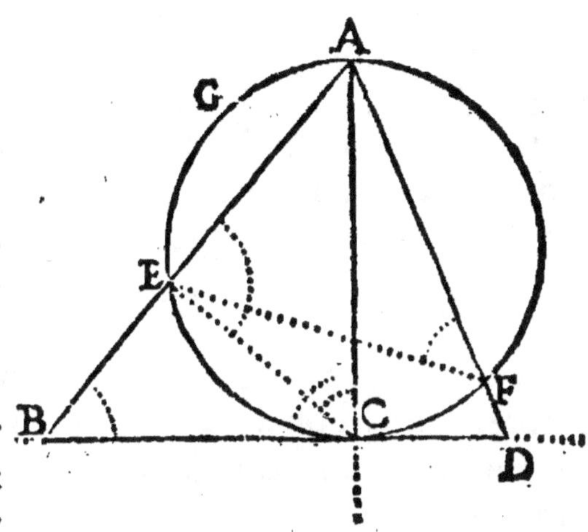

mefure la moitié de l'arc *E G A*, qui eft auffi la mefure de l'angle *A B C* alterne de l'angle du petit
fegment ; & l'angle *A E C*, eft un angle droit, puifqu'il eft appuyé fur la demi circonference, & par confequent égal à l'angle *B C A*, formé par une tangente
& par le diametre ; donc la ligne *A E*, eft au diametre *AC*, comme le diametre *AC*, à la portion *A E*,
& ainfi de toute autre ligne & fa partie dans le cercle.

Troifiéme Cas. Lorfque la perpendiculaire coupe le
diametre prolongé hors du cercle.

En ce cas les deux
lignes *A E*, *AC*,
font l'une & l'au-
tre terminées par
la perpendiculaire
aux points *E*, *C*,
& coupées aux
points *B D*, par le
cercle, il faut prou-
ver que la toute
A E, eft à la tou-
te *A C*, comme la
portion *A D*, eft à

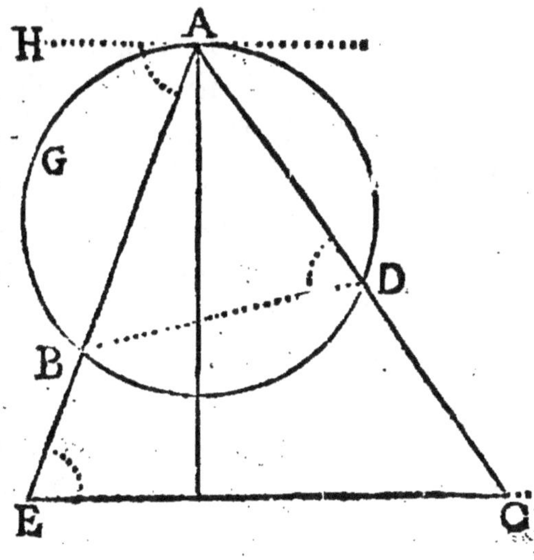

la portion *A B*, soient joints les points *B*, *D*, il n'y a qu'à démontrer que les bases *E C*, *B D* sont antiparalleles ; cela est visible, puisque l'angle *B D A*, inscript, a pour mesure la moitié de l'arc *B G A*, & que cette même moitié est la mesure de l'angle *C E A*, alterne de l'angle du petit segment *H A B*.

SECONDE PROPOSITION.

Si deux angles, opposés au sommet, ont des bases antiparalleles, l'on aura des lignes reciproques, comme l'on peut voir en la figure qui suit.

Je suppose que les deux angles *B A C*, *D A E*, opposés au sommet *A*, ont leurs

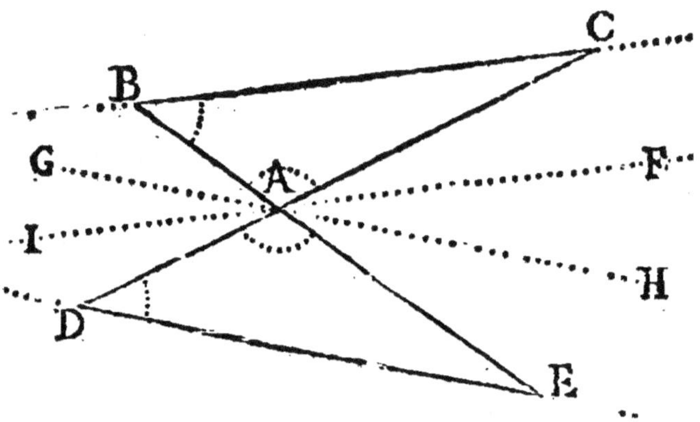

bases *B C*, *D E*, tellement disposées que l'angle dont le sommet est en *D*, soit égal à l'angle dont le sommet est en *B*, & par consequent que l'angle dont le sommet est en *C*, soit égal à l'angle dont le sommet est en *E*. Dans cette disposition l'on voit que ce sont les angles de même côté qui sont égaux, au lieu que si les bases étoient paralleles, ce seroient les angles alternes qui seroient égaux, & je dis que la ligne *A C*, est à la ligne *A B*, comme la ligne *A E*, est à la ligne *A D* ; en sorte que la ligne totale *D C*, est coupée réciproquement à l'égard de la totale *B E* ; c'est à dire que les portions *A C*, *A D*, sont les Extrêmes d'une Proportion ; donc *A B*, *A E*, sont les Moyens : Pour le démontrer.

Soient menées par le sommet *A*, les lignes *I F*, *G H*, paralleles aux bases 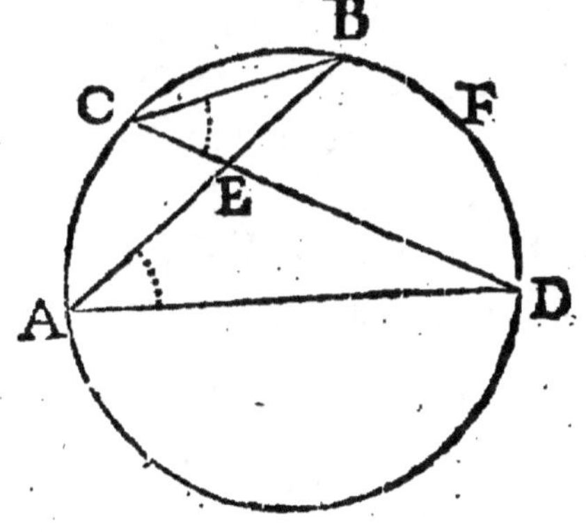 il se formera deux espaces paralleles, & il est évident par la construction que la ligne *A C*, est autant inclinée dans son espace que la ligne *A E*, l'est dans le sien, à cause de l'égalité des angles *A E D*, *A C B* ; de même la ligne *A B*, est autant inclinée dans le premier espace, que la ligne *A D*, l'est dans le second ; donc la ligne *A C*, est à la ligne *A E*, comme la ligne *A B*, est à la ligne *A D*.

COROLLAIRE.

Si deux cordes se coupent dans le cercle, elles se coupent reciproquement.

Soient les deux cordes *A B*, *C D*, qui se coupent dans le cercle au point *E* ; je dis que *A E*, est à *E D*, comme *E C*, est à *E B*.

Cela est évident ; car tirant les bases *A D*, *C B*, elles sont antiparalleles, puisque l'angle *D C B*, & l'angle *D A B*, sont appuyés sur le même arc, *B F D*, dont la moitié fait leur mesure, cela donne une nouvelle démonſtration pour trouver la moyenne proportionnelle entre deux lignes données ; car faiſant des deux lignes données miſes bout à bout , le diametre d'un cercle , & élevant une perpendiculaire au point où elles ſe joignent , cette perpendiculaire terminée par la circonference , ſera la moitié d'une corde coupée reciproquement avec les parties du diametre , & par conſequent moyenne proportionnelle , puiſqu'elle ſera coupée en deux parties égales.

TROISIE'ME PROPOSITION.

Si d'un point hors du cercle , l'on tire deux lignes terminées à la circonference concave ; chaque toute & ſa partie hors du cercle eſt reciproque à chaque autre toute , & ſa partie hors du cercle.

Il faut démontrer que la ligne *A D*, eſt à la ligne *A E*, comme la ligne *A C*, eſt à la ligne *A B*, & pour cela , il n'y a qu'à faire voir que les baſes *DE*, *BC*, ſont antiparalleles.

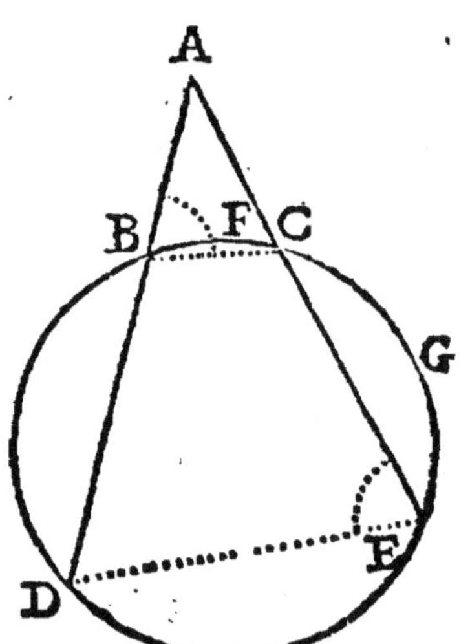

L'angle *EDB*, a pour meſure la moitié de l'arc *BCE*, & l'angle *BCA*, a pour meſure la moitié de l'arc *BFC*, plus la moitié de l'arc *CGE*, qui eſt la même choſe , par la troiſiéme Propoſition du cinquiéme Livre.

QUATRIE'ME PROPOSITION.

Si l'une des deux lignes tirées du point *A*, eſt tangente , elle ſera moyenne proportionnelle entre l'autre toute & ſa partie hors du cercle.

Il n'y a qu'à faire voir que les bases *BC*, *BD*, bases de l'angle *BAD*, font antiparalleles, fuivant la troifiéme difpofition.

L'angle *CDB*, eft infcript, & a pour mefure la moitié de l'arc *BEC*, laquelle eft auffi la mesure de l'angle *CBA*, angle du fegment. On démontrera de même que l'angle *DBA*, eft égal à l'angle *BCA*.

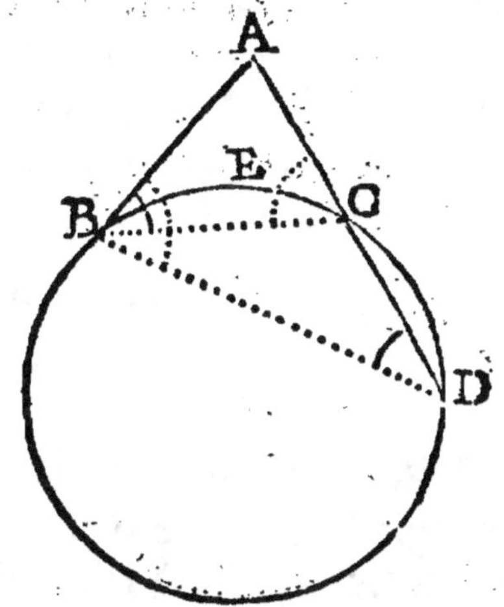

PROBLEME.

COROLLAIRE.

Connoître la longueur du diametre de la terre fans obfervation aftronomique.

Je fuppofe que le point *A*, foit le fommet d'une montagne fituée fur le bord de la mer *D*, & que l'on connoiffe la ligne *AD*, qui eft l'élevation du fommet de la montagne par deffus le plan de la mer. Je regarde du point *A*, en pleine mer, tant que la vûë peut s'étendre, en forte que mon raïon vifuel *AB*, faffe une tangente au point *B*, enfuite de quoy mefurant mécaniquement la longueur de

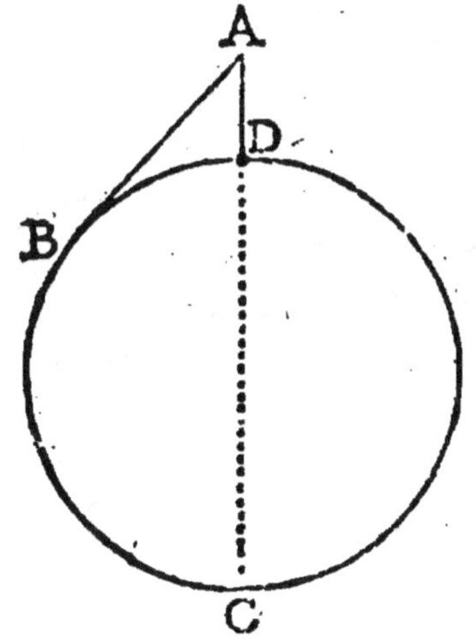

la tangente *A B*, je dis suivant la Proposition précedente, comme la hauteur de la montagne est à la tangente, ainsi la tangente est à la ligne *A C*; d'où ôtant la hauteur de la montagne, reste la ligne *DC*, diametre de la terre.

AUTRE PROBLEME.

Cinquie'me Proposition.

Diviser une ligne, comme *A B*, au point *C*, en moyenne & extrême Raison; c'est à dire en sorte que la toute *A B*, soit à la portion *C B*, comme la portion *C B*, est à la portion *A C*.

Sur l'extre-
mité *A*, de
la ligne *AB*,
soit élevée la
perpendicu-
laire *A D*, é-
gale à la moi-
tié de la ligne
donnée *AB*;
du point *D*,
pris pour cen-
tre intervalle
D A, soit dé-
crit le cercle *A E F*, puis soit tirée la ligne *D B*, coupée par le cercle au point *E*; je dis que la ligne *B E*, étant portée de *B*, en *C*, le point *C*, divise la ligne donnée en moyenne & extrême Raison.

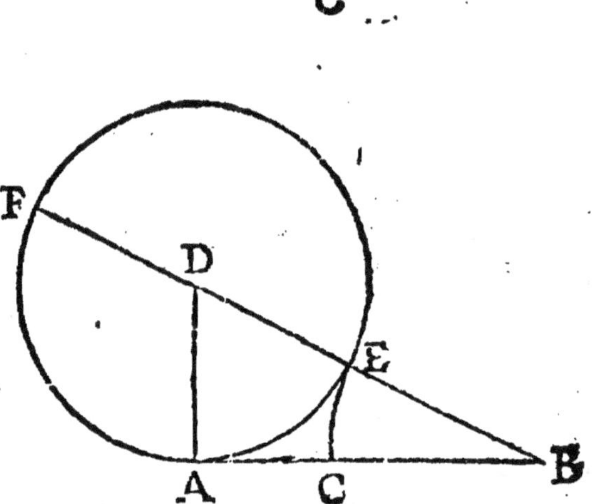

Pour abreger; que la ligne *A B*, soit appellée *M*.

La ligne *B E*, soit appellée *N*.

Par consequent, la ligne *B C*, sera aussi *N*.

Et la ligne *F E*, diametre du cercle, qui est double de la ligne *D A*, sera égale à la ligne *A B*, & sera aussi *M*.

La ligne *AC*, qui n'est rien autre chose que la ligne *A B*, moins la ligne *C B*, sera suivant ces noms *M — N*.

Il faut démontrer que *M — N, N :: N, M*.

Par la construction la ligne *B F*, est *M ＋ N*. Or par la précedente Proposition, la ligne *B E*, est à la ligne *A B*, comme la ligne *A B*, est à la ligne *B F*; c'est à dire,   *N, M :: M, M ＋ N*.
Invertendo,   *M, N :: M ＋ N, M*.
Dividendo, *M — N, N :: M ＋ N — M, M*.
Or   *M ＋ N — M*, n'est autre chose que *N*;
Donc   *M — N, N :: N, M*.

C'est à dire, la ligne *AC*, est à la ligne *C B*, comme la ligne *C B*, est à la ligne *A B*, qui est ce que l'on cherchoit.

PROBLEME.

SIXIE'ME PROPOSITION.

Etant donné le côté d'un angle isoscele, qui doive être un angle de 36 degrés trouver la base de cet angle.

Soit le côté don-
né *A D*, du point
A, soit décrit, in-
tervalle *A D*, un
arc comme *D E F*.
Soit par le Problê-
me précedent, la
ligne *A D*, divisée
en moyenne & ex-
trême Raison au

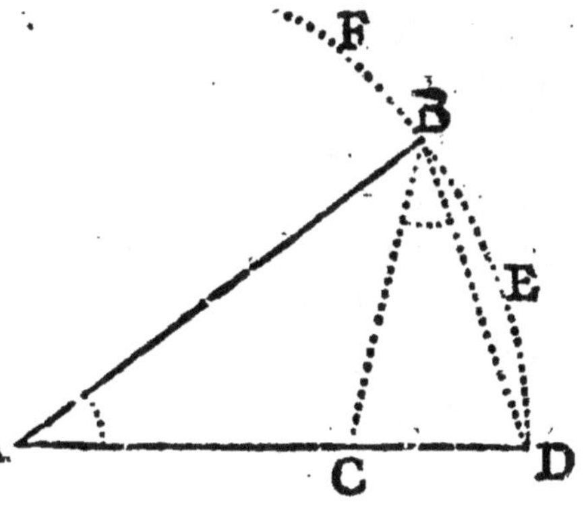

point *C* ; la grande portion *A C*, soit portée de *D*, en *B*, sur l'arc ; je dis que la ligne *D B*, est la base cherchée ; c'est à dire, que tirant l'autre côté *A B*,

l'angle

l'angle *D A B*, est un angle de 36 degres ; je l'aurai démontré, si je puis faire voir qu'il est la cinquiéme partie de deux angles droits, ou de 180 degrés : soit tirée la ligne *B C*.

Pour cela comme l'angle *D A B*, est isoscele, & par consequent que les deux angles sur sa base *B D*, sont égaux entre eux, je n'ay que deux choses à faire voir. La premiere que l'angle *D A B*, est égal à l'angle *D B C*. La seconde, que cet angle *D B C*, est la moitié de l'angle sur la base *D B A* ; car il s'ensuivra que l'angle *D A B*, sera moitié de chacun des angles égaux qu'il fait sur la base, & comme ces trois angles en valent deux droits, il faudra bien qu'il soit la cinquiéme partie de deux angles droits.

Preuve de la premiere Partie. Cela sera tout prouvé, si l'angle *A D B*, a pour bases antiparalleles les lignes *B C*, *B A* ; or elles sont en effet bases antiparalleles, puisque, par la construction, la ligne *A D*, est à la ligne *A C*, ou *B D*, son égale, comme la ligne *B D*, est à la ligne *D C*, ce qui est la troisiéme disposition des antiparalleles ; donc l'angle aigu *D A B*, est en effet égal à l'angle aigu *D B C*.

Preuve de la seconde Partie. Par la construction, la ligne *C D*, est à la ligne *D B*, ou *A C*, comme la ligne *C A*, est à la ligne *A B* ; donc par la huitiéme Proposition des Proportionnelles, l'angle *D B A*, est divisé en deux parties égales par la ligne *B C* ; donc l'angle *C B D*, est la moitié de l'angle *A B D*, donc l'angle *B A D*, est la cinquiéme partie de deux droits, & par consequent un angle de 36 degrés.

HUITIEME LIVRE.

Des Figures.

APRE'S avoir examiné les proprietés des lignes & des angles, l'ordre demande que l'on traite des figures.

DE'FINITIONS.

Figure, est un espace renfermé par des lignes.

L'espace renfermé par des lignes droites, s'appelle Rectiligne ; par une ou plusieurs courbes, Curviligne ; par courbe & droite, Mixte. Nous parlerons d'abord des figures rectilignes.

Dans les figures rectilignes l'on considere principalement trois choses ; les angles, les côtés, & l'aire.

L'on a donné aux figures rectilignes les plus simples, certains noms qu'il ne faut pas ignorer.

La figure de 3 côtés se nomme, Triangle.

de 4 ,	Quadrilatere.
de 5 ,	Pentagone.
de 6 ,	Hexagone.
de 7 ,	Heptagone.
de 8 ,	Octogone.
de 9 ,	Enneagone.
de 10 ,	Decagone.
de 11 ,	Endecagone.
de 12 ,	Dodecagone.
de 1000 ,	Kiliogone.
de 10000 ,	Myriogone.

de plusieurs côtés se nomme indéfiniment, Polygone.

Le Triangle se divise en plusieurs especes.

Rectangle, qui a un angle droit.

Ambligone, qui a un angle obtus.

Equilateral, qui a trois angles & trois côtés égaux.

Scalene, qui a ses trois côtés inégaux.

Isoscele, qui a ses deux côtés égaux.

Oxigone, qui a ses trois angles aigus.

Le quadrilatere se divise aussi en plusieurs especes.

Quarré, qui a 4 angles droits & 4 côtés égaux.

Rectangle, qui a 4 angles droits, d'où s'ensuit que tout quarré est rectangle.

Parallelograme, qui a ses côtés opposés paralleles.

Trapeze, qui a ses quatre côtés inégaux.

Rhombe, qui a ses quatre côtés égaux, & qui n'a pas ses angles droits.

Les figures sont regulieres ou irregulieres ; les regulieres, sont celles dont tous les côtés & tous les angles sont égaux.

Quand les figures ont les côtés égaux, sans avoir leurs angles égaux, on les appelle simplement équilateres.

Quand on compare deux figures ensemble, si les angles de l'une sont égaux aux angles de l'autre, & que les côtés correspondans ou homologues sont proportionnels, on les appelle semblables ; & si les côtés comparés sont égaux, aussi-bien que les angles, ces figures sont appellées toutes égales, & ne different que de position.

PREMIERE PROPOSITION.

Toute figure rectiligne se peut resoudre en autant de triangles qu'elle a de côtés.

Il n'y a qu'à choisir dans l'aire, c'est-à-dire,

dans l'espace ren-
fermé par les cô-
tés, un point à
difcretion, com-
me *A*, & en tirer
des lignes à cha-
cun des angles; il
eft vifible qu'il fe
formera autant de
triangles, que la
figure a de côtés.

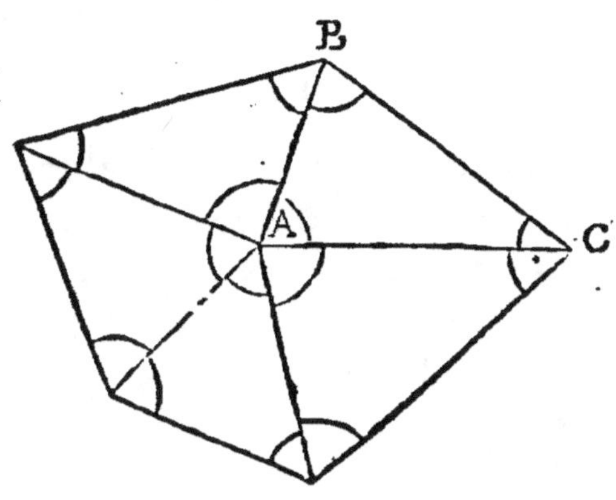

Seconde Proposition.

Tous les angles d'un Polygone quelconque font
égaux à autant d'angles droits, que le double de
fes côtés moins quatre.

Car ayant choifi le point *A*, dans la figure, &
l'ayant partagée en triangles, les trois angles de
chacun de ces triangles, par exemple, du triangle
C A B, valent deux angles droits par la cinquiéme Propofition du quatriéme Livre, par ce que
le triangle ne differe pas d'un angle confideré avec
fa bafe; & que tout ce que l'on a démontré d'un
angle avec fa bafe, eft démontré pour le triangle.
Donc tous les angles des triangles qui compofent
la figure, valent autant de fois deux angles droits,
qu'il a de côtés; & fi l'on en ôte tous les angles
qui ont leur fommet au point *A*, & qui valent
enfemble quatre angles droits, par la feconde Propofition du quatriéme Livre, le refte fera la fomme des angles formés par les côtés du Poligone;
donc &c.

Troisie'me Proposition.

En deux figures femblables quelconques, le perimetre, c'eft à dire, le circuit de l'une eft au perimetre de l'autre, comme le côté de l'un eft au côté homologue de l'autre.

Soit la figure *ABCDE* femblable à la figure *FGHIK*.

Puifque ces figures font femblables, c'eft à dire, que leurs angles font égaux chacun à chacun ; il s'enfuit, à caufe des triangles femblables, aufquels on peut refoudre ces deux figures, que le côté *AB*, eft au côté *FG*, comme le

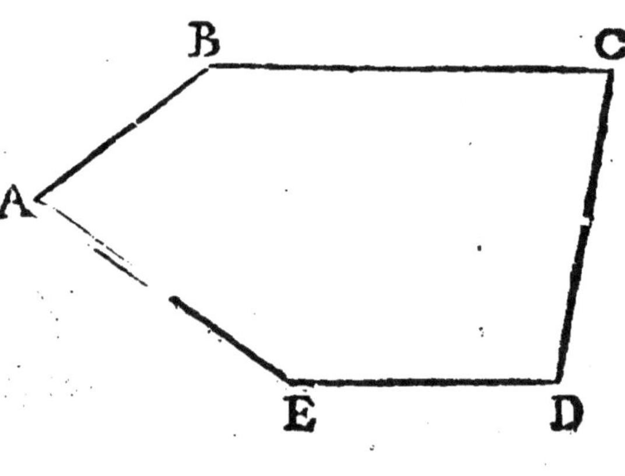

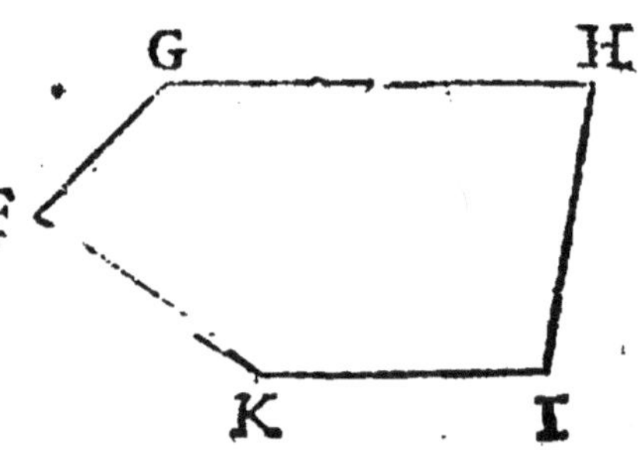

côté *BC*, eft au côté *GH*, & comme le côté *CD*, eft au côté *HI*, & comme le côté *DE*, eft au côté *IK*, & comme le côté *EA*, eft au côté *KF*; donc *componendo*, il s'enfuit que tous les côtés de l'un pris enfemble, font à tous les côtés de l'autre pris enfemble, comme le côté *AB*, eft à fon homologue *FG*.

Quatrie'me Proposition.

Toute figure reguliere peut être infcrite & circonfcrite au cercle.

Car, par exemple, l'hexagone *ACEGIL* peut être inscript au cercle, puisque l'on peut déja bien certainement faire passer un cercle par les 3 points *A C E*, par la seconde Proposition du troisiéme Livre; ce cercle aura pour centre, un

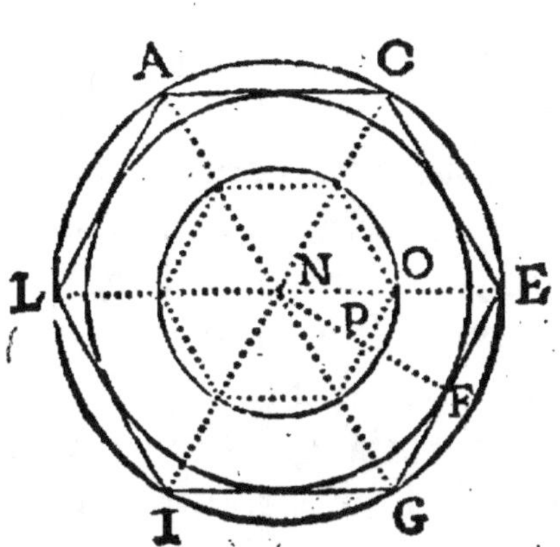

point comme *N*, & passera necessairement par les autres angles du Polygone, puisque l'on suppose tous les côtés égaux, qui par consequent doivent être cordes égales du même cercle, & également éloignées du centre.

Ce même Polygone peut être circonscript, puisqu'on peut mener du centre *N*, des perpendiculaires sur chacun de ses côtés, comme *N F*, sur le côté *E G*, & que ces perpendiculaires étant toutes égales, parce qu'elles mesurent la distance des côtés égaux ou cordes égales à l'égard du centre *N*; l'on peut de ce centre *N*, décrire un cercle qui passera par les extremités des perpendiculaires, & qui aura pour tangentes les côtés, ou cordes de l'autre cercle.

Cinquie'me Proposition.

En la figure ci-dessus, la ligne *N F*, par exemple, s'appelle Raïon droit de la figure, la ligne *N E*, s'appelle tout court, le Raïon de la figure. Or il est visible qu'en toutes figures regulieres comparées entre elles, le Raïon droit est au Raïon droit, comme le Raïon est au Raïon, & comme le côté est au côté, & comme le perimetre est au perimetre : Car les deux figures regulieres étant semblables, l'on a déja vû par la troisiéme Proposition, que le perimetre est au perimetre, comme le côté est au côté. A l'égard du Raïon droit comparé au Raïon droit, & du Raïon comparé au Raïon, la même proportion s'y doit trouver, parce qu'il se forme par tout des triangles semblables ; par exemple, le triangle *E N F*, est semblable au triangle *O N P*, & par consequent tous les côtés sont proportionnels ; donc *N E* est à *N O*, comme *N F* est à *N P*.

COROLLAIRE.

Les circonferences sont entre elles comme leurs raïons ; car on les peut considerer commes les Polygones reguliers d'une infinité de côtés, & par la precedente Proposition, le perimetre est au perimetre, c'est à dire, la circonference à la circonference, comme le rayon est au rayon.

Ce Corollaire joint à la sixiéme Proposition du troisiéme Livre, est le principal fondement de la Statique. Je m'explique.

Je suppose une balance, comme *A B C*, dont le point fixe est *B*, & les deux branches *B A*, *B C*, égales, si l'on attache deux poids d'une livre chacun aux deux points *A*, & *C*, on conçoit clairement qu'ils doivent demeurer dans un parfait équilibre : car pour faire monter en une seconde de temps, si vous voulés, le poids

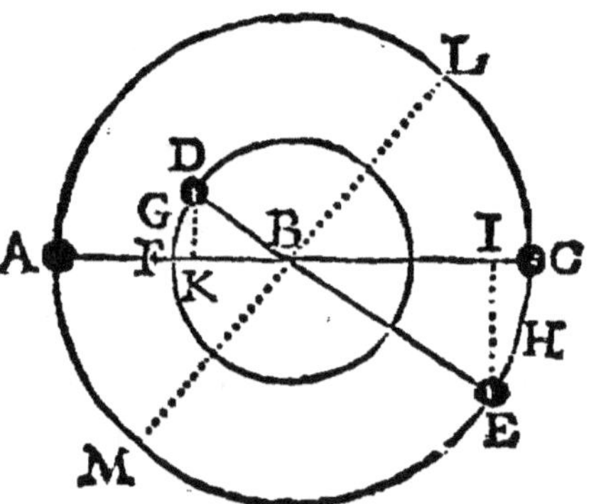

C, jufques en *L*, il faudroit que le poids *A*, defcendît jufques en *M* ; ainfi pendant le même temps que le corps *C*, pefant une livre , décriroit l'arc *CL*, le corps *A*, pefant une livre décriroit l'arc *AM*. Or ces deux arcs font égaux

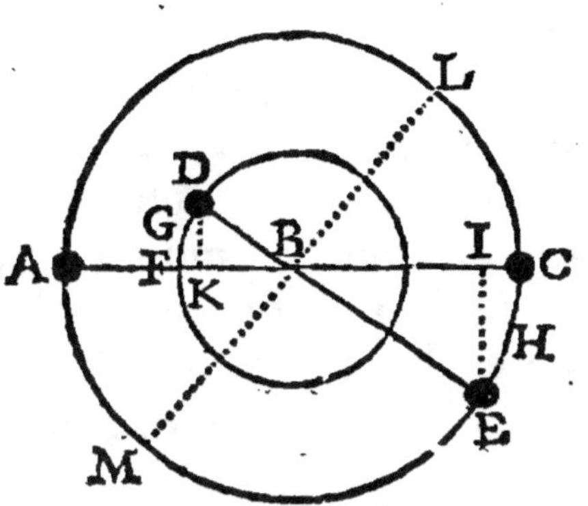

à caufe de l'égalité des angles oppofés aux fommets *ABM*, *LBC*, & de l'égalité des rayons *AB*, *BC* ; donc il y auroit égalité de mouvement de part & d'autre : puifque le même poids , dans le même temps, décriroit le même chemin ; ainfi le poids *A*, ayant autant de force pour defcendre que le poids *C*, de refiftance pour monter , leurs forces font parfaitement balancées, & ils doivent demeurer en équilibre, ce que l'experience juftifie.

Mais fi au lieu d'attacher le poids *A*, d'une livre au point *A*, on l'attachoit au point *F*, que je fuppofe également éloigné des points *A*, *B*, pour lors l'équilibre feroit manifeftement rompu, parce que le rayon *FB*, n'étant que la moitié du rayon *BC*, l'arc *FGD*, n'eft que la moitié de l'arc *CHE*, quoiqu'ils ayent l'une & l'autre pareil nombre de degrés ; mais comme la grande circonference eft double de la petite, à caufe qu'un rayon eft double de l'autre, le corps *C*, pefant une livre defcendant au point *E*, fera le double du chemin que fait le corps *F*, montant au point *D*. Or deux corps étant égaux en poids, fi l'un fait le double du chemin que fait l'autre dans le même temps, il faut que celui qui fait le double du chemin, ait le double de mouvement ; donc il y aura du côté du poids *C*, un mouvement double du mouvement qu'aura le poids *F* ; donc il aura pour defcendre le double de la force, que le poids *F* aura pour lui refifter ; donc il defcendra en effet & rompra l'équilibre.

Mais fi au lieu d'attacher au point *C*, un poids d'une livre, je m'avife d'y attacher un poids de demi livre, je dis que le poids *F* d'une livre, & ce nouveau poids *C*, d'une demi livre, doivent refter en équilibre, parce qu'il y aura de part & d'autre égalité de mouvement.

Car l'on conçoit clairement que fi deux corps font égaux en poids, & que l'un pendant une feconde, faffe le double du chemin que fait l'autre, il faut qu'il ait le double de mouvement, puifque la même maffe fe mouvant une fois plus vîte dans le même temps, doit avoir une fois plus de force. Par le même principe, fi un corps pefant une demi livre, fait pendant une feconde le double du chemin que fait un corps pefant une livre, il faut bien qu'il y ait de part & d'autre égalité de mouvement : car fi le corps pefant demi livre, avoit pefé une livre, & qu'il eût fait le double du chemin, l'on vient de voir qu'il auroit eu le double du mouvement ; donc ne pefant que demi livre, & faifant le double du chemin, il a autant de mouvement que le corps pefant une livre, qui n'en fait que la moitié. Or dans la figure, l'arc *C H E* eft double de l'arc *F G D*, parce qu'un rayon eft double de l'autre ; donc fi le poids en *E*, n'eft que la moitié du poids en *D*, il y aura égalité de mouvement, & par conféquent équilibre.

D'où fuit cette Propofition fondamentale des Mechaniques.

Deux poids font en équilibre, lorſqu'ils font en
raiſon reciproque de leurs diſtances au point fixe,
c'eſt à dire, lorſque le poids *F*, eſt au poids en *C*,
comme la diſtance *B C*, eſt à la diſtance *B F*.

PROBLEME.

SIXIE'ME PROPOSITION.

Déterminer l'angle au centre, l'angle de la figure,
& l'angle que le rayon fait ſur le côté de tout Polygone.

1°. Pour avoir l'angle
au centre ; c'eſt à dire,
l'angle *B D C*, il eſt viſible qu'il n'y a qu'à
diviſer la circonference
par le nombre des côtés
du Polygone; icy, par
exemple, par *6*.

Pour avoir l'angle du
Polygone, c'eſt à dire,
l'angle *A B C*, com-
pris par deux côtés, il n'y a qu'à fouſtraire de 180
degrés, l'arc foûtenu par le côté, parce que tout
angle du Polygone, comme *A B C*, eſt un angle
inſcript, qui a pour meſure la moitié de l'arc ſur lequel il eſt appuyé ; icy, par exemple, il a pour meſure l'arc *A G E*, c'eſt à dire, la demi circonference
moins l'arc *A F B*, foûtenu par le côté *A B*.

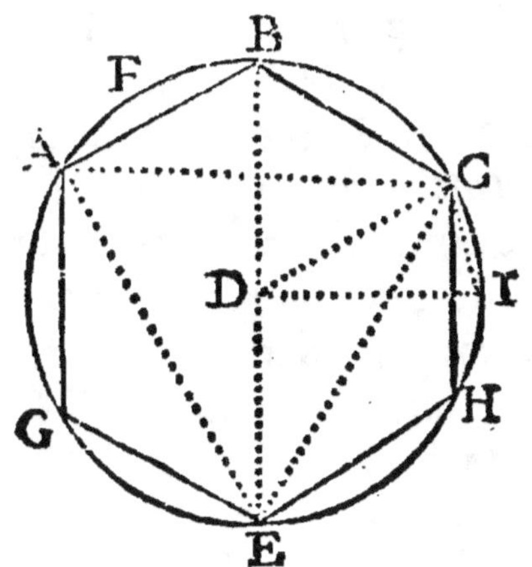

A l'égard de l'angle que le rayon *D B*, fait ſur
le côté *A B*, il n'y a qu'à prendre la moitié de
l'angle du Polygone.

PROBLEME.

Septiéme Proposition.

Inscrire & circonscrire au cercle les figures regulieres.

Inscrire un Hexagone. La corde qui en fait le côté, est le rayon même du cercle ; parce que joignant les deux rayons *D B*, *D C*, par la ligne *B C* leur égale, il s'en forme un triangle équilateral, qui a par consequent ses trois angles égaux, ce qui ne peut être que chacun ne vaille 60 degrés, qui est la sixiéme partie de la circonference, & partant le côté de l'Hexagone.

Inscire un Triangle. Il n'y a qu'à joindre comme en la figure, deux côtés de l'Hexagone par la corde *A C*, l'arc *A B C*, sera de 120 degrés, & partant le tiers de la circonference ; ce qui donne le triangle inscript *A E C.*

Inscrire un Dodecagone. Il n'y a qu'à diviser la corde *C H*, de l'Hexagone en deux parties égales par la ligne *D I* ; d'où s'ensuivra par la troisiéme Proposition du troisiéme Livre, que l'arc *C I H*, sera aussi divisé en deux parties égales au point *I*, & par consequent que la corde *C I*, soûtiendra 30 degrés, & sera côté du Dodecagone. En un mot, il est aisé par ces pratiques de doubler un arc donné, ou de le diviser par la moitié, ce qui fournit une infinité de Polygones reguliers.

Inscrire un Decagone. Il n'y a qu'à diviser le rayon en moyenne & extrême Raison, & prendre la plus grande partie, ce sera la corde d'un angle de 36 degrés par la 6e Proposition du septiéme Livre ; or 36 degrés sera la dixiéme partie de la circonference, ainſi cette corde ſera côté du Decagone.

Inſcrire un Pentagone. Doublés l'arc du Decagone.

Inſcrire une figure de 15 côtés. De l'arc de 60 degrés ôtés l'arc de 36 degrés, reſte l'arc de 24 degrés, qui eſt la quinziéme partie de la circonference, & par conſequent la corde qui le ſoûtient, ſera côté du Polygone cherché.

Pour ciconſcrire les figures inſcriptes. Il n'y a qu'à tirer par les ſommets des angles du Polygone ; par exemple, par les points *A*, *B*, *C*, des tangentes qui ſe rencontrant enſemble, formeront une figure circonſcripte au cercle donné.

HUITIE'ME PROPOSITION.

En tout triangle, le plus grand angle eſt ſoûtenu par le plus grand côté, & le plus grand côté ſoûtient le plus grand angle.

Il n'y a qu'à faire paſſer un cercle par les trois points qui forment les trois angles, les trois angles deviendront inſcripts, & les trois côtés deviendront cordes ; le reſte s'enſuit.

Il eſt bon de repeter icy, que tout ce que nous avons dit dans les Livres précedens, touchant un angle avec ſa baſe, convient au triangle qui n'eſt pas autre choſe. Par exemple, les triangles ſemblables ont les côtés homologues proportionnels, &c.

NEUVIE'ME PROPOSITION.

En tout triangle, comme le ſinus d'un angle eſt au côté qui lui eſt oppoſé, ainſi le ſinus d'un autre angle eſt au côté qui lui eſt oppoſé.

Soit le triangle *BCD*
par les trois points qui
forment les sommets
des angles. Soit mené
le cercle *BFCE*, du
centre *A*; soient me-
nées aux trois som-
mets, les trois lignes
AB, *AC*, *AD*; &
du même centre soient
menées sur les trois cô-

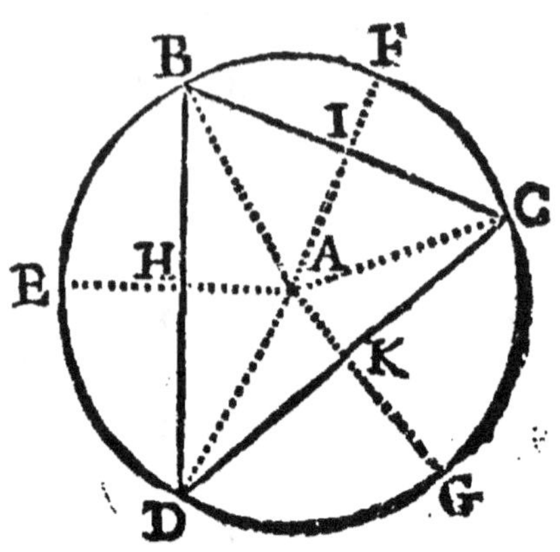

tés du triangle, les perpendiculaires *AF*, *AE*, *AG*;
ces perpendiculaires passant par le centre, couperont chaque côté, qui est une corde en deux
parties égales aux points *I*, *H*, *K*, par la premiere Proposition du troisiéme Livre. D'ailleurs
chacun des angles du triangle étant inscript, a
pour mesure la moitié de l'arc sur lequel il est
appuyé; donc l'angle inscript *BDC*, est égal à
l'angle au centre *BAF*; de même l'angle inscript *BCD*, est égal à l'angle au centre *BAE*,
& l'angle *CBD*, égal à l'angle *CAG*; or par la
définition des sinus, la ligne *BI*, est sinus de l'angle *BAF*, parce qu'elle est la moitié de la corde
qui soûtient le double de l'arc qui le mesure; par
la même raison *CK*, est sinus de l'angle *CAG*,
& *BH*, sinus de l'angle *BAE*; ainsi *BI*, sinus
l'angle *BAF*, sera pareillement sinus de l'angle
BDC, son égal. On prouvera la même chose des
deux autres angles du triangle inscript; d'où s'ensuit visiblement que *BI* sinus de l'angle *BDC*,
est à *BC*, côté qui lui est opposé comme *CK*, sinus
de l'angle *CBD* est à *CD* côté qui lui est opposé;
puisque chacun des sinus est la moitié du côté, &
ainsi de l'autre angle *DCB*, dont le sinus *BH*, est
moitié du côté *BD*.

Il faut obferver que
lorfque l'un des trois
angles du triangle in-
fcript *BCD*, eft ob-
tus, ainfi que l'eft dans
cette derniere figure
l'angle *CBD*; la ligne
CK, ne laiffe pas d'ê-
tre fon finus, parce
qu'elle eft la moitié de
la corde *DC*, qui foû-
tient l'arc *CLD*, dou-
ble de celui qui mefure l'angle obtus *CBD*; mais

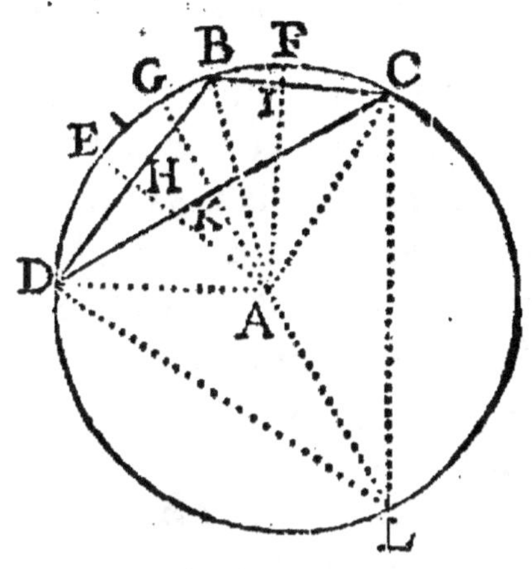

comme, à parler pré-
cifément, un angle
obtus n'a point de fi-
nus, parce qu'on ne
peut pas faire tom-
ber de l'un de fes cô-
tés, une perpendi-

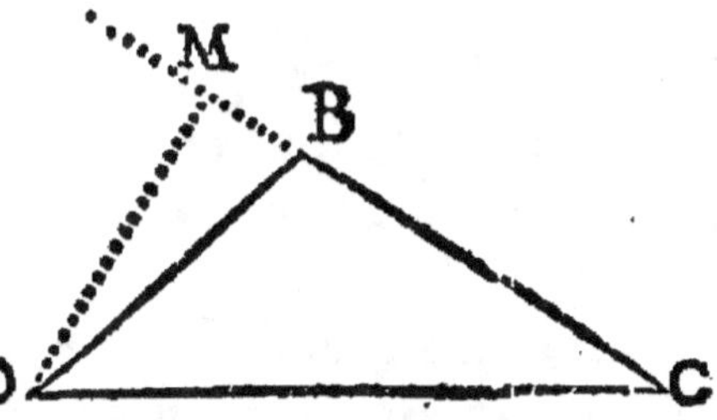

culaire fur l'autre, à moins que de le prolonger vers
le fommet; alors l'on prend pour finus de l'angle
obtus *CBD*, le finus de fon complement *DBM*,
c'eft à dire de l'angle aigu, qui fait deux angles droits
avec l'obtus, étant vifible que *DM*, perpendiculaire
fur *BC*, prolongée en *M*, eft finus de l'angle *DBM*,
par la définition. Or dans le dernier cercle, l'angle
DLC, aigu, eft le complement de l'obtus *CBD*,
puifqu'ils valent enfemble la demi circonference;
c'eft donc le finus de l'angle *DLC*, qu'il faut prendre pour finus de l'angle *CBD*; or *CK*, eft finus de
l'angle *DLC*, qui eft égal à l'angle *CAG*; donc
CK, eft finus de l'obtus *CBD*; le refte s'enfuit
comme deffus.

Dixie'me Proposition.

Si un Pentagone eſt inſcript au cercle, que l'on joigne par une corde deux côtés voiſins, & par une autre corde un de ces côtés avec ſon voiſin ; ces deux cordes ſe coupent de maniere, que leur plus grand ſegment eſt égal au côté du Pentagone.

Soient les deux côtés CA, AB, joints par la corde CB, & les deux côtés AB, BE, par la corde AE ; je dis que ces deux cordes ſe coupent au point F, de telle ſorte que CF, ou FE, ſont é- gales au côté du Pen- tagone.

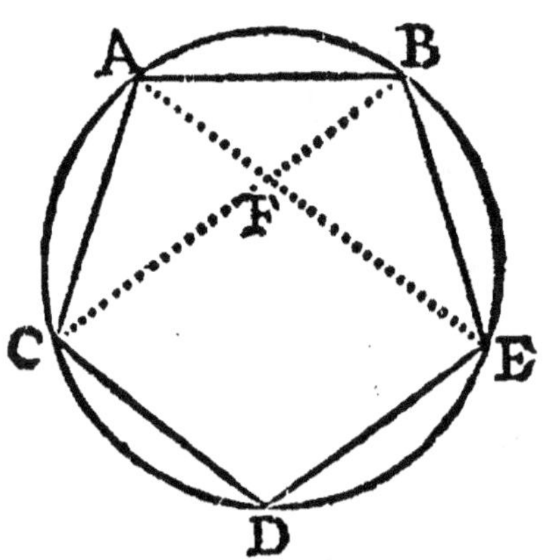

L'angle AEB, eſt un angle de 36 degrés, puiſ- qu'il eſt appuyé ſur un arc de 72. L'angle CBE, eſt un angle de 72 degrés, puiſqu'il eſt appuyé ſur deux arcs de 72. Donc l'angle BFE, eſt auſſi de 72 degrés, puiſque ces trois angles du triangle BEF, en doivent valoir 180 ; donc le triangle BEF, eſt iſoſcele ; donc FE, eſt égale à BE, côté du Pentagone. On démontrera la même choſe de CF.

II. Section.

De la meſure de l'aire des figures rectilignes.

Onzie'me Proposition.

L'aire d'un rectangle ſe trouve en mu'tipliant l'un de ſes côtés par l'autre.

Soit le Rectangle *A B C D*, dont la bafe ou longueur foit *C D*, & la hauteur foit *A C*; pour avoir
l'aire ou capacité de cette figure, il n'y a qu'à confiderer fa formation; il eft certain que fi la ligne
C D, coule parallelement à foy-même le long de
ligne *C A*, jufqu'à ce qu'elle concoutre avec la ligne
A B; elle décrira ou couvrira, fi vous voulés, la
furface du rectangle; donc la bafe *C D*, eft autant
de fois contenuë dans la hauteur *C A*, qu'il y a
de points dans cette ligne *C A*; donc en multipliant la ligne *C D*, par la ligne *C A*, c'eft à dire,
la bafe par la hauteur, on aura l'aire du rectangle. En nombres, fi la ligne *C D*, ou *A B*, eft
de 11 toifes, & la ligne *A C*, de deux, multipliant 11 par 2, le produit 22 toifes, fera, l'aire
du rectangle.

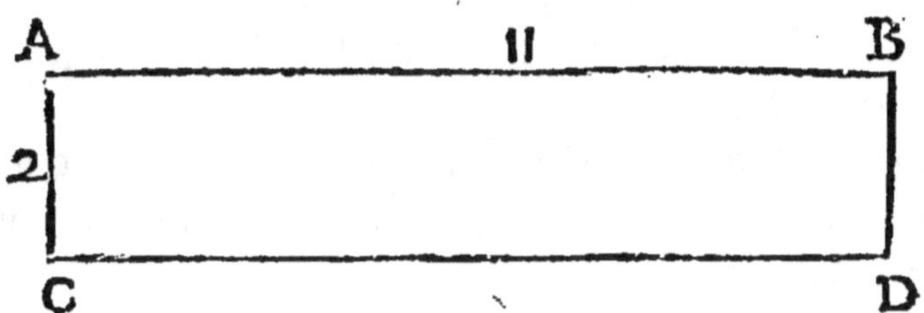

DOUZIE'ME PROPOSITION.

Tout parallelogramme eft égal au rectangle, qui
a même bafe & même hauteur que lui.

Soit le parallelogramme *A B C D*, ayant pour
bafe *C D*, fa hauteur fe mefure par la perpendiculaire à fa bafe, comme *D F*; je dis que le rectangle *C D F E*, ayant pour bafe *C D*, & pour
hauteur *D F*, ou *C E*, lui eft égal.

Car la perpendiculaire *D F*, étant égale à la
perpendiculaire *C E*, & l'oblique *D B*, à l'oblique
C A, par conftruction, l'éloignement de perpendicule

dicule *BF*
fera égal
à l'éloi-
gnement
de per-
pendicule
AE ; dōc
le trian-
gle *DFB*,
eſt tout é-

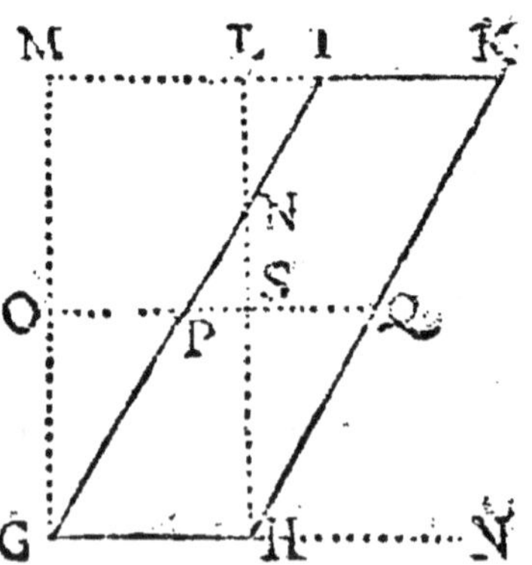

gal au triangle *CEA* ; ſi donc je retranche le triangle *DBF*, du parallelogramme, & que j'y ajoûte
d'autre part le triangle *CEA*, il me viendra le
rectangle *CDFE*, égal au parallelogramme, parce que le rectangle n'eſt autre choſe que le Trapeze
CDFA, joint au triangle *CEA* : & que le parallelogramme n'eſt autre choſe que le même Trapeze *CDFA*, joint au triangle *DFB*, égal au
triangle *CEA*.

Pour s'accoûtumer l'eſprit à ces veritéſ, conſiderons le rectangle & le parallelogramme dans une
autre ſituation.

Soit un parallelogramme
GHIK, que *GH*, ſoit
la baſe ; pour meſurer ſa
hauteur, il faut mener ſur
la baſe *GH*, une perpen-
diculaire, comme *HL*,
déterminée par le côté *KI*
prolongé ; je dis que le
rectangle *GHLM*, qui a
GH, pour baſe, & *HL*,
pour hauteur, c'eſt à dire, qui a même baſe & même hauteur que le parallelogramme *GHKI*, lui eſt
égal.

Car le triangle *G M I*, est tout égal au triangle *H L K*, à cause de l'égalité des perpendiculaires *G M*, *H L*; des obliques *G I*, *H K*; & des éloignemens de perpendicule *M I*, *L K*.

Or pour avoir le rectangle *M L G H*, j'ôte du triangle *G M I*, le petit triangle *I L N*, & j'y ajoûte le triangle *G H N*.

Pour avoir le parallelogramme *G H K I*, j'ôte du triangle *H L K*, égal au triangle *G M I*, le petit triangle *I L N*, & j'y ajoûte le triangle *G H N*; donc le parallelogramme est égal au rectangle.

L'on pourroit sans tant de circuit, démontrer cette Proposition comme la précedente : car si la ligne *G H*, qui sert de base au rectangle & au parallelogramme, est prolongée à discretion vers le point *N*, & que l'on laisse couler la ligne *G N*, parallelement à elle-même le long de la perpendiculaire, la portion *G H*, sera autant de fois contenuë dans le rectangle, qu'il y a de points dans la perpendiculaire *H L*; & cette même portion *G H*, ou des portions ses égales, comme *P Q*, seront autant de fois contenuës dans le parallelogramme, qu'il y a de points dans la perpendiculaire; puisque dans le temps que la base prolongée *G N*, arrive au point *O*, & que les côtés du rectangle coupent la portion *O S*; les côtés du parallelogramme coupent la portion *P Q*, qui est égale à *O S*, parce que *O S* est égale à *G H*, & *G H*, égale à *P Q*, à cause des paralleles; donc la surface *G H L M*, est remplie & formée par autant de lignes égales à *G H*, que la surface *G H K I* ; donc il y a de part & d'autre, somme égale de lignes égales, parce que la perpendiculaire *L H*, détermine cette somme, telle qu'elle puisse être à une parfaite égalité ; donc le parallelogramme est égal au rectangle : Cette methode de démontrer, se nomme la Geometrie des indivisibles. La fecondité en est admirable, & nous en donnerons encore quelques Exemples.

Treizie'me Proposition.

Tout parallelogramme peut être divisé en deux triangles tout égaux ; d'où s'ensuit que tout triangle est moitié d'un parallelogramme : la démonstration est claire d'elle-même, puisqu'en tirant d'un angle à l'autre, une ligne qu'on appelle Diagonale, les trois côtés de chacun des deux triangles sont necessairement égaux.

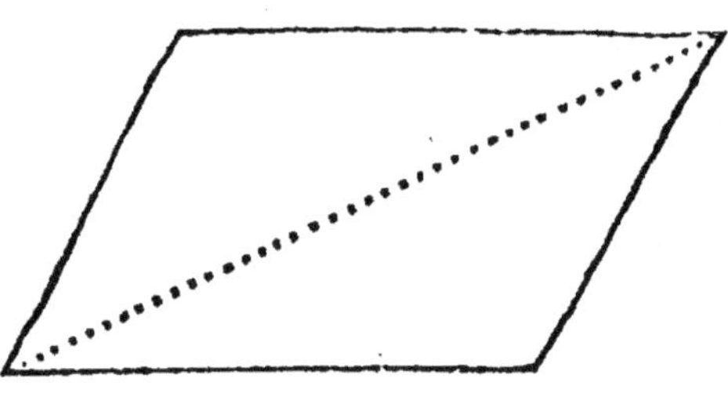

Corollaire.

L'aire du triangle est la moitié du parallelogramme, & par consequent du rectangle qui a même base & même hauteur.

Corollaire II.

Les triangles qui ont leur sommet entre mêmes paralleles & la base commune, sont necessairement égaux ; autrement, les triangles qui ont même base & même hauteur, sont égaux.

Le triangle *CAB*, eſt moitié d'un rectangle, qui a *B C*, pour baſe, & pour hauteur la perpendiculaire, qui meſure la diſtance des paral

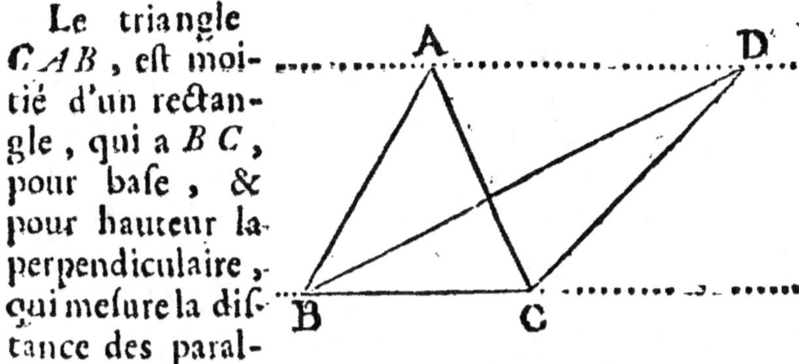

leles. Or le triangle *CBD*, eſt moité du même recctangle ; donc l'aire des deux rectangles eſt égale : cela eſt aiſé à démontrer encore par les indiviſibles.

QUATORZIE'ME PROPOSITION.

En tout Triangle rectangle, le quarré du grand côté qu'on appelle Hypotenuſe, eſt égal aux quarrés des deux côtés. Voila cette admirable Propoſition, dont on attribuë l'invention à Pythagore, & qui eſt d'un uſage infini.

Soit le triangle rectāgle *BAC* je dis que le quarré *BCDE*, eſt égal aux deux autres.

Du ſommet de l'angle droit, ſoit tirée la ligne *A H*,

parallele au côté *B E* ; & du même ſommet *A*, ſoient tirées aux extremités du côté *D E*, les lignes *A D*,

A E ; des extremités du côté *C B*, soient tirées les lignes *C F*, *B G*, terminées par les côtés *B F*, *C G*.

La ligne *A H*, divise le quarré en deux rectangles. Il faut prouver que le petit rectangle *I B E H*, est égal au quarré *A K F B*, & que le rectangle *I C D H*, est égal au quarré *C A L G*.

Pour le prouver, je considere le triangle *B C F*, & le triangle *E A B* ; le triangle *B C F*, est moitié du quarré *A K F B*, puisqu'il a même base & même hauteur ; car le triangle *B C F*, peut être consideré comme enfermé entre les paralleles *F B*, *K C*, ayant son sommet en *C*, *B F*, pour base, & *A B*, pour hauteur, puisque c'est la perpendiculaire qui mesure la distance des paralleles. Par la même raison, le triangle *E A B*, est la moitié du rectangle *I B E H*, puisque *B E*, est base du rectangle & du triangle, & que *B I*, est hauteur de l'un & de l'autre. Si donc ces deux triangles *B C F*, *E A B*, sont égaux, leur double le sera ; or ces deux triangles sont égaux en effet, car le côté *C B*, du triangle *B C F*, est égal au côté *B E*, du triangle *E A B*, & le côté *B F*, du premier triangle, est égal au côté *A B*, du second, puisqu'ils sont côtés de quarrés. Or l'angle *C B F*, compris par les côtés *C B*, *B F*, est égal à l'angle *E B A*, compris par les côtés *A B*, *B E* ; parce que chacun de ces angles, est composé d'un angle droit & d'un angle commun *C B A* ; donc la base *C F*, est égale à la base *A E*, par la neuviéme Proposition du quatriéme Livre ; donc les deux triangles *B C F*, *E A B*, sont tout égaux ; donc leurs doubles sont égaux, c'est à dire le quarré *A K F B*, égal au rectangle *I B E H* ; on prouvera de même que les triangles *C A D*, *C B G*, sont tout égaux, & par conséquent leurs doubles, c'eſt à dire le quarré *C A L G*, égal au rectangle *I C D H* ; donc le quarré *B C D E*, compoſé de deux rectangles, eſt égal aux deux quarrés *A K F B, C A L G. Ce qu'il falloit démontrer.*

Il eſt aiſé de faire voir que cette admirable Propoſition, n'eſt qu'un Corollaire des lignes proportionnelles qui fourniſſent la Propoſition ſuivante plus generale.

QUINZIE'ME PROPOSITION.

Si une ligne comme *A B*, eſt diviſée en deux partiesau point *C*, & que deux autres lignes, comme

$$E \text{——————} F$$
$$G \text{——————} H$$
$$A \text{——} C \text{——————} B$$

E F, G H, ſoient moyennes proportionnelles ; l'une, comme *E F*, entre la toute *A B*, & ſa petite portion *A C* ; l'autre, comme *G H*, entre la toute *A B*, & ſa grande portion *C B* ; le quarré de la toute *A B*, ſera égal aux quarrés des moyennes proportionnelles *E F, G H.*

Il faut ſe ſouvenir qu'il a été démontré, que ſi une ligne eſt moyenne proportionnelle entre deux autres le quarré de la moyenne, eſt égal au rectangle ou produit des extrêmes : c'eſt la proprieté de la proportion Geometrique, qui convient à toutes ſortes de grandeurs, ſoit nombres, ſoit lignes, &c.

J'appelle la Ligne,   *A B* .... *x.*
Le Segment,   *A C* .... *y.*
Le Segment,   *C B* .... *z.*
La moyenne Proportionnelle,   *E F* .... *R.*
L'autre,   *G H* .... *P.*

Puisque R, est moyenne proportionnelle entre x & y; il s'ensuit que $RR = xy$, par la proprieté de la proportion.

Puisque P, est moyenne proportionnelle entre x & z; il s'ensuit que $PP = xz$, par la proprieté de la proportion.

Donc $RR + PP = xy + xz$.

Or $xy + xz$. C'est x multiplié par $y + z$; c'est à dire, la Ligne totale multipliée par ses Segmens ou par elle-même, ou, si vous voulés, c'est xx.

Donc $RR + PP = xx$.

C'est à dire le quarré de la Ligne AB, est égal aux quarrés des deux moyennes proportionnelles EF, GH.

COROLLAIRE.

Le quarré de l'Hypotenuse, est égal au quarré des deux côtés ; car par la neuviéme Pro-
position du si-
xiéme Livre,
le côté AB,
est moyen pro-
portionnel en-
tre BD, & BC, & le côté AD, moyen proportionnel entre BD, & CD.

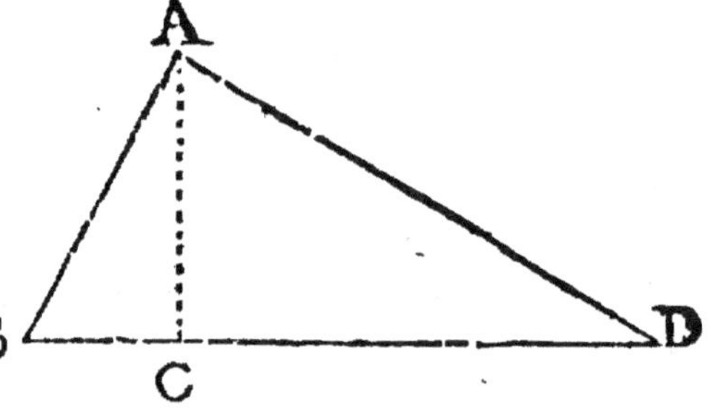

Il suit de-là, que tout triangle qui est tel que le quarré de sa base est égal au quarré de ses deux côtés, est un triangle rectangle; car si les côtés s'ouvroient pour faire un obtus, la base seroit plus grande, & s'ils s'approchoient, plus petite ; & par consequent son quarré seroit ou plus grand ou plus petit, que si l'angle étoit droit.

H iij

II. Corollaire.

Les côtés du Decagone, du Pentagone, & de l'Hexagone inscripts dans le même cercle, peuvent toûjours être disposés en triangle rectangle : Il n'y a qu'à faire voir que le quarré du côté du Pentagone, est égal au quarré du côté de l'Hexagone, & au quarré du côté du Decagone.

Soit dans le cercle, le côté du Pentagone *AB*, du centre *C*, soient menés les raïons *AC*, *CB*, qui par la septiéme Proposition de ce Livre, seront côtés de l'Hexagone, que l'arc qu'ils comprennent soit divisé en deux parties égales au point *D*, les lignes ou cordes *AD*, *DB*, seront côtés du Decagone. Que l'arc *AED*, soûtenu par un côté du Decagone, soit divisé en deux parties égales au point *E*, par le rayon *CE*, ce rayon coupera le côté du Pentagone au point *I*, & fera un angle droit avec le côté du Decagone. Soit tirée la ligne *ID*.

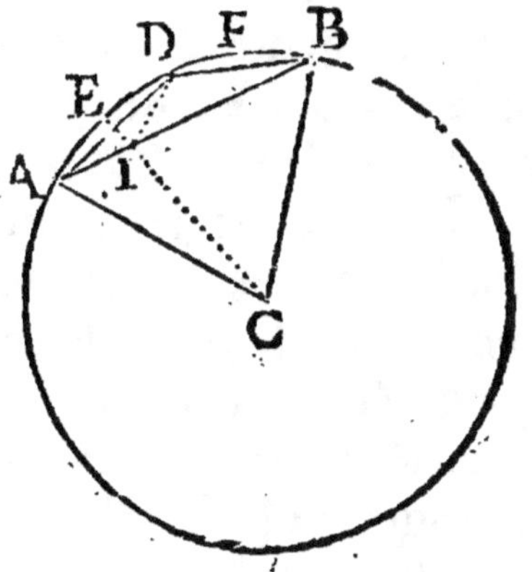

Si je puis démontrer que *CB*, côté de l'Hexagone, est moyenne proportionnelle entre *AB*, côté du Pentagone, & sa portion *BI*, & que *AD*, côté du Decagone, est moyenne proportionnelle entre *AB*, & sa portion *AI*. Il s'ensuivra par nôtre quinziéme Proposition que le quarré de la ligne *AB*, sera égal au quarré de la ligne *BC*, & au quarré de la ligne *AD* ; or cela n'est pas difficile.

Je confidere le triangle ifofcele *A C B*, & le triangle ifofcele *C I B* ; je trouve qu'ils font femblables : car dans le grand triangle, l'angle *A C B*, eft de foixante & douze degrés par conftruction, puifque c'eft la cinquiéme partie du cercle ; les deux angles fur fa bafe *A B*, font chacun de cinquante-quatre degrés, puifqu'ils doivent faire enfemble cent huit degrés, & qu'ils doivent être égaux l'un à l'autre, à caufe de l'égalité des côtés *C A*, *C B* ; de même dans le triangle ifofcele *C I B*, l'angle *C B I*, eft de ʃ4 degrés, puifqu'il ne diffère pas de l'angle *C B A* ; d'ailleurs l'angle *B C I*, eft auffi de ʃ4 degrés, puifqu'il eft mefuré par l'arc *E D F B*, qui eft compofé de l'arc *D F B*, de 36 degrés, à caufe qu'il eft foûtenu par le côté du Decagone, & de l'arc *D E*, qui eft par conftruction la moitié de 36 degrés, c'eft à dire 18 ; ainfi dans le triangle ifofcele *C I B*, les deux angles fur fa bafe *C B*, valent chacun ʃ4 degrés, & il en refte foixante & douze pour l'angle de fon fommet *C I B* ; donc les deux triangles ifofceles, *A C B*, *C I B*, font femblables ; donc les deux côtés homologues font proportionnels ; donc *A B*, bafe du premier, eft à *C B*, bafe du fecond, comme *C B*, côté du premier, eft à *B I*, côté du fecond ; donc *C B* eft moyenne proportionnelle entre *A B*, & *B I*.

Je dis en fecond lieu, que *A D*, eft moyenne proportionnelle entre *A B*, & *A I*.

Je confidere pour cela le triangle ifofcele *A D B*, & le triangle *A I D* ; je dis que ce dernier eft ifofcele & femblable au triangle *A D B*.

Dans le triangle *A D B*, chacun des angles fur la bafe *A B*, eft de 18 degrés, puifqu'il a pour mefure la moitié de l'arc *D F B*, de 36 degrés ;

reſte donc pour l'angle du ſommet *ADB*, 144 degrés.

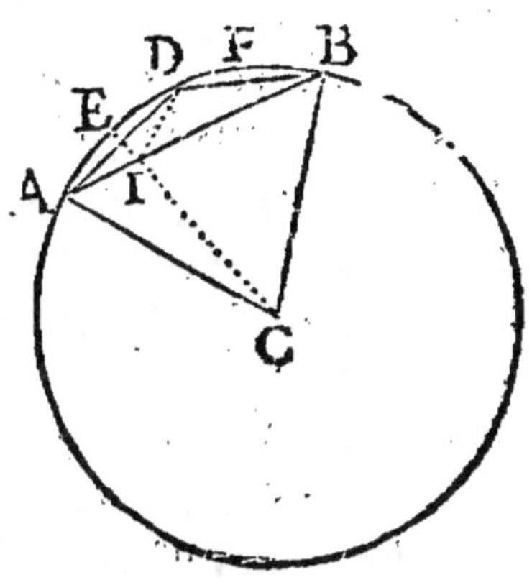

Dans le triangle *AID*, c'eſt la même choſe.

1°. Il eſt iſoſcele, c'eſt à dire, que ſon côté *AI*, eſt égal à ſon côté *ID*, puiſque la perpendiculaire partage manifeſtement le triangle *AID*, en deux triangles rectangles tout égaux.

2°. L'angle ſur la baſe *IAD*, qui n'eſt pas different de l'angle *BAD*, a pour meſure la moitié de l'arc *DFB*, & partant eſt de 18 degrés; donc l'autre angle *IDA*, eſt auſſi de 18 degrés, & l'angle du ſommet *AID*, de 144 ; donc les deux triangles *ADB*, *AID*, ſont ſemblables; donc *AB*, baſe du premier, eſt à *AD*, baſe du ſecond, comme *AD*, côté du premier, eſt à *AI* côté du ſecond; donc *AD*, eſt moyenne proportionnelle entre *AB*, & *AI*.

Donc le quarré de la ligne *AB*, eſt égal au quarré de la ligne *BC*, plus le quarré de la ligne *AD*.

Donc ſi l'on diſpoſe la ligne *AD*, & la ligne *BC*, enſorte qu'elles forment un angle droit, la ligne *AB*, en ſera la baſe. *Ce qu'il falloit démontrer.*

Cela fournit une conſtruction pour inſcrire le côté du Pentagone. La voicy.

PROBLEME.

SEIZIE'ME PROPOSITION.

Inſcrire dans un cercle donné le côté du Pentagone.

Soient deux diametres ſe coupant à angles droits,

au centre *C* ; divisés le
raïon *B C*, en deux par-
ties égales au point *D* ; tirés la ligne *A D* ; prenés
sur elle *D E*, égale à *D C*,
puis prenés *F C*, égale à
A E, la ligne *F B*, sera
le côté du Pentagone.

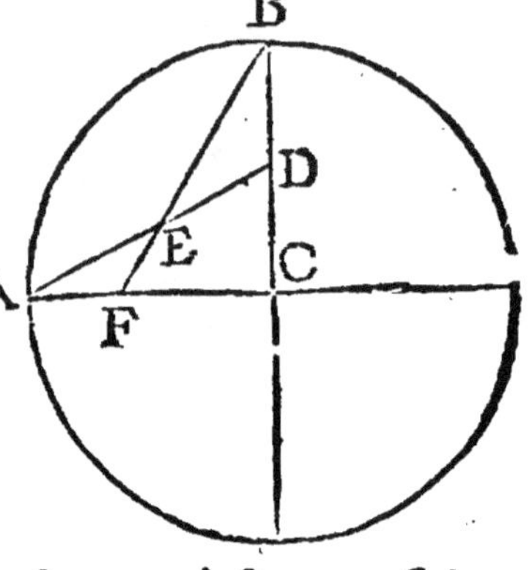

Il faut laisser à ceux qui
commencent le plaisir
d'en trouver la démonstration, c'est une suite de
la Proposition précedente.

Dix-septie'me Proposition.

Le quarré de la base d'un angle obtus, est égal aux
quarrés des deux côtés ; plus deux fois le rectangle
du côté sur lequel on a mené une perpendiculaire,
& de la partie de ce côté prolongé comprise entre la
perpendiculaire & le sommet de l'angle obtus.

Soit l'an-
gle obtus
ABC, soit
mené du
point *A*, la
perpendicu-
laire *AD*,

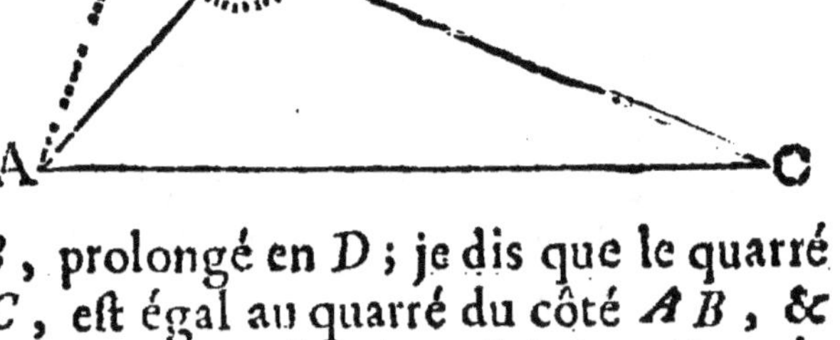

sur le côté *C B*, prolongé en *D* ; je dis que le quarré
de la base *AC*, est égal au quarré du côté *A B*, &
au quarré du côté *B C* ; plus deux fois le rectangle
du côté *B C*, par la ligne *B D*.

Je nomme la base,   *AC* . . . . *x*.
Le côté,   *A B* . . . . *y*.
Le côté,   *C B* . . . . *z*.
La ligne,   *B D* . . . . *u*.
La ligne *D C*, sera . . . . . *z + u*.

A caufe du triâgle rectâgle *ADB* le quarré de la ligne *AB* eft égal au quarré de la

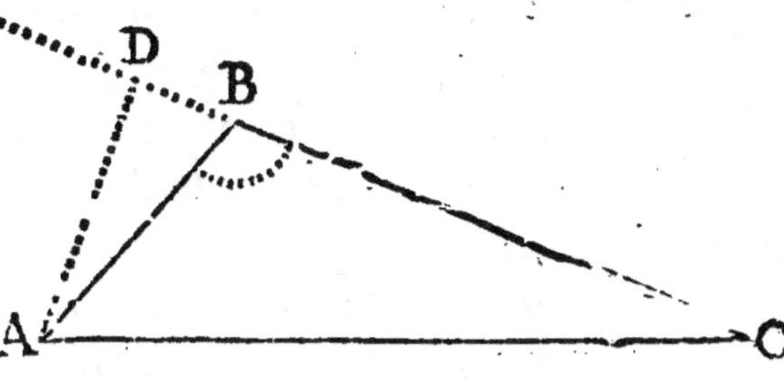

ligne *AD* ; plus le quarré de la ligne *DB* ; donc le quarré de la ligne *AD*, eft égal au quarré de la ligne *AB*, moins le quarré de la ligne *DB*.

C'eft à dire, que le quarré de la ligne *AD*, eft égal à $yy - uu$.

Or à caufe du triangle rectangle *ADC*, fi au quarré de la ligne *AD*, qui eft $yy - uu$, j'ajoûte le quarré de la ligne *DC*, c'eft à dire, le quarré de $z + u$, qui eft $zz + 2zu + uu$, comme on verra tout à l'heure.

J'aurai $zz + 2zu + uu + yy - uu$, c'eft à dire, que j'aurai $zz + 2zu + yy = xx$.

C'eft à dire, le quarré de la ligne *AC*, égal au quarré de la ligne *AB*, & au quarré de la ligne *CB* : plus deux rectangles de z par u, c'eft à dire, de la ligne *BC*, par la ligne *BD*.

Que le quarré de $z + u$, foit $zz + 2zu + uu$, cela eft évident. Il n'y a qu'à multiplier $z + u$ par $z + u$, fuivant qu'il a été enfeigné dans le Traité de l'Arithmetique par lettres.

DIX-HUITIE'ME PROPOSITION.

Le quarré de la bafe d'un angle aigu, eft égal aux quarrés de fes côtés, moins deux fois le rectangle du côté fur lequel on a mené une perpendiculaire, & de la partie de ce côté comprife entre la perpendiculaire & le fommet de l'angle donné.

Soit le triangle *B A C.* Que l'angle donné soit én *A,* & que sa base soit la ligne *B C,* du point *B,* extremité de la base, soit menée la perpendiculaire *D B ;* je dis que le quarré de la base *B C,* est égal aux deux quarrés des côtés *B A, A C ;* moins deux fois le rectangle du côté *A C,* par sa portion *A D.*

Que le côté *A B,* soit nommé *z.*

Le côté *A C,* soit nommé *y.*

La base *B C,* soit nommé *x.*

La portion *A D,* soit nommée *u.*

La ligne ou portion *D C,* sera, $y - u$.

A cause du triangle rectangle *B D A,* le quarré de *B D,* est égal au quarré de *A B ;* moins le quarré de *A D,* c'est à dire, que le quarré de la ligne *B D,* est $zz - uu$.

De même à cause du triangle rectangle *B D C* si je joins au quarré de *B D,* le quarré de *D C,* j'aurai le quarré de *B C.*

On vient de voir que le quarré de *B D,* est $zz - uu$.

J'y joins le quarré de *D C,* lequel quarré est $yy - 2yu + uu$; puisque *D C,* est $y - u$, & que $y - u$, multiplié par $y - u$, donne $yy - 2yu + uu$.

Joignant donc le quarré de *B D,* au quarré de *D C,* il me vient pour le quarré de *B C,* $zz - uu + yy - 2yu + uu$.

Or $-uu + uu$, c'est à dire zero ; donc reste pour le quarré de la base *B C,* $zz + yy - 2yu$; c'est à dire, le quaré du côté *A B ;* plus le quarré du côté *A C ;* moins deux fois *y* multiplié par *u,* c'est à dire, moins deux fois le rectangle du côté *A C*, par la portion *A D*.

Dix neuvie'me Proposition.

Trouver l'aire d'un triangle donné dont on connoît simplement les trois côtés.

Le Problême se réduit à trouver la valeur de la perpendiculaire du triangle donné : car multipliant la base par la perpendiculaire, on a le double de l'aire du triangle, par le Corollaire de la treiziéme Proposition.

Or voici comme l'on trouve la valeur de la perpendiculaire.

Soit le triangle donné *C B D*; je supose le côté *C B*, de 8 toises, la base *C D* de 23 toises & le côté *B D*, de 16 toises; il faut trouver la valeur de la perpendiculaire *B E*, c'est à dire, combien elle contient de toises.

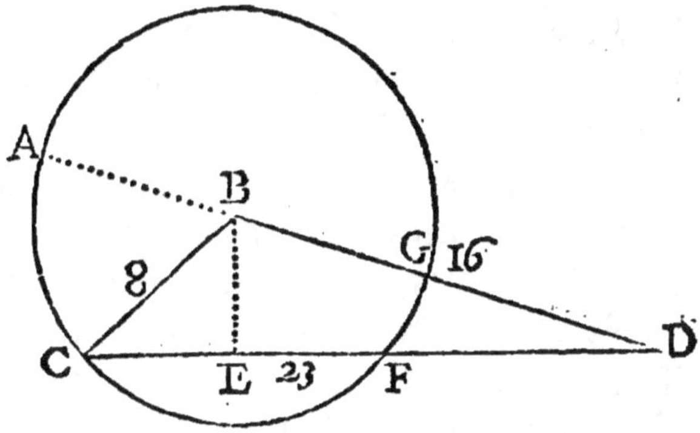

Du point *B*, pris pour centre, & de l'intervalle *C B*, le plus petit des côtés, je décris un cercle qui rencontre la base aux points *C, F*; il est démontré que la perpendiculaire *B E*, passant par le centre, doit tomber sur le milieu de la ligne *C F*, qui est ici une corde; ainsi je commence par chercher combien la ligne *C F*, vaut de toises; & je le sçaurai quand je connoîtrai combien la ligne *F D*, en contient. Or cela est aisé par la troisiéme Propofition du feptiéme Livre, car comme la ligne *CD*, eft à la ligne *A D* ; ainfi *D G*, eft à *D F*. Les trois premieres de ces lignes font connuës ; *C D*, eft la bafe de 23 toifes, *A D*, eft la fomme des côtés, c'eft à dire 24 toifes : car *C B*, eft égale à *B A*, *G D*, eft la difference des côtés, c'eft à dire 8 toifes : car *B G*, raïon eft égale à *C B*, petit côté ; il n'y a donc qu'à faire la regle de trois ainfi. Comme 23 eft à 24, ainfi 8 a un quatriéme terme, qui fera la ligne *D F* ; multipliant donc 24 par 8, & divifant par 23, viendra 8 toifes & environ $\frac{1}{3}$ de toife pour la ligne *D F*, cela étant la ligne *C F*, vaudra 14 toifes $\frac{2}{3}$, puifque la ligne *C D*, en vaut 23, partant ligne *C E*, moitié de *C F*, vaudra 7 toifes $\frac{1}{3}$.

A prefent connoiffant la valeur de *C E*, il eft aifé d'avoir la valeur de *B E* ; car à caufe du triangle rectangle *C E B*, il n'y a qu'à ôter du quarré de *C B*, qui eft 64, le quarré de *C E*, qui eft un peu moins de 54 toifes, reftera environ 10 toifes pour le quarré de la perpendiculaire *B E*, dont la racine eft trois toifes $\frac{1}{3}$ & quelque chofe de plus.

Voila donc enfin la perpendiculaire trouvée en toifes ; donc multipliant la bafe *C D*, qui contient 23 toifes par 3 toifes $\frac{2}{3}$, viendra au produit environ 77 toifes, double de l'aire du triangle donné, laquelle contiendra par confequent 38 toifes $\frac{1}{2}$.

Cette Propofition eft de grand ufage, & il faut fe bien fouvenir, que pour avoir la perpendiculaire d'un triangle, il faut faire comme la bafe eft à la fomme des côtés ; ainfi la difference des côtés, eft à une quatriéme ligne, qui étant ôtée de la bafe, laiffe une autre ligne fur la moitié de laquelle tombe la perpendiculaire cherchée.

VINGTIEME PROPOSITION.

Si l'on divise en deux parties égales, chaque angle d'un triangle par des lignes tombantes sur les côtés opposés, les trois lignes qui les divisent, se rencontreront en un même point dans le triangle.

Soit le triangle *A B C*. Soit l'angle en *A*, divisé en deux parties égales par la ligne *A D*, & l'angle en *C*, divisé en deux parties égales par la ligne *C E*, qui coupe en *F*, la ligne *A D*, il n'y a qu'à démontrer que si l'on tire de l'angle en *B*, par le point *F*, la ligne *B F G*; cette ligne *B F G*, divisera en deux parties égales l'angle en *B*.

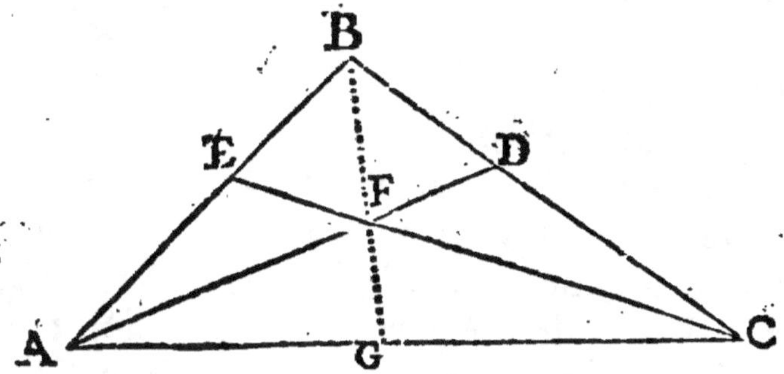

Puisque l'angle en *C*, & l'angle en *A*, sont divisés en deux parties égales; il s'enfuit par la huitiéme Proposition du sixiéme Livre, que *A B*, est à *B D*, comme *A C*, est à *C D*, puis considerant le triangle *A C D*, il s'enfuit par la même raison que *A C*, est à *C D*, comme *A F*, est à *F D*; donc *A B*, est à *B D*, comme *A F*, est à *F D*; donc par la même Proposition, en considerant le triangle *A B D*, l'angle en *B*, est divisé en deux parties égales par la ligne *B F*, puisque la base *A D*, est coupée proportionnellement aux côtés *A B*, *B D*.

VINGT-

VINGT-UNIE'ME PROPOSITION.

Si des trois angles d'un triangle oxigone, on meine des perpendiculaires sur les côtés opposés; elles se rencontreront toutes trois au même point dans l'aire.

Soit le triangle O-xigone *B A C*; soient menées les perpendiculaires *B E*, *C D*, qui se rencontrent au point *G* ; je dis que la ligne tirée du sommet *A*, par le point *G*, & tombant en *F*, sur le côté *B C*, lui est perpendiculaire.

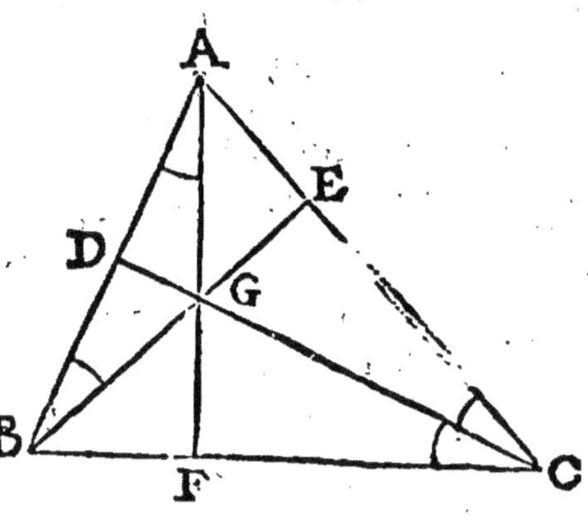

Les deux triangles *B E A*, *C D A*, sont semblables ayant l'un & l'autre un angle droit, & l'angle en *A*, commun. D'où s'ensuit que les angles *E B A*, *D C A*, sont égaux, & que le petit triangle *G D B*, est semblable aux deux triangles *C D A*, *B E A*, à cause de son angle droit en *D*, & de l'angle commun *G B D*; donc *C D*, *D B* :: *A D*, *D G*.

Considerant maintenant les lignes *C D*, *D B*, comme côtés qui comprennent l'angle droit du triangle *C D B*, & considerant les lignes *A D*, *D G*, comme côtés qui comprennent l'angle droit du triangle *G D A*, puisque les deux premiers comprenant l'angle droit, sont proportionnels aux deux autres, comprenant l'angle droit ; il s'ensuit que les deux triangles *C D B*, *G D A*, sont semblables, par conséquent l'angle *DCB*, égal à l'angle *GAD*. Or si l'on continue *A G*, jusqu'en *F*, pour former le triangle AFB, il faudra necessairement qu'il soit semblable au triangle CDB, puisqu'ils auront un angle commun, qui est CBD, & l'angle GAD, égal à l'angle DCB; donc comme l'angle CDB, est droit, l'angle AFB, sera droit pareillement, & par conséquent la ligne AF, perpendiculaire.

VINGT-DEUXIEME PROPOSITION.

Si une ligne comme AB, est divisée en deux parties au point C, le quarré de la toute AB, est égal aux deux quarrés des deux parties AC, CB; plus deux fois le rectangle d'une partie par l'autre.

Soit la ligne AB, appellée.....x.

La portion AC, ...y.

La portion CB, ...z.

x, sera égal à $y + z$.

Multipliant $y + z$ par $y + z$, viendra $yy + 2yz + zz = xx$. C'est à dire le quarré de AC, plus le quarré de CB; plus deux fois le rectangle de AC, par CB, égal au quarré de la toute AB.

Que si la ligne AB, est divisée en trois parties aux points C, D; le quarré de la toute AB, est égal aux trois quarrés des parties; plus deux fois le rectangle de AC, par CD; plus deux fois le rectangle de CD, par DB, il n'y a qu'à donner des noms aux parties de la toute.

Je nomme AC.....x.

CD.....y. DB.....z.

La toute fera donc $x + y + z$, que je multiplie par $x + y + z$, vient au produit $xx + yy + zz + 2xy + 2xz + 2yz$, égal au quarré de la toute.

A———C———D———E———B

Si la ligne AB, eſt diviſée en quatre parties aux points C, D, E, on démontrera de même que le quarré de la toute AB, eſt égal aux quatre quarrés des parties; plus deux fois le rectangle de AC, par CD; plus deux fois le rectangle de AC, par DE; plus deux fois le rectangle de AC, par EB; plus deux fois le rectangle de CD, par DE; plus deux fois le rectangle de CD, par EB; plus deux fois le rectangle de DE, par EB, & ainſi à l'infini.

On voit par ces exemples de quel uſage eſt l'Arithmetique par lettres.

VINGT-TROISIE'ME PROPOSITION.

Toute figure reguliere eſt égale au rectangle, qui a pour baſe la moitié du perimetre & pour hauteur le raïon droit de la figure.

Soit la figure reguliere $BFEGHD$, dont le raïon droit ſoit AC, & ſoit le rectangle $IKLM$, dont la baſe LM, ſoit égale à la moitié du perimetre de la figure, & dont la hauteur KM, ſoit égale au raïon droit AC; je dis que l'aire du rec-

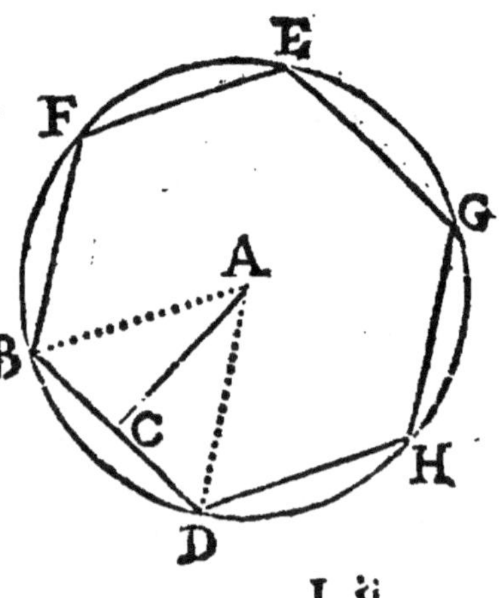

tangle, est égale à l'aire de la figure.

Pour le prouver ; du centre de la figure *A*, je meine des lignes à tous les angles , & par là la figure est partagée en autant de triangles, qu'elle a de côtés. Ici, par exemple, l'Hexagone est partagé en six triangles tous égaux au triangle *BAD:* or l'aire du triangle *BAD*, est égale au rec-

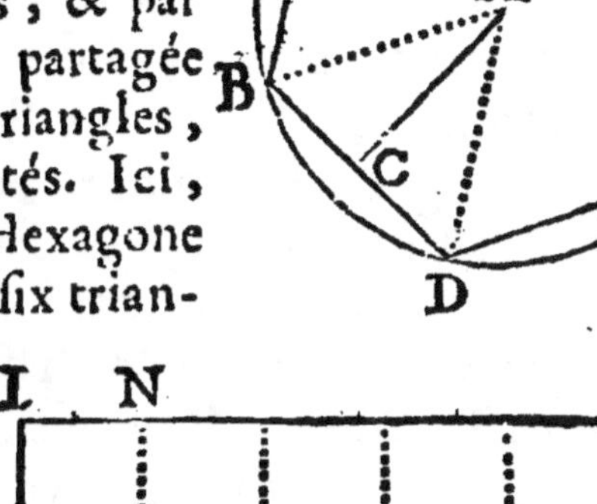

tangle de *BC* , moitié de *BD*, par *AC* , c'est à dire au rectangle de la moitié du côté du Polygone par le raïon droit, tel qu'est ici le rectangle *INLO*; donc les six triangles pris ensemble, & composant tout l'Hexagone , sont égaux à six rectangles , tels que *INLO*, dont chacun a pour base la moitié du côté *BD*, & pour hauteur le raïon droit *AC*. Or ces six rectangles sont égaux à un seul rectangle, qui a pour base ces six moitiés du côté du Polygone, & pour hauteur le même raïon droit *AC*, tel qu'est ici le rectangle *IKLM* ; ces six moitiés font la moitié du perimetre de la figure ; donc l'aire de la figure donnée est égale au rectangle, qui a pour base la moitié du perimetre , & pour hauteur le raïon droit.

COROLLAIRE.

L'aire du cercle eſt égal au rectangle, qui a pour baſe la moitié de la circonference, & pour hauteur le raïon : c'eſt une ſuite manifeſte de la nature du cercle, qui étant un Polygone regulier d'une infinité de côtés, tombe dans le cas de la preſente Propoſition ; ſon raïon droit ne differe pas de ſon raïon, parce que le côté infiniment petit de ce Polygone regulier, eſt un point de la circonference ; ainſi la fameuſe Propoſition de la quadrature du cercle, ſe réduit à trouver une ligne égale à la moitié de la circonference.

On peut exprimer autrement cette Propoſition & la démontrer aiſément par les indiviſibles, ainſi qu'il ſuit :

L'aire du cercle eſt égal au triangle rectangle, qui a pour un de ſes côtés une ligne égale à la circonference, & pour ſon autre côté le raïon du cercle.

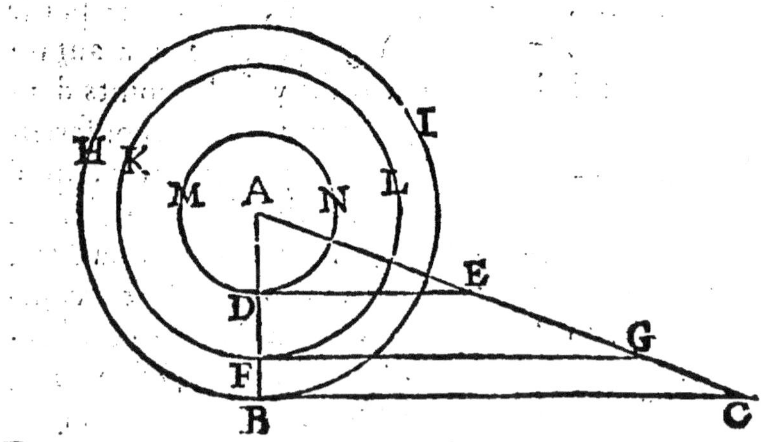

Soit le cercle *H I B*. Soit la ligne *B C*, ſa tangente au point *B*, ſuppoſée égale à la circonference *H I B*. Du centre *A*, ſoit tirée la ligne *AC*, formant le triangle rectangle *A B C* ; je dis que

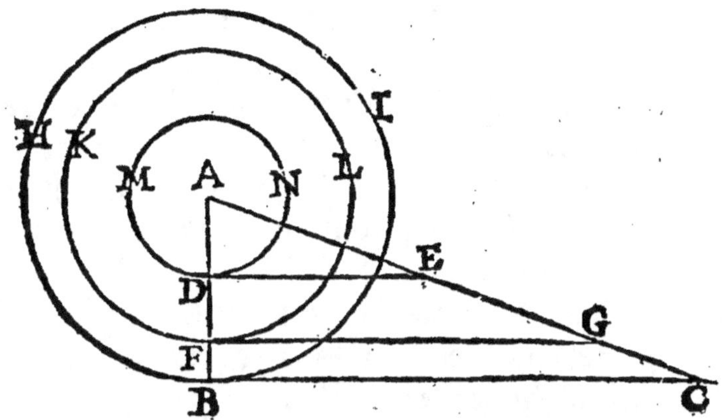

l'aire de ce triangle est égale à l'aire du cercle *HIB*.
Pour le démontrer :

Je considere que le nombre infini des circonferences concentriques, qui remplissent l'aire du grand
cercle, est mesuré par le raïon *A B*, c'est à dire,
qu'il y a autant de circonferences concentriques,
qu'il y a de points dans la ligne *A B*.

Je considere d'autre part que le nombre des lignes paralleles à *B C*, qui toutes ensemble remplissent l'aire du triangle *C B A*, est mesuré par le
même raïon *A B*, c'est à dire, qu'il y a autant
de lignes paralleles à *B C*, qu'il y a de points dans
la ligne *A B*; donc il y a autant de circonferences concentriques dans l'aire du grand cercle, qu'il
y a de lignes paralleles dans l'aire du triangle. Si
donc chaque ligne parallele, comme *F G*, ou *DE*,
est égale à sa circonference correspondante, comme *K L F*, ou *M N D*, il y aura de part & d'autre parfaite égalité dans les deux aires, c'est à dire,
qu'elles seront remplies pas un nombre égal de
grandeurs égales, & par consequent l'aire du grand
cercle, sera égale à l'arc du triangle *C B A*.

Or il est aisé de démontrer, que telle tangente que
l'on voudra choisir, comme *F G*, est égale à sa cir-

conference correspondante *KLF*; & voici comment.

La circonference *HIB*, est à la circonference *KLF*, comme le raïon *AB*, est au raïon *AF*, par le Corollaire de la cinquième Proposition de ce Livre.

Le raïon *AB*, est au raïon *AF*, comme la ligne *BC*, est à la ligne *FG*, à cause que les triangles *CBA*, *GFA*, sont semblables.

Donc la circonference *HIB*, est à la circonference *KLF*, comme la ligne *BC*, est à la ligne *FG*, parce que deux raïsons égales à une même raïson, sont égales entr'elles.

Alternando. La circonference *HIB*, est à la ligne *BC*, comme la circonference *KLF*, est à la ligne *FG*.

Or la circonference *HIB*, est supposée égale à la ligne *BC*; donc la circonference *KLF*, sera égale à la ligne *FG*. *Ce qu'il falloit démontrer.*

PROBLEME.

VINGT-QUATRIEME PROPOSITION.

Transformer une figure d'un certain nombre de côtés en un autre de même aire, & la réduire, si l'on veut, au triangle.

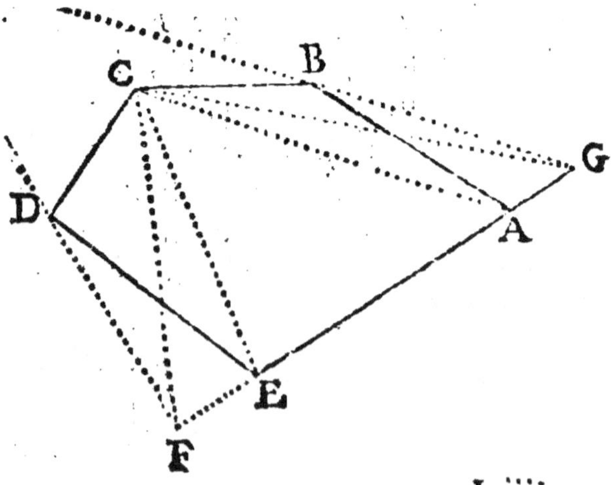

SOit le
Pentagone
irregulier
ABCDE,
je le ré-
duis d'a-
bord au
quadrila-
tere ; &
pour cela,
je joins les

points C, E, par la ligne CE, à laquelle je tire par le point D, la parallele DF, qui rencontre le côté AE,

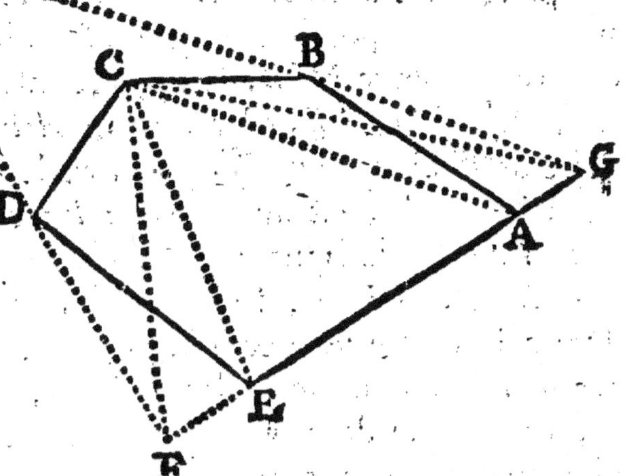

prolongé au point F, duquel point je tire la ligne FC, & je dis que le quadrilatere $ABCF$, est égal au Pentagone : car le triangle CFE, est égal au triangle EDC, puisqu'ils ont la même base CE, & qu'étant entre mêmes paralleles, ils ont même hauteur. Retranchant donc le triangle EDC, du Pentagone, & remettant en sa place le triangle CFE, son égal, on a le quadrilatere $ABCF$, égal au Pentagone donné.

Il n'est pas plus difficile de reduire ce quadrilatere $ABCF$, en triangle.

Il n'y a qu'à joindre les points CA, si vous voulés, par la ligne CA; lui mener une parallele par le point B; prolonger FA, jusques en G, puis joindre les points CG, le triangle FCG, sera par la même raison égal au quadrilatere $ABCF$, & par consequent au Pentagone $ABCDE$.

Que si l'on vouloit à present reduire le triangle FCG, en un triangle rectangle isoscele de même aire, il faudroit d'abord faire passer par l'un des points E, C, G, une parallele au côté opposé; par exemple, par le point C, puis ayant mené les perpendiculaires GI, EH, on aura le rectangle $EHGI$, dont l'aire est double de l'aire du triangle *ECG*, parce qu'il a même base & même hauteur.

Trouvant à present une moyenne proportionnelle entre la ligne *EH*, & la ligne *GE*, le quarré de cette moyenne proportionnelle, sera égal au rectangle *EHGI*.

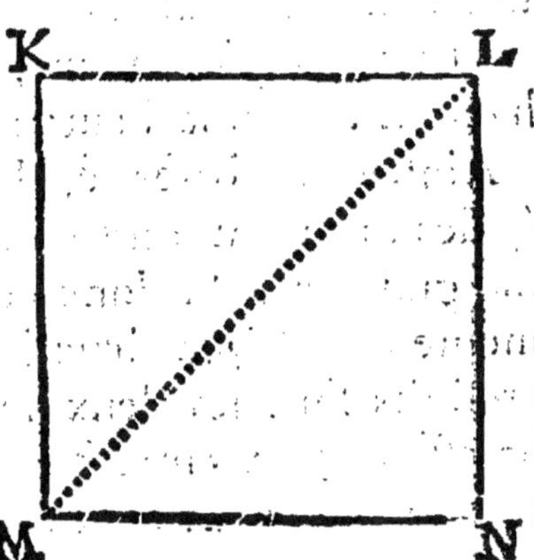

Que ce quarré soit *KLMN*; la Diagonale *ML*, le partage en deux triangles rectangles isosceles, dont chacun a l'aire égale à celle du triangle *ECG*.

NEUVIEME LIVRE.

De la comparaison de l'aire des figures.

PREMIERE PROPOSITION.

LEs rectangles qui ont même base, sont entre eux comme leurs hauteurs; & ceux qui ont même hauteur, sont entre eux comme leurs bases.

Il faut se souvenir que la raison de deux grandeurs, demeure la même, si on les multiplie par une même grandeur; ainsi A, $B :: AC$, BC.

Un rectangle est une base multipliée par une hauteur, ou une hauteur multipliée par une base.

Ainsi deux bases égales étant deux grandeurs égales, peuvent être considerées, comme une même grandeur. Si donc cette grandeur égale à elle-même, multiplie deux hauteurs inégales, les deux produits sont les deux rectangles, qui conservent necessairement entre eux la Raison que les hauteurs inégales avoient avant la multiplication.

Par exemple, une hauteur est A, l'autre est B; je multiplie la hauteur A, par la base C, vient AC; je multiplie la hauteur B, par la base C, vient BC, & il est évident que A, $B :: AC$, BC.

C'est la même chose des bases inégales multipliées par une même hauteur.

SECONDE PROPOSITION.

Les rectangles sont entre eux en Raison compofée de la bafe à la bafe, & de la hauteur à la hauteur.

Soient les rectangles *ACDB*, *EGHF* : ayant rangé les hauteurs *AB*, *EF*, & les bafes *BD*, *FH*, comme on les voit ici, c'eft à dire, les deux bafes l'une auprés de l'autre, & les 2 hauteurs de même ; l'on a deux raifons;fçavoir, la Raifon de *AB* à *EF*, qui eft celle des hauteurs ; & la Raifon de *BD* à *FH*, qui eft celle des bafes.

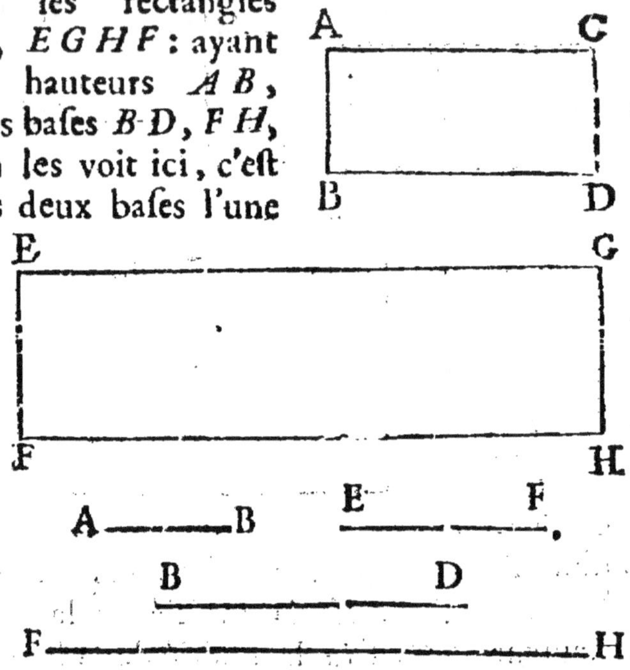

Pour compofer une Raifon de ces deux Raifons données ; on fçait qu'il faut multiplier les deux Antecedens l'un par l'autre, & les deux Confequens pareillement. Or de la multiplication de l'Antecedent *AB*, par l'Antecedent *BD*, vient le premier rectangle ; & de la multiplication du Confequent *EF*, par le Confequent *FH*, vient le fecond rectangle ; donc ces deux rectangles font une Raifon compofée des deux Raifons de bafe à bafe, & de hauteur à hauteur.

TROISIE'ME PROPOSITION.

Les rectangles femblables, c'eft à dire, qui ont les côtés proportionnels, font en Raifon doublée de leurs bafes ou de leurs hauteurs.

Soit la hauteur *A C*, à la hauteur *E G*, comme la base *C D*, à la base *G H*.

Par la précedente Proposition, les rectangles sont en Raison composée de la base à la base, & de la hauteur à la hauteur. Or ces deux Raisons sont ici supposées égales; donc la Raison qui en est composée, est une Raison 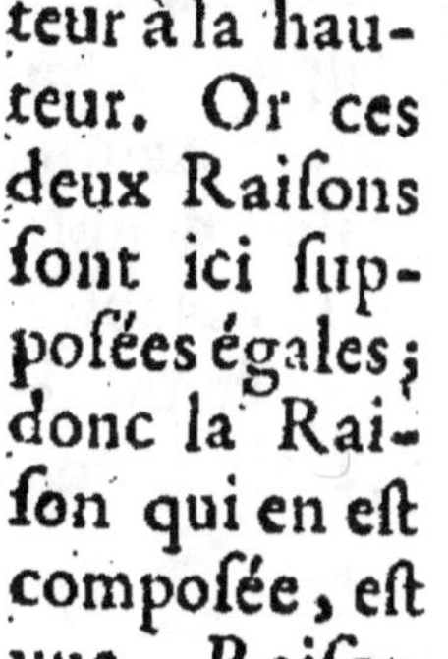 doublée de l'une ou l'autre des composantes.

Si la base *C D*, est la moitié de la base *G H*, la hauteur *A C*, sera la moitié de la hauteur *E G*, & le grand rectangle sera quadruple du petit : car la Raison doublée de 1 à 2, est 1, 4, puisque :

$$1, 2 :: 1, 2.$$

La multiplication des Antecedens est 1, celle des Conséquens, est 4.

COROLLAIRE.

Les parallelogrammes semblables, sont en Raison doublée de leurs côtés homologues, puisque la base est à la base, comme la hauteur à la hauteur.

II. COROLLAIRE.

Les triangles semblables, sont entre eux en Raison doublée de leurs côtés homologues, puisqu'étant moitiés de parallelogrammes semblables, leur base est à leur base, comme leur hauteur est à leur hauteur.

III. Corollaire.

Les figures regulieres inscriptes ou circonscriptes au cercle, sont entre elles en Raison doublée ou de leurs côtés ou de leurs raïons, ou de leurs raïons droits. Ces trois Raisons étant égales en toutes figures regulieres, si elles sont en Raison doublée de l'une, elles seront en Raison doublée de l'autre. Or il est visible, par exemple, que deux Hexagones, sont en Raison doublée de leurs côtés : car chaque Hexagone se divise en six triangles parfaitement égaux, & chaque triangle d'un Hexagone est à chaque triangle de l'autre en Raison doublée de la base à la base, parce qu'ils sont semblables ; donc les six triangles d'un côté, sont à l'égard des six triangles de l'autre pareillement en Raison doublée de leurs côtés.

IV. Corollaire.

Les cercles sont entre eux en Raison doublée de leurs raïons : car les cercles sont des Polygones reguliers d'une infinité de côtés ; ainsi si l'on propose deux cercles dont l'un ait le raïon triple de l'autre, l'aire du grand cercle sera noncuple de celle du petit.

V. Corollaire.

Les quarrés sont en Raison doublée de leurs côtés, puisque ce sont des rectangles.

VI. Corollaire.

Les cercles sont entre eux comme les quarrés de leurs raïons : car les quarrés des raïons sont en Raison doublée des raïons, aussi-bien que les cercles.

VII. Corollaire.

Si l'on conſtruit ſur les trois côtés d'un triangle rectangle, trois figures ſemblables quelconques, celle qui ſera conſtruite ſur l'hypotenuſe, ſera égale aux deux autres priſes enſemble. 1°. Les figures ſemblables ſont en Raiſon doublée de leurs côtés homologues, c'eſt à dire, comme les quarrés de leurs côtés. Or nous avons vû que le quarré de l'hypotenuſe eſt égal au quarré des deux côtés; donc la figure conſtruite ſur l'ypotenuſe, eſt égale au deux autres, puiſqu'elle eſt à ces deux autres, comme ſon quarré eſt aux quarrés des deux autres.

C'eſt par ce dernier Corollaire qu'on eſt venu à bout de trouver l'aire de certains eſpaces renfermés par des portions de circonferences, quoique juſqu'à preſent il ait été impoſſible de trouver geometriquement l'aire du cercle, parce qu'on ne ſçait pas la longueur de la circonference. Ainſi quoiqu'on ſçache que l'aire du cercle eſt égale au rectangle de la demi-circonference par le raïon; comme cette demi-circonference ne peut être meſurée geometriquement, & qu'on n'en connoît point le rapport avec une ligne droite, on n'a pas non plus exactement ce rectangle; cependant voici comment l'on trouve geometriquement l'aire de ces eſpaces, qu'on appelle ordinairement des Lunulles, & dont l'invention eſt attribuée à un ancien Geometre nommé Hippocrate.

Soit décrit le triangle rectangle iſoſcele *A B C.* Sur chacun de ſes côtés pris pour diametres, ſoient décrites les demi-circonferences, *AGBDC, AFB, CEB.*

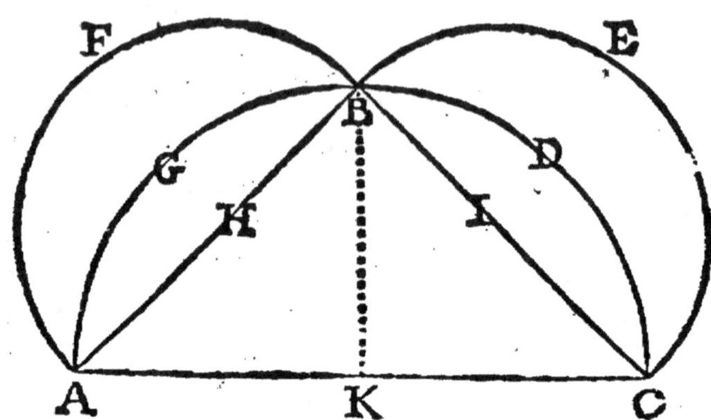

L'efpace renfermé entre le quart de cercle *AGB*, & la demi-circonference *AFB*, fe nomme une Lunulle, comme celle de l'autre côté.

Je dis que les deux Lunulles prifes enfemble, font égales au triangle *ABC*, car par ce dernier Corollaire, l'aire du demi cercle *AGBDC*, eft égale aux deux aires des demi cercles *AFB*, *BEC*. Or retranchant de l'aire du grand demi cercle, la portion *AGBH*, & la portion *BDCI*, reftera le triangle *ABC*; ces deux mêmes portions *AGBH*, *BDCI*, retranchées des deux demi cercles *AFB*, *BEC*, laifferont les deux Lunulles *AFBG*, *BECD*; donc les reftes feront égaux de part & d'autre; donc les Lunulles font égales à l'aire du triangle *ABC*, dont la moitié *ABK*, eft égale à l'une des Lunulles.

Il eft affés furprenant que l'on mefure fi aifément une furface bornée par deux portions de circonferences, & que jufqu'à prefent l'efprit humain n'ait pû trouver aucun chemin pour aller à la quadrature du cercle; mais nous allons voir tout à l'heure quelque chofe de bien plus humiliant pour lui.

Quatrie'me Proposition.

Des Incommensurables.

La Diagonale du quarré est incommensurable à son côté.

Soit un quarré *ABCD*. La Diagonale *AD*.

Il n'y a qu'à démontrer que la ligne *AD*, n'est pas comme nombre à nombre à l'égard de la ligne *AC*.

Souvenons-nous d'abord que la Raison doublée de toute Raison

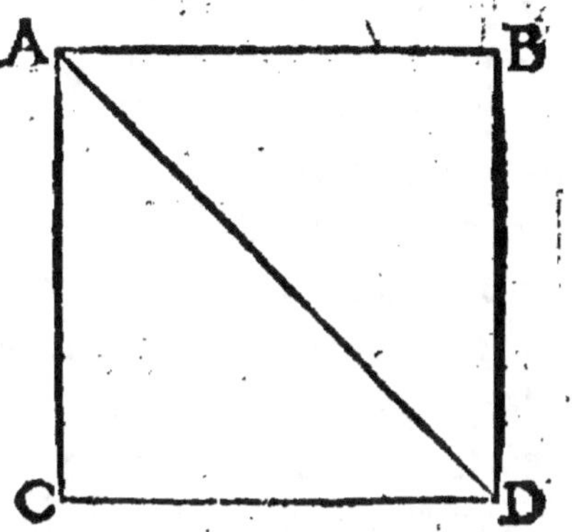

de nombre à nombre, a necessairement pour Exposans des nombres quarrés.

2°. Qu'une Raison doublée, qui n'a pas pour Exposans des nombres quarrés, n'est pas doublée d'une Raison de nombre à nombre, ou pour s'exprimer autrement, que la Raison dont elle est la doublée, n'est pas Raison de nombre à nombre. Cela a été démontré.

Or par le cinquiéme Corollaire de la troisiéme Proposition de ce Livre, le quarré de la ligne *AD*, est au quarré de la ligne *AC*, en Raison doublée de la Raison de la ligne *AD*, à la ligne *AC*.

Donc si le quarré de la ligne *AD*, & le quarré de la ligne *AC*, n'ont pas pour Exposans des nombres quarrés, la raison de la ligne *AD*, à la ligne *AC*, sera sourde. Or les Exposans de la Raison de ces deux quarrés, sont 2, 1, par la quatorziéme Proposition du Livre précedent, puisque le

triangle

triangle *ACD*, est rectangle, & que le côté *AC*,
étant égal au côté *CD*, le quarré de l'hypotenuse
AD, est double du quarré du côté *AC* ; donc la
Raison dont cette Raison 2, 1, est la doublée,
n'est pas une Raison de nombre à nombre, c'est à
dire, que la Raison de la Diagonale *AD*, au côté
AC, est sourde ou n'est pas de nombre. Voilà donc
deux lignes *AD*, *AC*, qui n'ont aucune commune mesure.

Il n'en est pas de même de leurs quarrés, car leurs
quarrés sont commensurables, ou sont comme
nombre à nombre, puisque l'un est à l'égard de
l'autre, comme 2 à 1.

Les Geometres pour exprimer cela : disent, que
la Diagonale & le côté sont incommensurables en
longueur, mais commensurables en puissance, c'est
à dire, que leurs quarrés ne sont pas incommensurables.

Mais il est facile de trouver des lignes qui seront
incommensurables en longueur & même en puissance, c'est à dire, dont les quarrés n'auront aucun rapport qu'on puisse exprimer par des nombres.

Par exemple, il n'y a qu'à trouver une ligne
moyenne proportionnelle entre la Diagonale & le
côté. Par la dixiéme Proposition du sixiéme Livre :

Je dis que cette moyenne proportionnelle est incommensurable en longueur & en puissance à l'é-
gard du côté & de la Diagonale.

Soit la ligne *E F*,   A—————————C.
supposée moyenne   É—————————F.
proportionelle en-   A—————————— D
tre le côté *AC* & la Diagonale *AD*.

Il est premierement certain que la Raison de la
ligne *AC*, à la ligne *AD*, est doublée de la

K

Raison de la ligne AC, à la ligne EF.

A————————C.
E————————F.
A————————————D

Car appellant AC . . . . x.
EF . . . . y.
AD . . . . z.

Par la supposition, $x, y :: y, z$.

Si l'on multiplie les deux Antecedens l'un par l'autre, & pareillement les deux Consequens, on aura pour raison composée xy, zy. Or cette Raison n'est pas differente de la Raison de x à z.

$$x, z :: xy, zy.$$

Puisque c'est une Raison multipliée par la même grandeur y ; donc la Raison de x à z, est composée de la Raison de x à y, & de la Raison de y à z, qui font deux Raisons égales ; donc la Raison de x à z, est doublée de la Raison de x à y ; c'est à dire, comme on l'a avancé, que la Raison de la ligne AC, à la ligne AD, est doublée de la Raison de la ligne AC, à la ligne EF.

Cela étant, la ligne AC, est incommensurable à la ligne EF, puisque leur Raison doublée qui est celle de la ligne AC, à la ligne AD, bien loin d'avoir pour Exposans des nombres quarrés, n'a pas même aucun nombre pour Exposans.

Je dis de plus que le quarré de la ligne AC, est incommensurable au quarré de la ligne EF.

Car le quarré de la ligne AC, est au quarré de la ligne EF, en Raison doublée de la ligne AC, à la ligne EF, c'est à dire, comme la ligne AC, est à la ligne AD. Or la ligne AC, est supposée incommensurable à la ligne AD ; donc le quarré de la ligne AC, est incommensurable au quarré de la ligne EF.

On voit par là qu'on peut avoir des lignes in-

commenſurables à l'infini, en cherchant toûjours
des moyennes proportionnelles ; par exemple, entre la ligne *AC*, & la ligne *EF*, & ainſi à l'infini.

Reflexions ſur les Incommenſurables.

Rien n'eſt plus étonnant que ces verités démon-
trées touchant les Incommenſurables. La ligne
AC, & la ligne *AD*, ont chacune une infinité
d'Aliquottes pareilles, & dans ce nombre infini,
je ne puis jamais en trouver une ſeule, qui puiſſe
être l'Aliquotte des deux lignes.

Je puis prendre, par exemple, la centmilliéme
partie de la ligne *AC* ; la deux centmilliéme, la
quatre centmilliéme partie, & ainſi doublant toûjours à l'infini, ſans que jamais aucune de ces pe-
tites parties puiſſe être contenuë préciſément un
certain nombre de fois dans la ligne *AD*.

Je puis même choiſir une infinité d'Aliquotes
de la ligne *AC*, d'un ordre tout different. Je puis
prendre la trois centmilliéme partie ; la neuf centmilliéme, & ainſi triplant toûjours à l'infini, ſans
que jamais dans cette infinité d'infinis, je puiſſe
trouver une partie qui meſure exactement la ligne
AD.

Cette verité démontrée, démontre invinciblement la diviſibilité de la matiere à l'infini, ou pour
s'exprimer autrement, que l'étenduë ne peut être
compoſée d'indiviſibles ; car ſi le côté du quarré,
par exemple, étoit compoſé d'indiviſibles, il en
contiendroit neceſſairement un certain nombre,
ainſi l'un de ces indiviſibles ſeroit aliquotte de ce
côté. Prenant maintenant l'un de ces indiviſibles
ou aliquotte, pour meſurer la Diagonale, il y ſera
contenu préciſément un certain nombre de fois,
ou avec un reſte. Si vous dites qu'il y eſt contenu

précisément un certain nombre de fois; voilà la Diagonale commensurable au côté, ce qui a été démontré impossible. Si vous dites que cet indivisible est contenu dans la Diagonale un certain nombre de fois avec un reste; je vous demande ce que c'est que le reste d'un indivisible, ce reste sera necessairement plus petit que l'aliquotte dont il est reste, & par consequent cette aliquotte n'étoit pas indivisible, contre la supposition; donc l'étenduë n'est pas composée d'indivisibles.

Il n'y a rien de démontré, si cela ne l'est pas: car de dire comme certaines gens, qu'il n'y a point de quarrés parfaits, par consequent point de côtés ni de Diagonales, c'est raisonner pitoyablement.

Il n'est pas necessaire qu'il y ait au monde ni des quarrés, ni des triangles, ni des cercles, pour établir la verité des Démonstrations geometriques, il suffit de leur possibilité. Quand Dieu n'eût jamais créé la matiere, elle eût toûjours été possible. Un être intelligent à qui il lui auroit plû reveler les verités geometriques, les eût parfaitement entenduës. Cet Etre Souverain, source de toute verité, auroit bien sçû du moins qu'un triangle possible, étoit moitié d'un parallelogramme possible. On ne peut pas même pousser assés loin l'extravagance, pour oser dire, que quand bien il n'y auroit à present dans l'Univers aucun Agent créé qui pût tracer un quarré parfait, il fût impossible à celui qui a créé la matiere, d'en enfermer une petite portion dans un espace parfaitement quarré; ainsi la verité des incommensurables subsiste invinciblement.

Voilà donc les points démontrés impossibles. Mais voici bien autre chose.

Si le point est impossible, qu'est-ce donc que la rencontre des deux côtés qui forment l'angle du quarré. Si le point est impossible, le cercle est impossible. Car si Dieu forme une boule parfaite, & qu'il la pose sur un plan parfait, le point de contingence aura-t-il quelque étenduë; s'il a quelque étenduë, il est surface ou pour le moins ligne; ainsi la tangente & le cercle auront une étenduë commune, contre ce qui est démontré dans la 11ᵉ Proposition du troisiéme Livre; dirés vous, que Dieu ne sçauroit faire un cercle parfait? Vous aurés plûtôt fait de dire que Dieu n'est pas, que de borner si ridiculement sa puissance.

D'ailleurs quand je considere attentivement l'existence des êtres, je compreus trés-clairement que l'existence appartient aux unités, & non pas aux nombres. Je m'explique.

Vingt hommes n'existent que parce que chaque homme existe; le nombre n'est qu'une dénomination exterieure, ou pour mieux dire, une repetition d'unités ausquelles seules appartient l'existence; il ne sçauroit jamais y avoir de nombres, s'il n'y a des unités; il ne sçauroit jamais y avoir vingt hommes, s'il n'y a un homme: cela bien conçû, je vous demande ce pied cubique de matiere, est-ce une seule substance, en sont-ce plusieurs? Vous ne pouvés pas dire que ce soit une seule substance; car vous ne pourriés pas seulement le diviser en deux; si vous dites que c'en sont plusieurs, puisqu'il y en a plusieurs, ce nombre quel qu'il soit, est composé d'unités, s'il y a plusieurs substances existantes, il faut qu'il y en ait une, & cette une ne peut en être deux; donc la matiere est composée de substances indivisibles.

Voilà nôtre Raison réduite à d'étranges extremités. La Geometrie nous démontre la divisibilité de la matiere à l'infini, & nous trouvons en même temps qu'elle est composée d'indivisibles. Humilions-nous encore une fois, & reconnoissons qu'il n'appartient pas à une creature, quelque excellente qu'elle puisse être, de vouloir concilier des verités, dont le Createur a voulu lui cacher la compatibilité. Ces dispositions nous rendront plus soumis aux Mysteres, & nous accoûtumeront à respecter des verités qui sont par leur nature impenetrables à nôtre esprit, que nous venons de trouver assés borné, pour ne pouvoir pas même concilier des Démonstrations mathematiques.

DIXIEME LIVRE.

Des Solides.

ON appelle Solide ou Corps, l'étenduë confiderée avec fes trois dimenfions, Longueur, Largeur & Profondeur.

Il y en a de reguliers & d'irreguliers de plufieurs efpeces. Par exemple.

Si l'on fuppofe qu'un quarré coule parallelement à lui-même le long d'une perpendiculaire, il s'en formera une figure Solide, qu'on nomme Parallelipipede. Si la perpendiculaire eft égale au côté du quarré, le Corps fe nomme Cube.

Si au lieu d'un quarré, l'on prend un cercle que l'on faffe couler parallelement à lui-même, fa circonference décrira la furface d'un Solide, qu'on appelle Cilindre.

Si l'on choifit toute autre figure rectiligne, comme un triangle, un Pentagone, un Hexagone, & qu'on la faffe couler parallelement à elle-même le long d'une perpendiculaire, il s'en formera un Solide, qu'on appellera un Prifme Triangulaire, Pentagonal, Hexagonal, &c.

Si ayant choifi pour bafe une figure rectiligne reguliere, l'on fuppofe une ligne élevée perpendiculairement fur fon centre, & que de l'extremité de cette ligne, qui eft en l'air, l'on tire plufieurs lignes aux angles de la figure qui fert de bafe, le Solide renfermé par tous les triangles formés par ces lignes & par les côtés de la bafe, fe nomme une Pyramide reguliere, Triangulaire, Pentagonale, &c. felon la bafe.

Le point de la perpendiculaire d'où partent toutes les lignes se nomme le sommet de la Pyramide. La perpendiculaire se nomme tout simplement la Perpendiculaire de la Pyramide; & les surfaces renfermées par deux lignes voisines tirées du sommet, se nomment les côtés de la Pyramide.

Si au lieu d'une figure rectiligne, l'on choisit un cercle pour base, & qu'ayant élevé une perpendiculaire sur son centre, l'on suppose une infinité de lignes, partant du haut de la perpendiculaire & aboutissant à tous les points de la circonference, il s'en formera un solide appellé Cone regulier ou Rectangle.

Si l'on suppose un cercle tournant en lui-même sur son diametre immobile, s'en formera un Corps regulier appellé Sphere.

Le diametre s'appellera Axe de la Sphere.

Les deux extremités de l'axe, les Poles de la Sphere.

La Sphere aura manifestement pour centre, le même centre que le cercle qui a servi à la former.

On peut inscrire dans la Sphere une infinité de corps irreguliers, mais l'on ne peut y en inscrire que cinq reguliers, sçavoir :

Un renfermé sous quatre triangles équilateraux, appellé Tetrahedre.

Un renfermé sous six quarrés, appellé Cube.

Un renfermé sous douze Pentagones, appellé Dodecaedre.

Un renfermé sous huit triangles équilateraux, appellé Octaedre.

Un renfermé sous vingt triangles équilateraux, appellé Icosahedre.

Pour démontrer commodément les principales

propriétés des solides, il faut se servir de la Geometrie des indivisibles qui a un merveilleux avantage dans ces sortes de démonstrations.

Nous avons déja vû qu'elle consiste à considerer les surfaces, comme composées de lignes paralleles; ainsi un parallelogramme n'est autre chose qu'une base coulant parallelement à elle-même le long des points de sa perpendiculaire; d'où s'ensuit que la base d'un rectangle, ou quarré ou parallelogramme, est autant de fois contenuë dans son aire, qu'il y a de points dans la perpendiculaire, & que pour avoir cette aire, il n'y qu'a multiplier la base par la perpendiculaire.

Suivant la même analogie, nous allons considerer les Solides, comme composés de surfaces paralleles; ainsi un Prisme n'étant autre chose qu'une infinité de figures regulieres mises l'une sur l'autre parallelement à elles-mêmes, ou si vous voulés, que l'on considere comme coulant le long de la perpendiculaire du prisme; sa solidité n'est autre chose que la base prise autant de fois qu'il y a de points dans sa perpendiculaire.

Ainsi pour avoir la solidité du prisme, il n'y a qu'à multiplier la base par la perpendiculaire.

De là s'ensuit sans autre démonstration,

Que les prismes de même base & de même hauteur sont égaux.

Que les prismes de même base, sont entre eux comme leurs hauteurs.

Que les prismes de même hauteur, sont entre eux comme leurs bases.

C'est la même chose pour les Cylindres, qui sont des prismes reguliers d'une infinité de côtés, ayant pour base un cercle.

Il s'ensuit encore que les prismes obliques, c'est

à dire, ceux dont la ligne qui va du sommet au centre de la base, ne lui est pas perpendiculaire, sont égaux aux prismes perpendiculaires ou reguliers, qui ont même base & même hauteur perpendiculaire.

C'est la même chose des Cylindres obliques à l'égard des Cylindres droits.

Car considerant la solidité du Cylindre ou prisme perpendiculaire, comme divisée en tel nombre de tranches paralleles à la base que l'on voudra. La somme des tranches qui se trouvera dans ce prisme perpendiculaire, sera égale à la somme des tranches qui se trouvera dans le prisme oblique, puisque le droit & l'oblique peuvent être enfermés entre deux paralleles, & sont supposés avoir la même hauteur.

Il s'ensuit encore que plusieurs prismes dont toutes les bases prises ensemble, sont égales à une seule base, seront égaux en solidité au prisme, qui aura cette seule base égale à toutes les autres, & la même hauteur.

Par consequent tout prisme Polygone quelconque, peut être divisé en autant de prismes triangulaires qu'il a de côtés, & tous ces prismes triangulaires pris ensemble, seront égaux au prisme total.

Première Proposition.

Les Pyramides de même base & de même hauteur sont égales.

Soient conçûes les Pyramides divisées en tel nombre de tranches paralleles à la base que l'on voudra. Si chaque tranche est égale à chaque tranche correspondante, la perpendiculaire *MA*, étant supposée égale à la perpendiculaire *FN*, il y aura autant de branches d'un côté que d'autre ; & par consequent de côté & d'autre, une somme égale de choses égales chacune à chacune; d'où s'ensuivra que le tout sera égal au tout. Or pour démontrer qu'une tranche est égale à sa correspondante, il faut les supposer si minces, que ce ne soit plus que de simples superficies de figures, & démontrer que chaque figure est égale à sa correspondante.

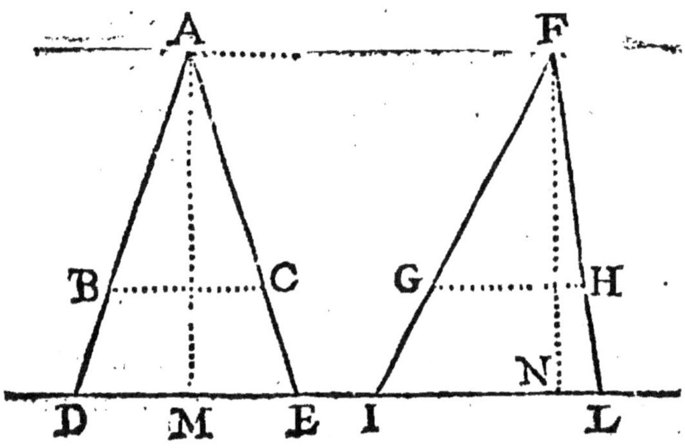

Soient *DAE*, *IFL*, deux faces de pyramides de même hauteur supposées entre les parallèles *AF*, *DL*, & leurs sommets aux points *A*, *F*. Soit supposé encore un plan qui les coupe parallelement à la base, & qui forme sur les deux faces les sections *BC*, *GH*, parallèles aux deux lignes égales *DE*, *IL*, qui sont chacune un côté des bases égales des deux pyramides. Si nous considerons ici la face *DAE*, de l'une, & la face *IFL*, de l'autre, il nous sera aisé de démontrer que la ligne *BC*, est égale à la ligne *GH*, puisque la ligne *DE*, est égale à la ligne *IL*; car par la 6ᵉ Proposition du 6ᵉ Livre, la base *BC*, est à la base *GH*, comme la base *DE*, à la base *IL*. On démontrera la même chose sur chacune des faces des deux pyramides; donc la tranche qui a *BC*, pour l'un de ses côtés, est égale à la

tranche qui a pour l'un de ſes côtés *G H*, donc les
deux pyramides ſont égales en ſolidité.

COROLLAIRE.

Les pyramides de même baſe ſont entre elles comme leurs hauteurs , & les pyramides de même hauteur ſont entre elles comme leurs baſes ; d'où ſuit
que :

Si pluſieurs pyramides priſes enſemble, ſont toutes de même hauteur chacune , qu'une autre pyramide dont la baſe ſoit égale à toutes les baſes des
autres ; cette derniere pyramide ſera égale en ſolidité à toutes les autres.

SECONDE PROPOSITION.

Tout priſme triangulaire peut être diviſé en trois
pyramides égales en ſolidité , & par conſéquent toute pyramide triangulaire eſt le tiers d'un priſme de
même baſe & de même hauteur.

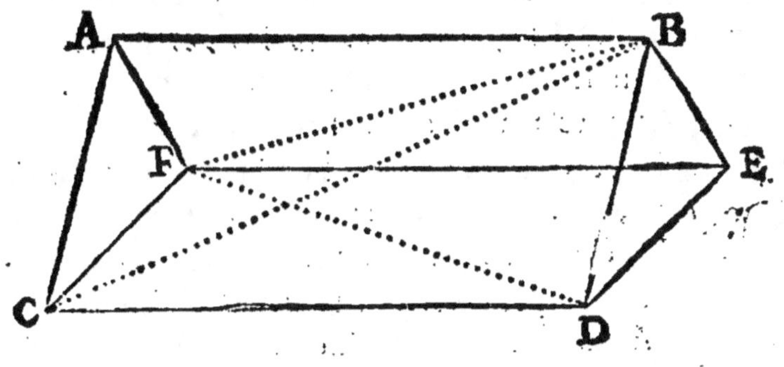

Soit le priſme *ABEFCD*, couché ſur une de ſes
faces, qui eſt le rectangle *CDEF*, & qui a pour
ſes deux autres faces, les rectangles *ABCD*, *ABEF*.
Soient chacun de ces trois rectangles diviſés par les
Diagonales *DF*, *BC*, *BF*, il ſe forme par cette di-

vision trois pyramides. L'une *FBCA*, l'autre *FEDB*, & l'autre *FCDB*. Ces trois pyramides sont necessairement égales : car chacune des trois peut être considerée, comme ayant pour base la moitié d'un rectangle, c'est à dire, un triangle, & pour hauteur la perpendiculaire de l'un ou de l'autre des petits triangles égaux *ACF*, *BDE*.

Par exemple, la pyramide *FBCA*, a pour base le triangle *ABC*, & pour hauteur la perpendiculaire, qui tombe du sommet *F*, sur le côté *AC*.

La seconde *FEDB*, a pour base le triangle *FED*, & pour perpendiculaire ou hauteur, celle qui tombe du point *B*, sur le côté *DE*.

La troisiéme a pour base le triangle *CDF*, & pour hauteur la même perpendiculaire. Ces trois pyramides sont donc égales, en solide & par conséquent le prisme triangulaire est égal à trois pyramides de même base & de même hauteur.

COROLLAIRE.

Ce que l'on vient de démontrer par la pyramide triangulaire à l'égard de son prisme, s'applique aisément à toute autre pyramide Pentagonale, Hexagonale, &c. comparée avec un prisme de même genre, puisque tout prisme peut être reduit en prismes triangulaires, aussi-bien que toute pyramide en pyramides triangulaires, & que toutes les bases de ces solides triangulaires prises ensemble, étant égales à la base totale, les hauteurs égales, donnent une parfaite égalité de part & d'autre, en sorte que toutes les pyramides triangulaires sont égales à la totale. Tous les prismes triangulaires égaux au prisme total, & par conséquent la pyramide totale, est le tiers du prisme total.

II. Corollaire.

Le cone est le tiers du Cylindre, qui a même base & même hauteur : car le cone est une pyramide reguliere d'une infinité de côtés, comme le Cylindre est un prisme regulier d'une infinité de côtés.

Troisie'me Proposition.

La solidité de la demi-Sphere, est égale aux deux tiers du Cylindre, qui a même base & même hauteur.

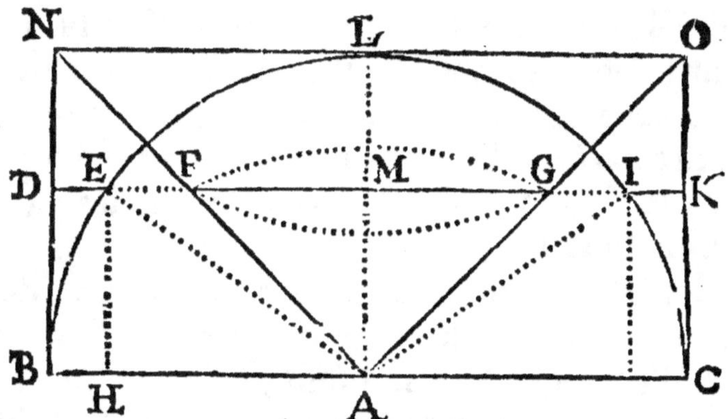

Soit supposé un Cylindre, ayant pour base un cercle dont le diametre soit *BAC*, & pour hauteur la ligne *BN*, moitié du diametre *BC*, terminée par la ligne *NLO*, égale au diametre *BC*, laquelle ligne *NLO*, est diametre du cercle opposé à la base du Cylindre. Sur le plan du rectangle *BCON*, soit décrit le demi-cercle *BLC*, representant la demi-Sphere. Soit representé un cone par le triangle *NAO*, lequel cone auroit pour base un cercle ayant *NO*, pour diametre, & par consequent égal à la base du Cylindre, pour s'exprimer autrement & aider l'imagination.

Supposons que le rectangle *BCON*, tourne sur l'axe *LA*, la ligne *NB*, décrira la surface cylindrique ; le cercle *BLC*, décrira la demi-Sphere ; les lignes *NA*, *AO*, décriront le cone.

La ligne *LA*, eſt l'axe commun au Cylindre, au cone & à la demi-boule. Soit encore tirée une ligne, comme *DK*, parallele à *BC* ; cette ligne *DK*, tournant autour de l'axe *LA*, décrira un cercle égal à la baſe du Cylindre & formera un plan qui coupera la demi-Sphere aux points *FG* : il eſt viſible que la ſection *FG*, ſera un cercle ayant *FG*, pour diametre.

Le cone tótal *NAO*, n'eſt autre choſe qu'une infinité de cercles poſés parallelement l'un ſur l'autre, dont le nombre quel qu'il puiſſe être eſt meſuré par la perpendiculaire *LA*, en ſorte que ſi la perpendiculaire *LA*, eſt ſuppoſée contenir 100000 parties, le cone *NAO*, aura 100000 cercles paralleles dans ſa ſolidité.

Conſiderons maintenant que ſi l'on ôte du Cylindre, la ſolidité de la demi-Sphere, reſtera une eſpece d'écuëlle, dont le profil, ou pour mieux dire, la ſection eſt repreſentée par la figure *NBELCO*. Cette écuëlle dans ſa ſolidité, eſt compoſée d'une infinité de plans poſés parallelement l'un ſur l'autre, & qui environnent la Sphere en forme de couronnes ; par exemple. Quand la ligne *DK*, tourne ſur l'axe *LA*, & que ſa portion *FG*, décrit un des cercles du cone, ſa portion *DE*, ou *IK*, décrit autour de la Sphere, un plan qui l'entourre en forme de couronne, & qui a *DE*, pour largeur. Or l'écuëlle contient néceſſairement dans ſa ſolidité, autant de couronnes, qu'il y a de cercles paralleles dans la ſolidité du cone, puiſque le nombre en eſt meſuré par la même perpendiculaire *LA*, ou *NB*.

Si je puis donc faire voir que la couronne qui a *DE*, pour largeur, eſt égale en aire au cercle qui a

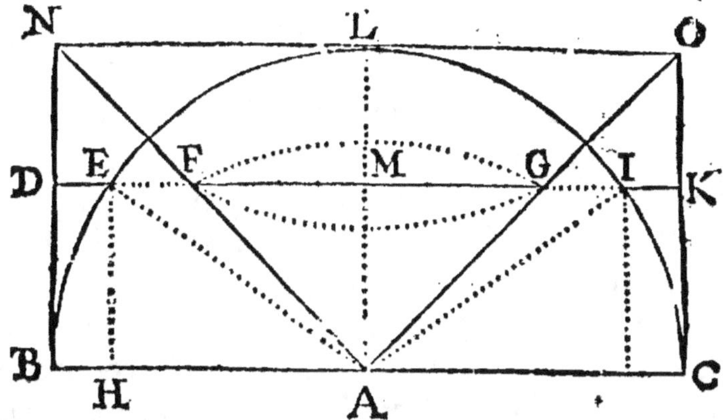

FG, pour diametre, la même chose s'enfuivra de toutes les autres couronnes, comparées avec leurs cercles correfpondans dans le cone, & par confequent la fomme totale des couronnes qui forment l'écuëlle, fera égale à la fomme totale des cercles qui forment le cone ; donc la folidité de l'écuëlle fera égale à la folidité du cone ; ce qui étant une fois démontré, comme le cone *NAO*, eft le tiers du Cylindre *BCON* ; l'écuëlle en fera pareillement le tiers, & par confequent la demi-boule en fera les deux tiers.

Je n'ay donc plus qu'à démontrer l'égalité de la couronne *DE*, & du cercle qui a *FG*, pour diametre ; pour cela :

Du point *E*, foit menée la perpendiculaire *EH*, & foit tiré le rayon *EA*.

Il eft vifible que les lignes *DM*, *BA*, *EA*, font égales ; ainfi je puis prendre les unes pour les autres, toutes les fois qu'il me plaira.

De même, les lignes *EH*, *MA*, *MF*, font égales, parce que les lignes *AL*, *LN*, le font auffi ; je puis donc prendre pareillement les unes pour les autres.

Le triangle *EHA*, eft rectangle ; donc le cercle qui

qui en aura l'hypothenuse pour raïon, sera égal
aux deux cercles, qui auront pour raïon les lignes
EH, *HA*, par le septiéme corollaire de la troisiéme Proposition du neuviéme Livre.

Si donc du cercle qui a *AE*, pour raïon, j'ôte
le cercle qui a *AH*, pour raïon, restera la valeur
de l'aire du cercle qui a *EH*, pour raïon.

C'est à dire, en prenant les lignes égales ; si du
cercle qui a *DM*, pour raïon, j'ôte le cercle qui a
EM, pour raïon, restera la valeur du cercle qui a
FM, pour raïon.

Or quand j'ôte du cercle qui a *DM*, pour raïon,
le cercle qui a *EM*, pour raïon, je forme la couronne qui a *DE*, pour largeur ; donc cette couronne
est égale à l'aire du cercle qui a *FM*, pour raïon.

QUATRIÉME PROPOSITION.

La superficie de la demi-Sphere, est égale à la superficie cylindrique de même base & de même hauteur.

Soit un
rectangle
DBCE,
& du point
A, milieu
de sa base,
soient ti-
rées les li-
AD, *AE*
& la per-
perpendiculaire *AG*.

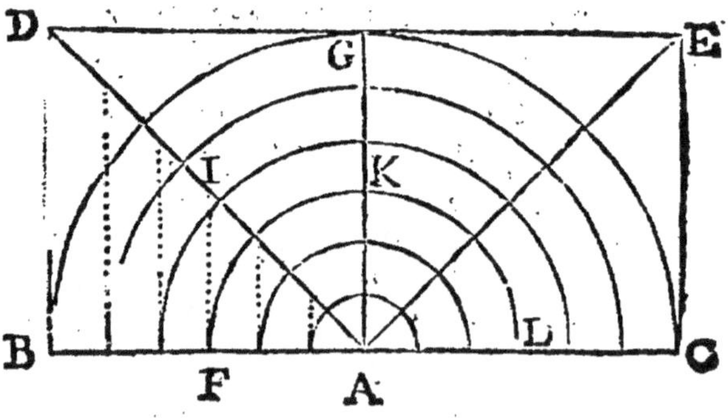

Si l'on fait tourner ce rectangle sur son axe *AG*,
les côtés décriront une surface cylindrique, & la
ligne *AD*, décrira un cone.

Si du cylindre *DBCE*, vous ôtés la solidité du co-

ne *DAE*,
restera un
espece
d'enton-
noir dont
le profil,
ou plûtôt
la Section
est repre-
sentée par
la figure
DBAEC.

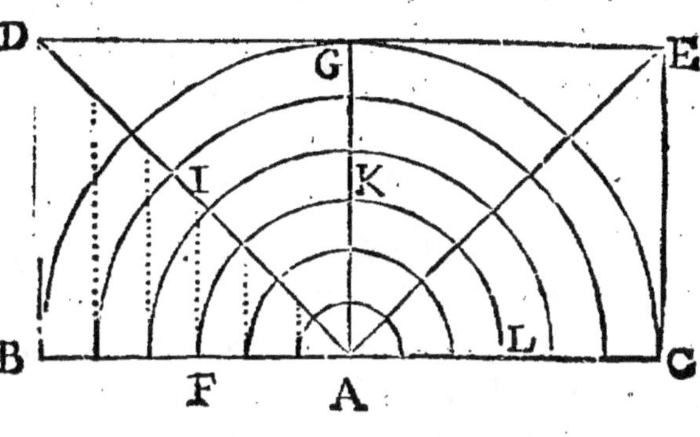

Cet entonnoir est égal en solidité à la demi-Sphere *BGC*, puisque l'un & l'autre est les deux tiers
du cylindre dont le cone est le tiers.

Cela supposé, je divise par la pensée la demi-
Sphere en une infinité de calotes, representées par
les cercles concentriques ; je divise pareillement
l'entonnoir en une infinité de superficies cylindriques, toutes concentriques, c'est à dire, ayant *AG*,
pour axe. Il est visible qu'il y a autant de calotes
dans la solidité de la demi-Sphere, qu'il y a de superficies cylindriques dans l'entonnoir, puisque le
nombre quel qu'il soit, en est mesuré par le même
rayon *AB* ; il est visible d'ailleurs que la grande
superficie cylindrique *BD*, est à la grande superficie spherique *BGC*, comme la superficie cylindrique *FI*, est à la superficie spherique correspondante *FKL.*

Or comme tout l'entonnoir est égal à toute la
demi-Sphere, c'est à dire la somme des calotes égale à la somme des superficies cylindriques, si la premiere calote étoit plus grande ou moindre que la
premiere superficie cylindrique, chaque calote seroit plus grande ou moindre que sa superficie cylin-

drique correspondante, & le tout d'une part plus grand ou moindre que le tout de l'autre, contre la supposition ; donc la premiere superficie cylindrique est égale à la premiere superficie spherique.

COROLLAIRE.

Dans cet exemple, la superficie cylindrique est double de l'aire du cercle qui lui sert de base. Car nous avons vû que pour avoir l'aire d'un cercle, il faut multiplier la demi-circonference par le raïon, & pour avoir icy la superficie cylindrique, il faut multiplier par le raïon la circonference entiere, puisque la superficie cylindrique est conçûë décrite par la circonference, coulant parallelement à elle-même le long du raïon ; donc la superficie de la demi-boule qui lui est égale, est double du cercle qui lui sert de base.

II. COROLLAIRE.

La superficie de la Sphere est quadruple de l'aire de son grand cercle, car la demi-Sphere ayant sa superficie double ; la Sphere entiere a sa superficie quadruple de l'aire du même cercle. Voilà cette merveilleusé Proposition que son premier Inventeur Archimede, ordonna qu'on écrivit sur son tombeau.

CINQUIE'ME PROPOSITION.

Si de la demi-Sphere representée par DOB, l'on retranche le segment COA, formé par le plan GH, parallele au diametre BD ; la solidité de la portion de Sphere restante $DCAB$, est égale aux deux tiers de Cylindre $GBDH$, plus la solidité du cone CPA, qui a pour base le cercle qui separe les deux segmens.

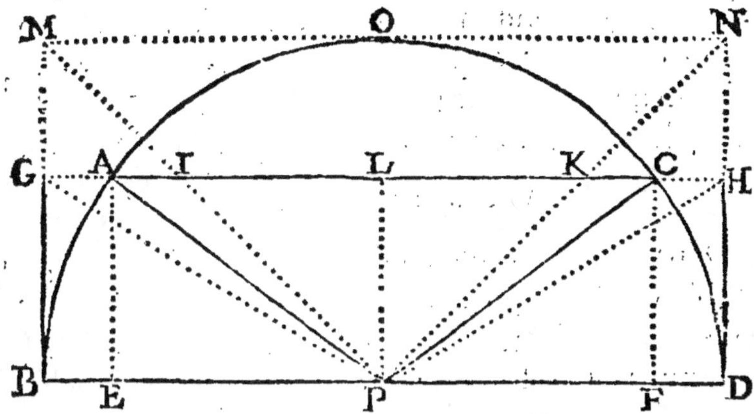

Pour le prouver , je démontre d'abord que la cuvette convexe *PBAPDC* , est les deux tiers du cylindre *GBDH* , qui a même base & même hauteur;
Pour cela , je meine les Diagonales *PM* , *PN* , &
les perpendiculaires *AE* , *CF* ; je meine de plus les
lignes *PG* , *PH*. Premierement le cone *IPK* , est
égal à la portion d'écüelle *GBA* , *HDC* ; parce que
chaque cercle dans le cone , ainsi qu'il a été démontré , est égal à chaque couronne correspondante
dans l'écüelle.

Si donc le cone *IPK* , est le tiers du canon
GBEAHDFC , la portion d'écüelle *GBA* , *HDC* ,
fera pareillement le tiers du canon , & par consequent le Solide mixte *BAE* , *DCF* , sera les deux
tiers du canon. J'appelle canon , la solidité comprise entre les deux superficies cylindriques & concentriques par les lignes *GBAECFDH* , c'est à dire , pour m'exprimer autrement , ce qui reste du cylindre *GBDH* , quand on a retranché interieure-
ment le cylindre *AECF*.

Il faut donc que je démontre d'abord que le canon est triple du cone *IPK* ; or cela est aisé à prouver , puisque pour avoir leurs solidités , je multiplie
le même aire par deux hauteurs dont l'une est tri-

ple de l'autre ; car pour avoir la solidité du canon, je multiplie la couronne *G A C H*, par la hauteur *G B* ; & pour avoir la solidité du cone *I P K*, je multiplie l'aire du cercle *I K*, qui est égale à la couronne, seulement par le tiers de cette hauteur ; donc ce cone est le tiers du canon, donc la solidité mixte *B A E D C F*, est les deux tiers du canon.

Considerant maintenant la cuvette *E A P C F*, je vois qu'elle est les deux tiers du cylindre *A E F C* ; donc cette cuvette jointe avec le Solide *B A E D C F*, est les deux tiers du canon & du cylindre *A C E F*, c'est à dire, de tout le cylindre *G L H B P D*. Or cette cuvette avec le Solide mixte, compose la cuvette totale spherique *B A P C D* ; donc cette cuvette spherique est les deux tiers du cylindre *G H B D*, qui a même base & même hauteur.

Si maintenant à cette cuvette spherique dont la solidité m'est connuë, j'ajoûte la solidité du cone *A P C*, j'aurai la solidité du segment de Sphere en question ; donc tout segment de demi-Sphere ayant un grand cercle pour base, est égal aux deux tiers du cylindre de même base & de même hauteur que lui, plus le cone de même hauteur, qui a pour base le petit cercle qui forme le segment.

COROLLAIRE.

La cuvette spherique *B A P C D*, est égale en solidité à la cuvette cylindrique *G B P D H*, puisque l'une & l'autre est les deux tiers du cylindre qui a même base & même hauteur.

SIXIE'ME PROPOSITION.

La superficie d'une portion de demi-Sphere, est égale à la superficie cylindrique du cylindre qui a même base & même hauteur.

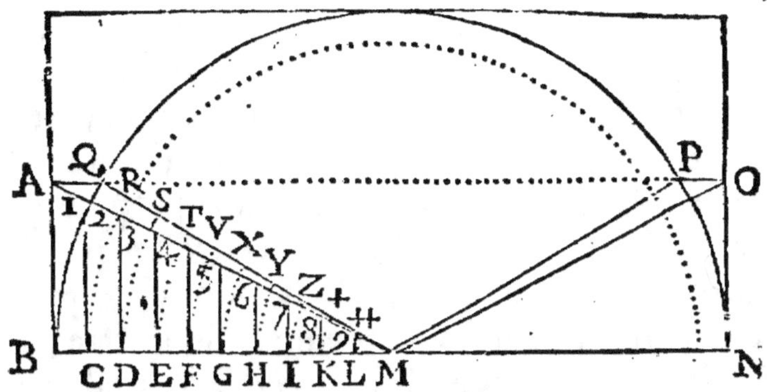

Soit une portion de demi-Sphere $BQPNM$, dont le grand cercle qui lui sert de base ait la ligne BMN, pour diametre, & soit le cylindre $BAON$, de même base & de même hauteur, je dis que la superficie cylindrique est égale à la spherique. Soient tirées les lignes MA, MQ, MO, MP.

Pour le prouver, si du cylindre je retranche le cone AMO, restera la cuvette cylindrique $ABMNO$ égale en solidité par le precedent Corollaire à la cuvette spherique $QBMNP$, qui reste du segment proposé lorsqu'on en retranche le cone QMP; je divise par la pensée la cuvette cylindrique, en une infinité de superficies cylindriques & concentriques, telles que sont AB, $1C$, $2D$, $3E$, $4F$, $5G$, $6H$, $7I$, $8K$, $9L$. Je divise aussi par la pensée la cuvette spherique en une infinité de portions de superficies spheriques & concentriques, telles que sont QB, RC, SD, TE, VF, XG, YH, ZI, $†K$, $‡L$.

Il est évident qu'il y a autant de superficies cylindriques pour composer la cuvette cylindrique, que de superficies spheriques pour composer la solidité de la cuvette spherique, parce que le nombre des superficies cylindriques est mesuré par le raion BM, & que le nombre des superficies spheriques est mesuré par le même raïon. Si donc la premiere superficie cylindrique étoit plus grande ou moindre que la premiere spherique, la seconde seroit plus grande ou plus petite que la seconde , & la totalité d'une part plus grande ou moindre que la totalité de l'autre ; c'est à dire, la solidité de la cuvette cylindrique plus grande ou moindre que la solidité de la cuvette spherique, contre le Corollaire precedent ; donc la premiere d'une part est égale à la premiere de l'autre, c'est à dire, la superficie cylindrique *A B O N*, égale à la superficie spherique *Q B N P*. *Ce qu'il falloit démontrer.*

De la comparaison des Solides.

Comme nous avons eu besoin pour la comparaison des plans , de la raison de la Longueur à la Longueur , & de la Largeur à la Largeur , ce qui nous a obligés d'avoir recours à la Raison composée de deux Raisons ; icy étant obligés de comparer trois dimensions, il faut necessairement considerer une Raison composée de trois Raisons.

DEFINITION.

Lorsqu'ayant trois Raisons, comme par exemple, la Raison de 1 à 3 , la Raison de 2 à 7 , la Raison de 4 à 5, je les dispose comme il suit , 1 , 3. 2 , 7. 4 , 5. & que je multiplie les trois Antecedens l'un par l'autre , & les trois Consequences de même ; il me vient deux nouveaux termes, comme 8 , 105. Ces deux nouveaux termes forment une nouvelle Raison , qui est dite Raison composée de trois autres.

Si les trois Raisons composantes sont égales, comme par exemple.   1 , 2. 3 , 6. 4 , 8.

La Raison qui sera composée de ces trois Raisons égales comme 12 , 96 , sera dite Raison triplée de la Raison 1 à 2 , ou de 3 à 6 , qui est la même.

Il faut prendre garde à ne pas confondre la Raison triplée avec la Raison triple, car 12 & 96 sont en Raifon triplée de 1 à 2 , & non pas en Raifon triple ; ce feroit 12 & 72, qui feroient en Raifon triple de 1 à 2.

Maintenant confiderons ces deux Parallelipipedes.

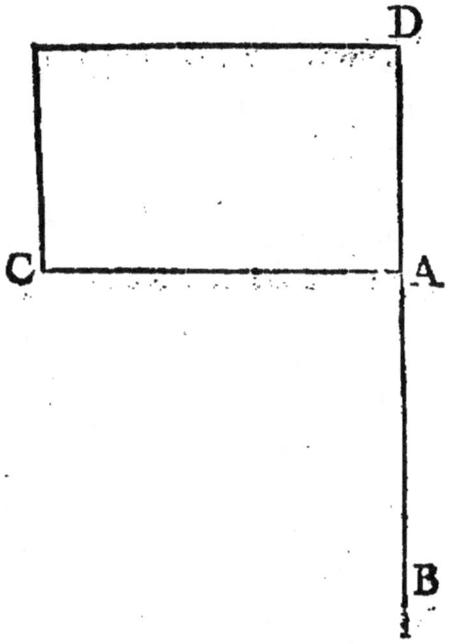

Le premier ayant pour bafe le rectangle *ADC*, & le fecond pour bafe le rectangle *E G H* ; le premier pour hauteur la ligne *A B*, & le fecond pour hauteur la ligne *E F*.

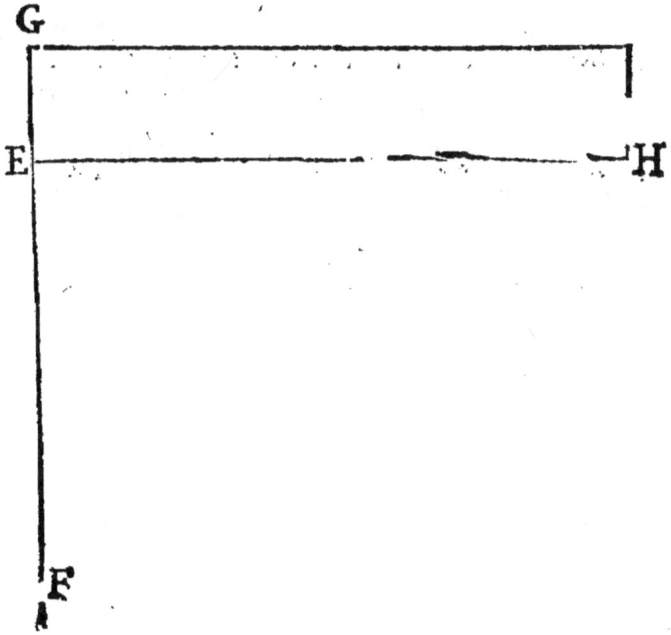

Il eft certain que pour avoir la folidité du premier Parallelipipede, je dois multiplier *AD*, par *AC*, pour avoir la bafe ; puis multiplier ce produit par la hauteur *A B*, pour avoir la folidité, c'eft à dire, que je dois multiplier les trois dimenfions l'une par l'autre, il en eft de même de l'autre Parallelipipede.

Donc fi je difpofe ces trois dimenfions d'une part, en forte qu'elles foient chacune l'Antecedent d'une Raifon, & que d'autre part je difpofe les trois dimenfions du fecond Parallelipipede, en forte qu'elles foient chacune le Confequent d'une Raifon; il eft vifible que la Raifon compofée de ces trois Raifons, fera la même chofe que les deux Parallelipipedes, & par confequent qu'elle m'en exprimera le rapport.

Voilà, par exemple, les trois Raifons de *AD*, à *EG*;

A——————D,
E——G.
C———————————A,
E————————————————H.
A————————————B,
E————————————F.

de *CA*, à *EH*; & de *AB*, à *EF*.

Les trois Antecedens *AD*, *CA*, *AB*, multipliés l'un par l'autre, donnent le premier Parallelipipede; & les trois Confequens *EG*, *EH*, *EF*, donnent le fecond.

D'où s'enfuit, fuivant nôtre définition que le premier Parallelipipede, eft au fecond en Raifon compofée de la Raifon de la ligne *AD*, à la ligne *EG*; de la Raifon de la ligne *CA*, à la ligne *EH*; & de la Raifon de la ligne *AB*, à la ligne *EF*, c'eft à dire, de la largeur à la largeur, de la longueur à la longueur, & de la hauteur à la hauteur.

Si ces trois Raifons avoient été égales, c'eft à dire, fi la largeur avoit été à la largeur, comme la longueur à la longueur, & la hauteur à la hauteur, ces deux Parallelipipedes euffent été appellés

Solides femblables, & auroient été l'un à l'égard de l'autre en Raifon triplée de la largeur de l'un à la largeur de l'autre, ou de la hauteur à la hauteur, ou de la longueur à la longueur.

Si donc je fçai, par exemple, que la longueur de l'un, ou la largeur de l'un, ou la hauteur de l'un de ces deux Solides femblables, foit double de la longueur, de la largeur, ou de la hauteur de l'autre, je n'ai qu'à prendre la Raifon triplée de 2 à 1, pour avoir tout d'un coup le rapport qui eft entre leurs folidités ainfi.

2, 1. 2, 1. 2, 1.

Je multiplie les trois Antecedens l'un par l'autre, & les trois Confequens de même ; vient la Raifon 8, 1 ; d'où je connois que l'un de ces deux Parallelipipedes femblables eft octuple de l'autre. Reduifons maintenant ceci en Propofitions.

SEPTIE'ME PROPOSITION.

Les Parallelipipedes font en Raifon compofée de la largeur à la largeur, de la longueur à la longueur, & de la hauteur à la hauteur.

HUITIE'ME PROPOSITION.

Les Parallelipipedes femblables, font en Raifon triplée de leurs dimenfions homologues. Cela eft démontré.

NEUVIE'ME PROPOLITION.

Les Prifmes triangulaires font entre eux comme les Parallelipipedes dont ils font les moitiés. Cela n'a pas befoin d'explication.

DIXIE'ME PROPOSITION.

Les Prifmes triangulaires femblables font entre

eux en Raiſon triplée de leurs dimenſions homologues. Cela eſt démontré.

COROLLAIRE.

Tous les Priſmes ſemblables Pentagonaux, Hexagones, &c. ſont entre eux en Raiſon triplée de
leurs dimenſions homologues, car ils peuvent être
reduits en Priſmes triangulaires.

ONZIE'ME PROPOSITION.

Les Pyramides ſemblables ſont entre elles en
Raiſon triplée de leurs dimenſions homologues, car
étant le tiers de leurs Priſmes, elles ſont entre elles
en même Raiſon.

DOUZIE'ME PROPOSITION.

Les Cylindres ſont entre eux en Raiſon compoſée de la baſée à la baſe & de la hauteur à la hauteur : car ce ſont des Priſmes reguliers d'une infinité de côtés.

COROLLAIRE.

Les Cylindres ſemblables, c'eſt à dire, dont la
hauteur eſt à la hauteur, comme le raïon ou la
circonference de la baſe, eſt au raïon ou à la circonference de l'autre baſe, ſont entre eux en Raiſon triplée de leurs dimenſions homologues.

II. COROLLAIRE.

Les Cones ſemblables ſont entre eux en Raiſon
triplée de leurs dimenſions homologues, car ils ſont en
même Raiſon que les cylindres dont ils ſont le tiers.

III. COROLLAIRE.

Les Spheres ſont entre elles en Raiſon triplée de

leurs raïons ; car ces Spheres font chacune les deux tiers d'un cylindre, & ces cylindres font femblables, puifque la hauteur eft à la hauteur, comme le diametre de la bafe de l'un, au diametre de la bafe de l'autre, & comme la circonference de la bafe à la circonference.

En un mot, tous les Corps ou Solides femblables de même genre, font entre eux en Raifon triplée de leurs dimenfions homologues.

Ainfi fi l'on me prefente, par exemple, deux boulets de canon, tels que le raïon de l'un foit double du raïon de l'autre ; je vois d'abord que la folidité du plus gros, fera octuple de la folidité du moindre ; car il faut prendre la Raifon triplée de 1 à 2.

1, 2. 1, 2. 1, 2.

La multiplication des trois Antecedens donne 1, & celle des trois Confequens donne 8, ainfi j'ay 1, 8. pour Raifon triplée de la Raifon des raïons.

On expliquera aifément par-là, pourquoi un gros boulet, toutes proportions gardées, va beaucoup plus loin qu'un moindre ; car fi le boulet de huit livres eft fuppofé partir avec la même vîteffe que le boulet d'une livre, il faut qu'il ait huit fois autant de mouvement que le petit ; puifqu'ayant huit fois autant de pefanteur, il faut une force octuple pour le mouvoir avec autant de rapidité.

Mais en même temps qu'il a huit fois autant de pefanteur, fa furface n'eft que quadruple de la furface du petit boulet, par le fecond Corollaire de la quatriéme Propofition de ce Livre, puifque ces deux furfaces font entre elles comme les aires des grands cercles, & que ces aires font en Raifon doublée des rayons, c'eft à dire, comme 1 eft à 4.

Or les corps qui fe meuvent, ne perdent de leur

mouvement, qu'à proportion de ce qu'ils en communiquent à ceux qui les environnent, & ils n'en communiquent qu'à proportion de leurs surfaces.

Si donc le boulet de huit livres est supposé dans une seconde de temps avoir perdu quatre degrés de mouvement de huit qu'il avoit, le petit boulet dont la surface est le quart de l'autre surface, aura pendant la même seconde, perdu un degré de mouvement, qui est tout ce qu'il en avoit. Ainsi quand il a perdu tout le sien, l'autre en conserve encore la moitié de ce qu'il avoit en partant.

Pour faire encore quelque usage de ce que nous venons de dire sur les Solides, considerons le globe terrestre.

La circonference d'un de ses grands cercles, est de 9000 lieuës, c'est à dire, de 25 lieuës par degré, suivant les Observations astronomiques.

Or la circonference d'un cercle est à son diametre à peu près comme 22 est à 7, suivant la proportion assignée par Archimedes, & à laquelle il faut s'arrêter pour l'usage, quoiqu'on pût approcher toûjours de plus en plus de la précision, mais sans y pouvoir jamais arriver.

Donc le rayon de la terre, est environ de 1431 lieuës.

Si donc je multiplie 4500 lieuës moitié de la circonference par 1431 qui est le rayon, viendra au produit 6439500 lieuës pour l'aire d'un grand cercle.

Le quadruple de cette somme qui est 25758000 lieuës, sera la surface du globe terrestre par le second Corollaire de la quatriéme Proposition de ce Livre.

Que si je veux en avoir la solidité ; je multiplie l'aire du grand cercle par 2863 lieuës, qui est le diametre ; vient au produit 18429849000 lieuës, qui est la solidité d'un cylindre de même base, & de même hauteur.

Je prens les deux tiers de cette somme, qui font 12286566000 lieuës, & c'est la solidité du globe terrestre par la troisiéme Proposition de ce Livre.

Si je veux maintenant comparer le globe terrestre avec celui du Soleil, dont le raïon est cent fois plus grand que celui de la terre. Je sçai d'abord que leurs surfaces font en Raison doublée de leurs raïons ; or la Raison doublée de 1 à 100, est 1, 10000 ; donc la surface du Soleil, est dix mille fois plus grande que celle de la terre, c'est à dire, qu'elle est de 257580000000 lieuës.

Je sçai de plus que leur solidité est en Raison triplée de leurs raïons.

Or la raison triplée de 1 à 100, est 1, 1000000 ; donc la solidité du Soleil contient un million de fois la solidité de la terre, c'est à dire, que la solidité du Soleil contient 12286566000000000 lieuës.

AVERTISSEMENT.

On vient de voir de quelle utilité est la Geometrie des indivisibles pour l'explication des Solides. Ceux qui auront la curiosité de porter leurs speculations plus avant, ne seront pas fâchés de voir les Propositions suivantes, qui ouvrent un champ infini, pour arriver aux plus sublimes verités de la Geometrie.

Pour entendre bien clairement ce qui suit ; il faut se souvenir ; que nous considerons les surfaces, comme composées de lignes paralleles ; & que nous considerons les Solides, comme composés de surfaces.

Par exemple, en conside-
rant le rectangle *ABCD*,
je le suppose composé
d'autant de lignes paral-
leles à *CD*, qu'il y a de
points dans la ligne *AC*,
& ma supposition ne sçau-
roit manquer d'être vraie,
puisque si l'on suppose la
la ligne *CD*, coulant parallelement à soi-même,
elle parcourera tous les
points de la ligne *AC*,
pour arriver au point *A*,
& décrira la superficie du
rectangle.

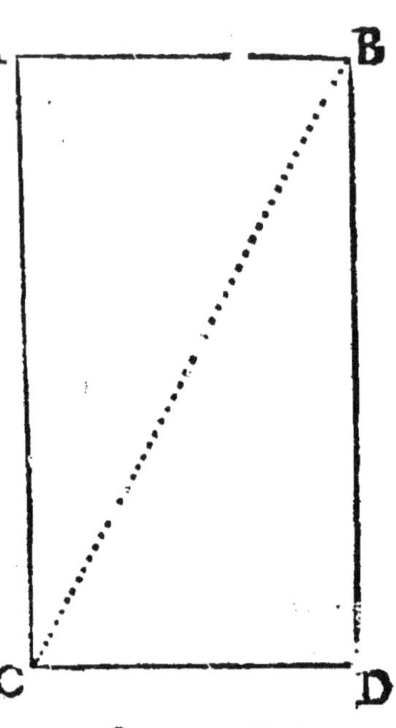

Or cette ligne *CD*, & toutes ses paralleles qui
remplissent la surface du rectangle, sont appellés
les Elemens de la figure, qui sont tous égaux entre eux.

Si au lieu de considerer le rectangle, je considere le triangle *BDC*; je puis supposer que sa superficie est remplie par la base *CD*, coulant parallelement à soi-même jusques en *B*, mais à mesure
que la base *CD*, avance vers le point *B*, elle perd
toûjours de sa longueur, en sorte que la superficie
du triangle est remplie par des paralleles inégales
entre elles, & qui sont cependant appellées les Elemens du Triangle.

Or il est visible, qu'y ayant autant de points dans
la ligne *BD*, que dans la ligne *AC*; il y a autant
d'élemens, ou si vous voulés de paralleles dans le
triangle, que dans le rectangle; mais les Elemens
du triangle décroissant toûjours; il ne faut pas s'é-
tonner si sa surface est moindre que celle du rec-

tangle, dont les Elemens ne décroissent point.

De même on peut considerer un Parallelipipede rectangle, comme composé d'une infinité de rectangles paralleles, ou si vous voulés, comme formé par le rectangle qui lui sert de base, & qui coule parallelement à soi-même, par tous les points de la hauteur du Parallelipipede, alors tous ces rectangles paralleles sont appellés les Elemens du Parallelipipede, & sont aussi tous égaux entre eux.

Mais si je considere une Pyramide ayant même base & même hauteur que le Parallelipipede. Pour la concevoir formée par la base coulant parallelement à elle-même, il faut que je conçoive que cette base va toûjours en diminuant à mesure qu'elle approche du sommet de la Pyramide, & qu'ainsi tous ces rectangles paralleles qui en forment la solidité, sont veritablement en même nombre que les rectangles du Parallelipipede, parce que la hauteur est la même; mais qu'allant toûjours en diminuant, la solidité de la Pyramide doit être moindre que celle du Parallelipipede. Ces rectangles diminuant dans une certaine proportion, sont appellés les Elemens de la Pyramide.

Ainsi le nombre infini des superficies spheriques, qui composent la solidité d'un Globe ou Sphere, & qu'on suppose passer par tous les points du raïon de la Sphere, & aller toûjours en diminuant jusques au centre, seront nommés les Elemens de la Sphere; il est aisé d'appliquer ces considerations aux Cylindres, aux Cones, aux Prismes, &c.

PROPOSITION.

Si l'on a deux Figures, deux Solides, en un mot deux Grandeurs homogones à comparer l'une avec l'autre, & que ces deux Figures, ou Solides étant

de

de même hauteur, les élemens de l'une ne décroiſſent point , pendant que les élemens décroîtront
toûjours dans la même Raiſon que les hauteurs; la
Figure ou Solide , dont les élemens ne décroiſſent
point, ſera double de la Figure ou Solide dont les élemens décroiſſent en même Raiſon que les hauteurs.

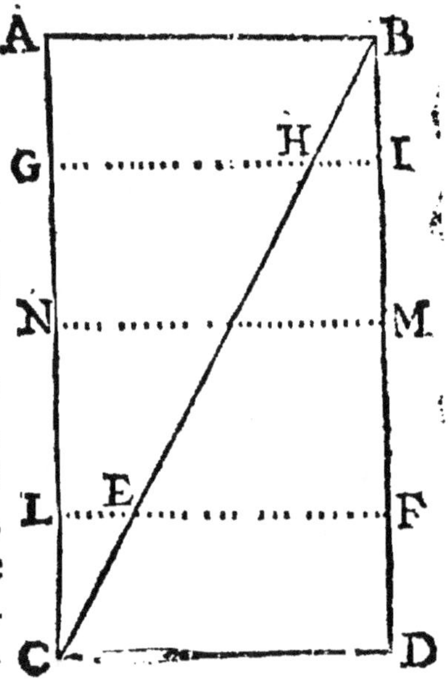

Soit, par exemple, le
rectangle *ABCD*, dont
les élemens ſoient *C D*,
LF,GI, égaux entre eux,
auſſi-bien que tous ceux
qu'on doit ſuppoſer paſ-
ſer par tous les points de
la hauteur *AC*.

Soit le triangle *BDC*,
dont la hauteur ſoit *BD*,
égale à celle du rectangle;
que ſes élemens ſoient*CD*,
EF, *HI*, il eſt viſible que
l'élément *C D*; eſt à l'élement *EF*, comme la hau-
teur *BD*, eſt à la hauteur
B F, & que l'élement *C D*, eſt à l'élement *H I*,
comme la hauteur *BD*, eſt à la hauteur *BI*; ainſi
il eſt évident que les élemens du triangle décroiſſent en même Raiſon que les hauteurs.

Je dis que le rectangle eſt double du triangle ; cela
eſt évident, mais voicy la démonſtration generale
par rapport à la proportion des élemens.

Soit priſe la ligne *BI*, égale à la ligne *C L*, &
ſoient tirées les lignes *G I, LF*.

Les triangles *B I H, CLE*, ſont ſemblables à
cauſe des paralleles ; donc à cauſe de l'égalité des
lignes *BI, CL*, la ligne *HI*, eſt égale à la ligne
LE ; donc deux lignes, ou ſi vous voulés, deux éle-

M

mens du triangle, comme E F, H I, pris ensemble sont égaux au seul élement du rectangle L F ; ce que l'on démontrera de même de deux élemens quelconques du triangle également distans des points B, D ; cela étant, puisqu'il y a autant de lignes paralleles dans la surface du triangle, que dans la surface du rectangle, à cause de l'égalité des hauteurs, & qu'il faut deux lignes du triangle pour égaler une ligne du rectangle, toutes les lignes du triangle prises ensemble, ne sçauroient valoir que la moitié de toutes les lignes du rectangle prises ensemble : & comme toutes ces lignes prises ensemble ne different pas des surfaces, il s'ensuit que la surface du rectangle est double de l'autre.

Cela se peut démontrer encore autrement par la proprieté de la progression Arithmetique. On sçait, par exemple, que dans la progression Arithmetique 1, 2, 3, 4, 5, 6, 7, &c. ou telle autre, comme 1, 3, 5, 7, 9, 11, 13, &c. si l'on prend deux termes également éloignés du terme du milieu leur somme sera égale à deux autres termes également éloignés du milieu ; dans la premiere progression, 1, 7, sont également éloignés du milieu, 4. 2, 6, sont également éloignés du même milieu 4. Il est évident que la somme des deux premiers qui est 8, est égale à la somme des deux derniers, & de même dans telle autre progression Arithmetique que l'on voudra choisir.

Cela fuppofé, fi l'on conçoit la ligne *BD*, hauteur des grandeurs à comparer, divifé en tel nombre de parties égales que l'on voudra, à mefure que l'on montera de la bafe *C D*, vers le fommet *B*, la hauteur décroîtra, fuivant la progreffion Arithmetique, c'eft à dire, que la diminution fera toûjours par parties égales.

D'ailleurs les élemens du triangle étant toûjours proportionnels à la hauteur, décroîtront auffi par confequent en progreffion Arithmetique. Par exemple, fi la hauteur *B F*, comparée à la hauteur *B D*, eft diminuée d'une cinquiéme partie, l'élement *E F*, comparé à l'élement *C D*, fera pareillement diminué d'une cinquiéme partie.

Or dans nôtre figure, le premier terme de la progreffion, eft la bafe *C D*, le dernier terme eft le point *B*, ou pour mieux dire, zero, lefquels termes font également éloignés du milieu *M*, *N*; donc deux termes quelconques de la progreffion, ou, fi vous voulés, deux élemens quelconques du triangle également éloignés du milieu pris enfemble, font égaux à la bafe *C D*, & comme le rectangle contient autant de lignes égales à *CD*, qu'il y a de termes ou d'élemens dans le triangle, il fuit évidemment que toutes les lignes, comme *C D*, prifes enfemble, c'eft à dire, la furface du rectangle, eft double de toutes les lignes du triangle prifes enfemble, c'eft à dire, de la furface. Cette démonftration eft generale.

I. COROLLAIRE.

La fuperficie cylindrique dont la hauteur eft égale au raïon du cercle qui lui fert de bafe, eft double de l'aire de ce cercle.

La fuperficie cylindrique contient autant de circonferences égales à celles de sa base, qu'il y a de points dans sa hauteur, ou, si vous voulés, dans le raïon de cette base : car on la conçoit formée par cette base coulant parallelement à soi-même par tous les points de la hauteur ; ainsi les élemens de superficie cylindrique ne décroissent point.

L'aire du cercle qui sert de base, est composée d'autant de circonferences concentriques qu'il y a de points dans le raïon, ainsi l'aire de ce cercle a pareil nombre d'élemens que la superficie cylindrique.

Mais toutes ces circonferences concentriques, à mesure qu'elles approchent de leur centre, décroissent Arithmetiquement, c'est à dire, par parties égales, & en même Raison que leurs raïons, puisque toutes circonferences sont entre elles comme leurs raïons ; Donc par la précedente Proposition, tous les élemens de la superficie cylindrique pris ensemble, sont doubles de tous les élemens de l'aire du cercle pris ensemble ; donc cette superficie cylindrique est double de l'aire du cercle qui lui sert de base.

II. Corollaire.

Le fuseau parabolique est la moitié du cylindre de même base & de même hauteur.

Quoique cette Proposition ne soit point élementaire, nous ne laissons pas de la mettre, pour faire voir l'usage immense de nos indivisibles.

On appelle Parabole en Geometrie, une espece de Ligne courbe, comme *CEFB* que l'on suppose avoir la proprieté suivante ; sçavoir, ayant la ligne *DB*, qui tombe perpendiculairement au point *B*, sur la courbe, & qu'on appelle l'Axe de la Parabole, si de deux points quelconques de la Parabole, comme E, F, l'on meine deux perpendiculaires, comme FG, EH, sur l'Axe, le quarré de la ligne EH, sera au quarré de la ligne FG, comme la portion d'Axe BH, à la portion d'Axe BG. Cette proprieté est supposée constituer la nature de la Parabole.

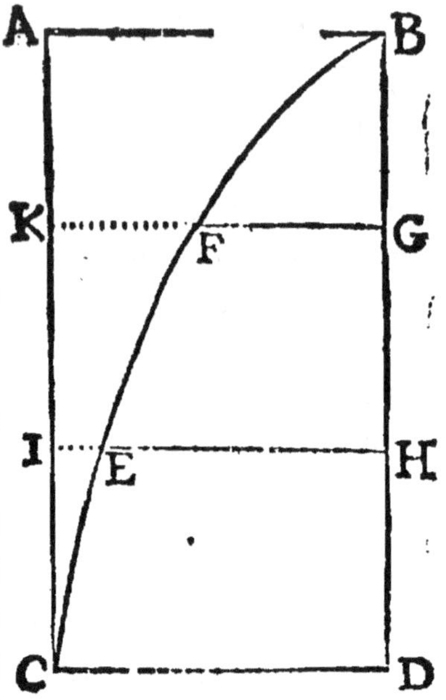

J'acheve maintenant le rectangle $ABCD$, dans l'aire duquel nôtre Parabole $CEFB$, se trouve décrite, & je suppose que ce rectangle tourne sur l'Axe immobile BD ; ce rectangle ainsi tournant décrira un cylindre, qui aura pour base un cercle dont le raïon sera, CD, & pour hauteur la ligne BD.

La Parabole cependant tournant autour du même Axe immobile, décrira un corps solide terminé en pointe, au sommet B, qui aura pour base le même cercle que le cylindre, & c'est ce Solide que j'appelle Fuseau Parabolique.

Je dis que la solidité de ce Fuseau, est moitié de la solidité du cylindre.

La solidité du cylindre contient autant de cercles égaux à sa base, qu'il y a de points dans la ligne BD ; ainsi les élemens du cylindre ne décroissent point.

La solidité du Fuseau contient autant de cercles parallèles à la base, qu'il y a de points dans la même ligne BD ; ainsi il y autant de cercles ou d'élemens dans le Fuseau, qu'il y en a dans le cylindre ; mais ces cercles ou élemens du Fuseau, vont toûjours en décroissant : il n'y a donc plus qu'à examiner s'ils décroissent en même Raison, que les hauteurs : car en ce cas, par la précedente Proposition, ils seront moitié de tous les cercles du cylindre pris ensemble, qui ne décroissent point.

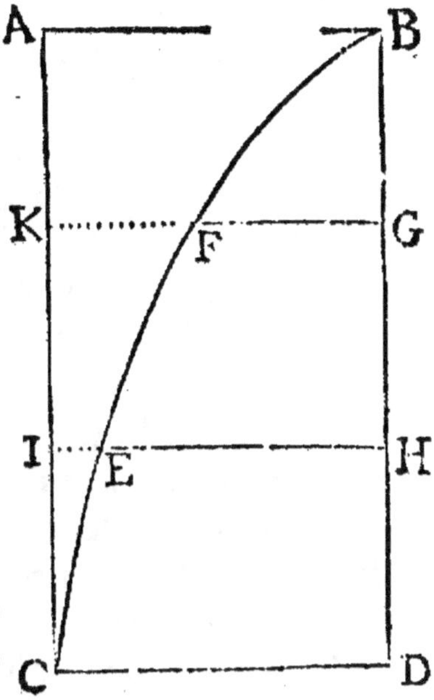

J'examine donc dans ce Fuseau le cercle qui a pour raïon *E H*, & je le compare avec le cercle qui a pour le raïon *F G*.

Je sçai d'ailleurs que les cercles sont entre eux comme les quarrés de leurs raïons ; donc le cercle dont le raïon est *E H*, est au cercle dont le raïon est *F G*, comme le quarré de la ligne *E H*, est au quarré de la ligne *F G*.

Or par la supposition & suivant la proprieté de la Parabole, le quarré de la ligne *E H*, est au quarré de la ligne *F G*, comme la hauteur *B H*, à la hauteur *B G*.

Donc le cercle qui a pour raïon *E H*, est au cercle qui a *F G*, pour raïon, comme la hauteur *B H*, est à la hauteur *B G*.

Donc les cercles ou élemens qui composent le Fuseau, décroissent en même Raison que les hauteurs ; donc le Fuseau Parabolique est moitié du cylindre.

Il est visible que l'espece d'entonnoir qui reste lorsque de la solidité du cylindre, l'on ôte le Fuseau Parabolique, est égale à ce Fuseau, puisque le Fuseau est moitié du cylindre, & comme ils ont même hauteur, sçavoir, le Fuseau la ligne *B D*, & l'entonnoir la ligne *C A*; ils ont l'un & l'autre même nombre d'élemens; d'où s'ensuit sans autre démonstration, que la couronne, qui a pour largeur la ligne *I E*, que je suppose autant éloignée de la base de l'entonnoir *A B*, que la ligne *F G*; est éloignée de *C D*, base du Fuseau; est égale au cercle qui a *F G*, pour diametre, puisque ce cercle est l'élement du Fuseau, correspondant à la couronne, pareil élement de l'entonnoir.

Jusques à present nous avons considéré les grandeurs dont les élemens décroissent en même Raison que les hauteurs.

Mais on peut considerer des élemens qui décroîtront en Raison doublée des hauteurs.

On peut même considerer des élemens qui décroîtront en Raison triplée, quadruplée &c. de la Raison des hauteurs; & ces speculations n'ont point de bornes. Il s'agit maintenant d'examiner quel rapport la somme de ces élemens aura avec la somme des élemens qui ne décroissent point.

Je suppose le rectangle *A B C D*,

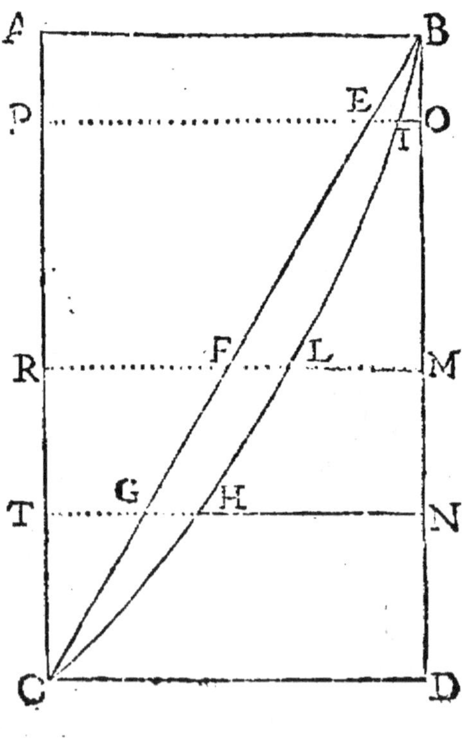

divisé en deux triangles par la Diagonale *BC*.

Les lignes *CD*, *TN*, *RM*, *PO*, *AB*, sont élemens du rectangle.

Les lignes *CD*, *GN*, *FM*, *EO*, sont élemens du triangle *BDC*, correspondans aux élemens du rectangle. Nous avons vû qu'ils décroissent arithmetiquement, c'est à dire, que *CD*, est à *GN*, comme

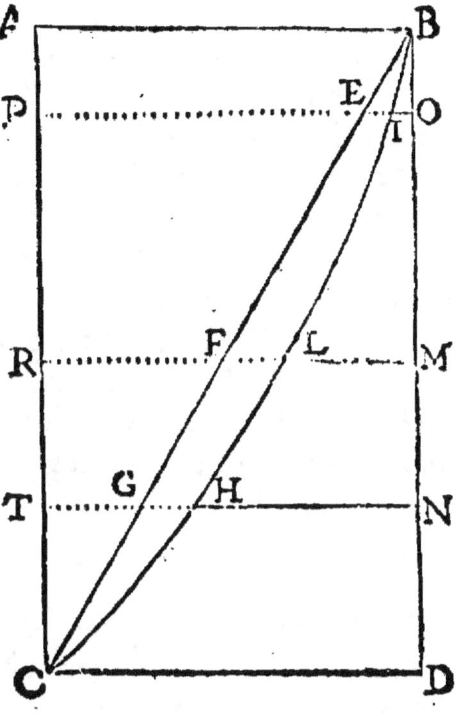

BD, est à *BN*; que *CD*, est à *FM*, comme *BD*, est à *BM*; que *CD*, est à *EO*, comme *BD*, à *BO*.

Maintenant, si aux deux lignes *CD*, *GN*, je cherche une troisiéme proportionnelle; c'est à dire, si je fais, comme *CD*, est à *GN*, ainsi *GN* à une troisiéme ligne, & que cette ligne soit *NH*; il est certain par ce qui a été ci-devant enseigné dans les proportions, que les lignes *CD*, *HN*, seront en Raison doublée, de la Raison de *CD*, à *GN*, ou de *BD*, à *BN*, & qu'ainsi la ligne *HN*, décroîtra à l'égard de la ligne *CD*, en Raison doublée des hauteurs *BN*, *BD*.

Je fais la même chose à l'égard de tous les élemens du triangle, par exemple, je cherche une troisiéme proportionnelle aux lignes *CD*, *FM*, que je suppose être *LM*, je cherche de même une troisiéme proportionnelle aux lignes *C D*, *E O*, que je suppose être *I O*, & ainsi de tous les autres élemens du triangle. Par tous les points comme *H*, *L*, *I*, je meine la courbe *CHLIB*, & j'ai pour lors l'espace mixte *CHLIBD*, dont les élemens décroissent en Raison doublée des hauteurs.

Que si je voulois avoir une espace dont les élemens décroissent en Raison triplée des hauteurs, il est visible que je n'aurois qu'à chercher une quatriéme proportionnelle aux lignes *C D*, *G N*, *H N*, aux lignes *C D*, *F M*, *L M*, aux lignes *C D*, *E O*, *I O*, &c. & mener une ligne courbe par tous les points déterminés par ces quatriémes proportionnelles, & ainsi à l'infini.

PROPOSITION.

Si l'on a deux Figures, deux Solides, en un mot deux grandeurs homogenes à comparer, & que ces deux Figures ou Solides, étant de même hauteur, les élemens de l'une ne décroissent point, pendant que les élemens de l'autre décroîtront toûjours en Raison doublée de la Raison des hauteurs ; la Figure ou Solide, dont les élemens ne décroissent point, sera triple de celle dont les élemens décroissent.

La démonstration ordinaire est fort embroüillée ; en voicy une par Arithmetique, qui est plus à la portée de tout le monde.

Je suppose deux figures de même hauteur, & que cette hauteur soit divisée en vingt parties égales ; les nombres 20, 19, 18, 17, 16, 15, 14, 13, 12, 11, 10, 9, 8, 7, 6, 5, 4, 3, 2, 1, 0, qui décroissent arithmetiquement, representent les hauteurs décroissantes de la figure.

Pour faire que l'une de ces deux figures ait ses

élemens décroiſſant en Raiſon doublée des hauteurs,
il faut prendre les quarrés de ces nombres, ſçavoir,
400, 361, 324, 289, 256, 225, 196, 169,
144, 121, 100, 81, 64, 49, 36, 25, 16, 9,
4, 1, 0; dont la ſomme eſt 2870.

A l'égard de la figure dont les élemens ne décroiſſent pas, il faut prendre 400, quarré du plus
grand nombre qui eſt l'élement de la baſe, autant
de fois qu'on a pris d'élemens décroiſſans en Raiſon
doublée, c'eſt à dire, 21 fois; la ſomme de ces élé-
mens non décroiſſans ſera 8400.

Le nombre 8400 repreſente donc la figure dont
les élemens ne décroiſſent point, & le nombre 2870
repreſente la figure dont les élemens décroiſſent en
Raiſon doublée des hauteurs.

Or le nombre 2870 eſt tant ſoit peu plus du tiers
du nombre 8400; car ſon triple eſt 8610, qui
excede 8400 de 210; c'eſt à dire, qu'en cet exemple, la figure décroiſſant excede le tiers de la totale
de la 120ᵉ partie de la totale, ce qui eſt déja fort
peu de choſe.

Mais ſi au lieu de diviſer la hauteur en vingt parties égales, je l'avois diviſée en 100, & que j'euſſe
operé, comme je viens de faire ſur les vingt parties,
j'aurois approché beaucoup plus près de la préciſion; car la ſomme des quarrés depuis 100 juſques
à 1 incluſivement, eſt 338350; la ſomme du grand
élement qui eſt 10000 pris cent & une fois, eſt
1010000; ainſi la figure dont les élemens décroiſſent, n'excede le tiers de la figure totale que de
1683, c'eſt à dire, de la ſix centiéme partie de la
figure totale. Et ſi je veux prendre la peine de diviſer la hauteur en un million de parties, je trouverai que la figure décroiſſante n'excedera pas le
tiers de la totale d'une ſix mille milliéme partie de

la totale ; en sorte que pouffant toûjours plus loin
la division de la hauteur, je réduirai cette difference à une quantité plus petite qu'aucune quantité donnée, d'où s'enfuit la parfaite égalité entre
la figure décroiffante & le tiers de la totale, en
fuppofant le nombre des élemens indéfini, comme
il l'eft en effet.

Il n'y a qu'à fuivre la même méthode pour démontrer, que fi les élemens décroiffent en Raifon
triplée des hauteurs, la figure décroiffante fera le
quart de la figure non décroiffante.

Que fi les élemens décroiffent en Raifon quadruplée des hauteurs, la figure décroiffante fera la cinquiéme partie de la figure non décroiffante, & ainfi
à l'infini. Voilà une belle carriere ouverte à la me-
ditation.

I. COROLLAIRE.

Le cone eft le tiers du cylindre de même bafe &
de même hauteur : car les élemens du cylindre ne
décroiffent point. Ceux du cone, qui font des cercles paralleles, font entre eux comme les quarrés
de leurs raïons. Or ces raïons étant entre eux,
comme les hauteurs, les quarrés des raïons font en
Raifon doublée des hauteurs ; donc ces cercles ou
élemens décroiffent en Raifon doublée des hauteurs ;
donc leur fomme totale qui eft la folidité du cone,
eft le tiers de la folidité du cylindre.

La même chofe s'enfuit évidemment pour la pyramide à l'égard du prifme de même bafe & de même hauteur.

II. COROLLAIRE.

Si la derniere figure cy-deffus eft fuppofée tourner fur l'axe immobile *BD*, le rectangle *ABCD*,
décrira un cylindre, la courbe *CHLIB*, décrira
une efpece de cone concave ; je dis que fa folidité fe-

ra la cinquiéme partie de la solidité du cylindre,

Il n'y a qu'à démontrer que les élemens de ce cone décroiſſent en Raiſon quadruplée des hauteurs. Cela eſt facile.

Ce cone a pour élemens, des cercles paralleles ; j'en choiſis deux, dont les Raïons ſont par exemple *CD*, *LM*. Ces cercles ſont entre eux en Raiſon doublée des lignes *CD*, *LM*, qui ſont elles-mêmes par la nature de la courbe, & ſuivant la conſtruction en Raiſon doublée des hauteurs *BD*, *BM*. Or la Raiſon doublée d'une Raiſon doublée eſt une Raiſon quadruplée, par exemple, la Raiſon doublée de 1 à 2, eſt 1, 4 ; la Raiſon doublée de 1 à 4, eſt 1, 16, qui eſt quadruplée de 1, à 2 ; donc les cercles qui ont pour raïons les lignes *CD*, *LM*, ſ ont en Raiſon quadruplée des hauteurs *BD*, *BM*. La même choſe ſe démontrera de tous les autres élemens ; donc leur ſomme totale qui eſt le cone concave, eſt la cinquiéme partie du cylindre, dont les élemens ne décroiſſent point.

III. COROLLAIRE.

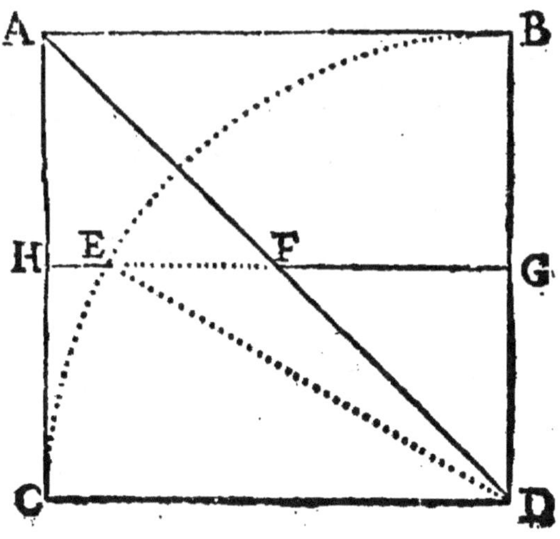

Etant donné le quarré *ABCD*. ſa Diagonale *AD*, & le quart de cercle *CEB* ; ſi l'on fait tourner la figure ſur l'axe immobile *BD*, la ligne *AD*, décrira un cone ; les côtés *CA*, *AB*, & le quart de cercle *C E B*, décriront une espece d'écüelle ; je dis que l'écüelle est égale au cone.

Car l'écüelle & le cone ont même base, sçavoir un cercle dont le raïon est *AB* ; ils ont de plus même hauteur, sçavoir, les lignes *AC, DB*, il n'y a plus qu'à démontrer que tous leurs élemens sont égaux chacun à chacun, par exemple, que la couronne qui a *HE*, pour largeur, est égale au cercle qui a *FG*, pour raïon. Or il n'y a rien de plus facile.

A cause du triangle rectangle *EGD*, si du quarré *ED*, ou de *HG*, son égale, j'ôte le quarré de *EG* ; reste le quarré de *GD*, ou de *FG*, son égale.

C'est à dire, si du quarré de *HG*, j'ôte le quarré de *EG*, le quarré de *FG*.

Or les cercles sont entre eux comme le quarré des raïons.

Donc si du cercle qui a *HG*, pour raïon, j'ôte le cercle qui a *EG*, pour raïon, j'aurai le cercle qui a *FG*, pour raïon.

Et par conséquent la couronne qui a *HE*, pour largeur, n'étant autre chose que ce qui reste ; lorsque du cercle qui a *HG*, pour raïon, l'on ôte le cercle qui a *EG*, pour raïon, cette couronne est manifestement égale au cercle qui a *FG*, pour raïon. On démontrera la même chose de tel autre élement qu'on voudra choisir ; donc l'écüelle est égale au cone, qui par le Corollaire premier est le tiers du cylindre ; donc l'écüelle est le tiers du cylindre formé par la révolution du quarré *ABCD*; d'où s'ensuit que l'Hemisphere formé par la révolution du quart de cercle *C E B*, autour de l'axe *B D*, est en solidité les deux tiers de la solidité du cylindre. L'on voit par là, comme l'on peut aller aux mêmes verités par differens chemins.

Je ne m'arrête point à déduire de ces mêmes

principes, que la surface de l'Hemisphere est égale
à la surface cylindrique de même base & même
hauteur ; qu'un cone équilatere, est à la Sphere
inscrite dans sa solidité, comme 9 est à 4, &c.
Ces principes sont si feconds, qu'on pourroit en tirer des volumes entiers de consequences. Il suffit
d'avoir montré le chemin à ceux qui voudront exer-
cer leur esprit.

Mais afin de donner icy les élemens des principales méthodes qui ont été inventées pour mesurer
les grandeurs, & particulierement les Solides, il
faut dire un mot de la fameuse découverte du Pere
Guildin Jesuite, touchant l'admirable propriété du
centre de gravité.

On appelle centre de gravité d'une quantité quelconque, soit Ligne, Surface, ou Solide, un point
dans cette quantité, autour duquel toutes les parties de cette même quantité sont dans un parfait
équilibre ; par exemple, si une surface quarrée est
posée sur la pointe d'une éguille, il n'y a qu'un
seul point dans cette surface où elle puisse rester sans
incliner de côté ni d'autre, & ce point est appellé
le Centre de gravité.

De même le centre de gravité d'une ligne droite, est le point du milieu de cette ligne, par lequel,
si on la supposoit suspenduë, elle n'inclineroit ni
d'un côté ni d'autre.

Ce n'est pas toûjours une chose aisée, que de trouver geometriquement le centre de gravité de certaines grandeurs ; mais il y en a une infinité ; donc
on le trouve très-facilement : Et voicy l'usage qu'en
a fait ce sçavant Religieux.

Soit une surface rectangle *BCDE*, dont le centre
de gravité soit le point *A*.

Soit mû ce rectangle circulairement sur l'axe im-

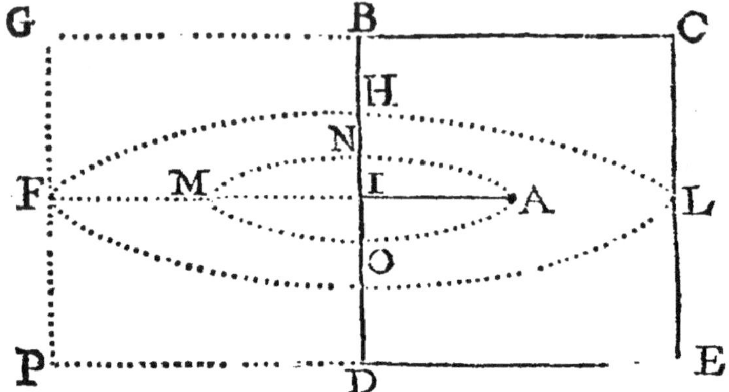

mobile *BD*, ce rectangle décrira un cylindre, & le centre de gravité décrira le cercle *M N A O*, donc le raïon fera *A I*. Le Pere Guildin appelle la circonference de ce cercle, la Voïe de la Circulation du centre de gravité; ou tout court, la Voïe de Circulation.

Il démontre, que fi l'on prend une ligne droite égale à la Voïe de Circulation, pour hauteur d'un Parallelipipede dont le rectangle *B C D E*, foit la bafe, ce Parallelipipede fera égal au cylindre.

Il démontre de même que la ligne *G P*, décrivant la furface cylindrique, & le point *F*, centre de gravité de cette ligne, décrivant le cercle *F H L O*; fi l'on prend une ligne droite égale à cette circonference, & qu'on en faffe un rectangle avec la ligne *G P*, ce rectangle fera égal à la fuperficie cylindrique.

Ceux qui voudront cultiver cette méthode, s'appercevront aifément de fon immenfe fecondité, non feulement pour mefurer toutes les furfaces & tous les Solides ordinaires; mais pour en mefurer une infinité où les autres méthodes demeurent le plus fouvent tout court : il nous fuffit icy d'avoir indiqué ce beau principe, dont on peut voir, fi l'on veut, une très-ample explication dans le cours de Mathematiques du Pere de Challes ; & nous allons feulement en donner un exemple qui fera juger du refte.

Soit une demi-circonference
A D C ; fon diametre *A C* ; & le
raïon *B D*, divifant la demi-circonference en
deux parties égales au point *D*.
Si la demi-circonference tourne fur l'axe immobile *A C*, elle

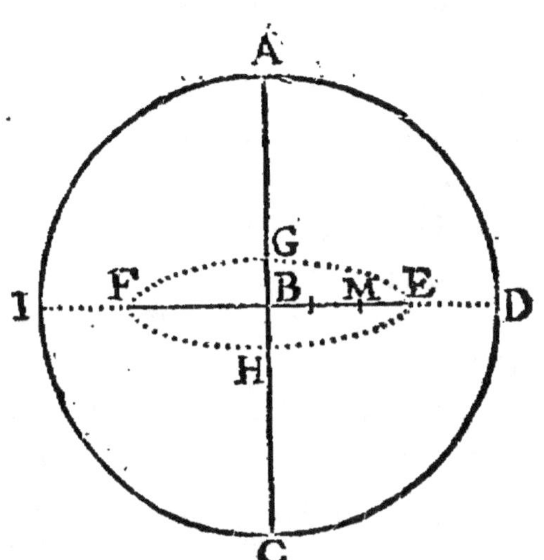

décrira une fuperficie fpherique, & je dis que cette fuperficie eft quadruple de l'aire du cercle, qui a *A C*, ou *I D*, pour diametre.

Il faut commencer par avoir le centre de gravité de la demi-circonference *A D C* ; & il ne faut pas s'imaginer que ce foit le point *D* : car fi l'on reprefente cette demi-circonference portée au point *D*, par une éguille perpendiculaire à l'horifon, en telle forte que la demi-circonference foit parallele à l'horifon, on conçoit aifément que cette demi-circonference ne pourra refter dans cette fituation, & que les extremités *A*, *G*, defcendront & feront tourner la demi-circonference fur le point immobile *D*. Ce que l'on appelle donc le Centre de gravité de la demi-circonference, eft un point, comme *E*, dans le raïon *B D* ; en telle forte que fuppofant le raïon *B D*, fans pefanteur, fi ce point *E*, eft pofé fur une éguille perpendiculaire à l'horifon, la de-

mi-

mi-circonference demeure parallele à l'horifon fans incliner de côté ni d'autre. Or l'on démontre dans la Statique, que pour avoir ce centre de gravité, ou autrement la ligne *B E* ; il faut trouver une troifiéme proportionnelle au quart de cercle *A D*, & au raïon *B D* ; c'eft à dire, que comme le quart de cercle *A D*, eft au raïon *B D* ; ainfi *B D*, eft à *B E*. Cela fuppofé.

Je donne à la demi-circonference *A D C*, quarante-quatre parties.

Par la proportion d'Archimede, le diametre *I D*, en aura 28.

Le demi-diametre en aura 14.

Le quart de cercle *A D*, en aura 22.

Je fais donc comme 22 à 14 ; ainfi 14 à $8 + \frac{10}{11}$ qui eft la ligne *B E* ; cette ligne *B E*, fuivant ce qui a été dit cy-deffus, eft le raïon de la voïe de circulation *E H F G*. Pour avoir la valeur de cette voïe ou circonference, je fais comme 7, eft à 22, fuivant Archimede, ainfi $16 + \frac{20}{11}$ qui en eft le diametre à 56, qui eft la valeur de la voïe de circulation.

Par le principe du Pere Guildin, je multiplie la voïe de circulation 56 par la demi-circonference *A D C*, qui eft 44, vient au produit 2464, qui doit être la valeur de la fuperficie fpherique. Voyons maintenant fi elle eft quadruple de l'aire du grand cercle.

Pour avoir l'aire de ce cercle, l'on multiplie fa demi-circonference 44 par le demi-diametre 14, vient pour l'aire 616, dont le quadruple eft précifément 2464. *Ce qu'il falloit démontrer.*

Et fi au lieu de confiderer feulement la demi-circonference *A D C*, nous confiderons le demi-cercle

N

$ABCDA$, comme tournant sur l'axe immobile AC, sa surface décrira une Sphere; je dis que sa solidité sera les deux tiers de la solidité du cylindre, qui aura pour base un grand cercle de la Sphere, & pour hauteur, son diametre.

Car multipliant la demi-circonference 44 par le raïon 14, vient 616 pour l'aire du cercle, laquelle multipliée par le diametre 28, donne 17248 pour la solidité du cylindre; dont les deux tiers font $11498 + \frac{2}{3}$.

Or par les principes de la Statique; pour avoir le centre de gravité M, de l'aire du demi-cercle, il faut diviser la ligne BE, en trois parties & en prendre deux, à compter du centre B; ainsi la ligne BM, sera les deux tiers de $8 + \frac{10}{11}$, c'est à dire, $\frac{196}{33}$ le double $\frac{392}{33}$ sera le diametre de la voïe de circulation, laquelle sera $\frac{8614}{231}$; multipliant donc l'aire de la demi-circonference, 308, suivant le principe du Pere, par $\frac{8614}{231}$, vient au produit la solidité de la Sphere, & ce produit est précisément $11498 + \frac{2}{3}$.

On voit par cet exemple, avec quelle facilité l'on resout ce Problême admirable, dont la découverte a immortalisé le Grand Archimede.

TRIGONOMETRIE.

PAr ce mot de Trigonometrie, nous n'entendons pas seulement la mesure de tout triangle donné ; Mais encore plusieurs operations qui se font par le moyen des triangles, & qui servent à mesurer une infinité de grandeurs. Ce que nous avons dit dans les Elemens, donne une si grande facilité, que tout se réduit icy à s'en bien souvenir ; & à fort peu de Propositions.

PREMIERE PROPOSITION.

Qui connoît dans un triangle, deux angles & un côté, ou deux côtés & un angle, connoît tout le reste.

Premierement, qui connoît deux angles connoît le troisiéme, parce que les trois ensemble valent deux angles droits.

Or trois angles connus & un côté, donnent les deux autres côtés : car par la 9ᵉ Proposition du 8ᵉ Livre, comme le Sinus de l'angle opposé au côté connu, est à ce côté ; ainsi le Sinus de l'un ou l'autre des deux autres angles, est au côté qui lui est opposé. Or nous enseignerons bien-tôt la maniere de connoître le Sinus de tout angle donné ; donc qui connoît deux angles & un côté, connoît tout le reste.

Secondement, si l'on connoît deux côtés du triangle & un angle, je dis qu'on connoîtra l'autre côté & les deux autres angles,

Car ou l'angle donné sera opposé à l'un des côtés connus, ou non.

N ij

Si l'angle donné est opposé à l'un des côtés donnés, il faudra dire ; comme un côté connu est au
Sinus de l'angle qui lui est opposé, ainsi l'autre côté
connu, est au Sinus de l'angle qui lui est opposé : on
connoîtra donc ce dernier Sinus, & par consequent
son angle ; voilà deux angles pour lors connus ;
d'où s'ensuivra la connoissance du troisiéme, & ensuite la connoissance du troisiéme côté.

Que si l'angle donné est compris par les deux côtés connus, cet angle sera droit, aigu, ou obtus.

Si cet angle est droit, il n'y a qu'à prendre la
somme des quarrés des côtés donnés, cette somme
sera égale au quarré de la base ; ainsi tirant la racine
quarrée de cette somme, l'on aura la base, & par
consequent les deux autres angles.

Si l'angle donné est
aigu, comme est icy
l'angle CAD, & que
les côtés CA, AD,
soient connus ; je mei-
ne de l'extremité C, la
perpendiculaire CB, &
je forme par là le trian-
gle rectangle CAB ;
dont je connois les trois
angles & le côté AC ;
ainsi par ce qui vient
d'être dit, je connoî-
trai le côté AB, & la
perpendiculaire CB.

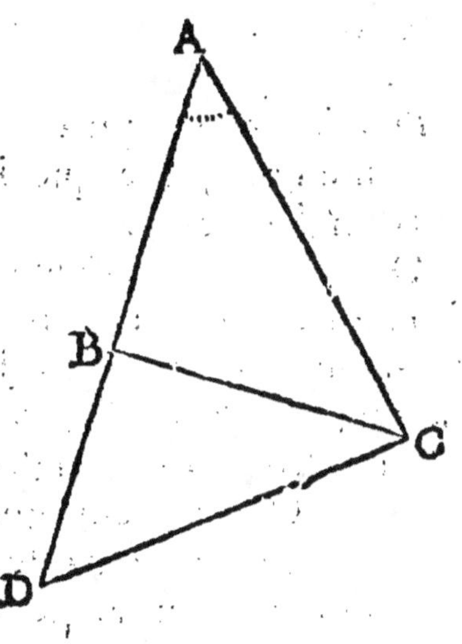

J'ôte le côté AB, du côté connu AD, me reste
BD, connu.

Considerant maintenant le triangle rectangle
DBC, j'en connois l'angle droit & les côtés BD,
CB ; donc j'en connoîtrai la base DC ; dont le

quarré eſt égal au quarré des deux côtés. Je connois donc à preſent les trois côtés du triangle *C A D*, & un angle, d'où s'enſuit que je connoîtrai facilement les deux autres.

Mais ſi l'angle donné eſt obtus, comme eſt icy l'angle *C A B*, & que les côtés *C A*, *A B*, ſoient connus,

Soit prolongé un des côtés, comme *B A*, juſques en *D*, en ſorte que de *C*, extremité de l'autre côté, l'on puiſſe mener ſur le côté prolongé, la perpendiculaire *C D*.

Alors conſiderant le triangle rectangle *C D A*, il eſt aiſé de voir qu'on en connoît les trois angles & un côté : car l'angle en *D*, eſt droit par conſtruction ; l'angle *C A B*, étant donné, ſon complement *C A D*, ſera connu, & par conſéquent le troiſiéme *A C D* ; le côté *A C*, eſt donné ; donc par ce qui a été dit, l'on aura le côté *C D*, & le côté *D A*.

Ajoûtant maintenant le côté *D A*, au côté donné *A B*, on aura *D B*, connu ; ainſi dans le triangle rectangle *C D B*, l'on connoît le côté *C D*, & le côté *D B* ; d'où l'on connoîtra aiſément la baſe *B C* ; dont le quarré eſt égal au quarré des deux côtés, ainſi qu'il a été dit tant de fois.

L'on connoîtra donc les trois côtés du triangle *C A B*, avec un angle, d'où il ſera aiſé de connoître les deux autres ; ainsi la Proposition est démontrée dans tous les cas.

SECONDE PROPOSITION.

Etant donné les trois côtés d'un triangle ; trouver les trois angles.

Il n'y a qu'à mener la perpendiculaire dont la valeur sera connuë par la 19ᵉ Proposition du 8ᵉ Livre ; cette perpendiculaire divisera le triangle total en deux triangles rectangles, dans chacun desquels on connoîtra deux côtés & l'angle droit, & par conséquent tout le reste.

Car comme un côté donné est au Sinus de l'angle droit, ainsi la perpendiculaire connuë au Sinus de l'angle opposé.

PROBLEME.
TROISIE'ME PROPOSITION.

Mesurer la surface du Lac *ABCDEFG.*

Je mesure avec une toise tous les côtés ; puis avec un quart de cercle exactement divisé, je mesure tous les angles de la figure ; je plante des picquets à chacun des sommets de ces angles, afin de pouvoir de loin les reconnoître plus exacte-

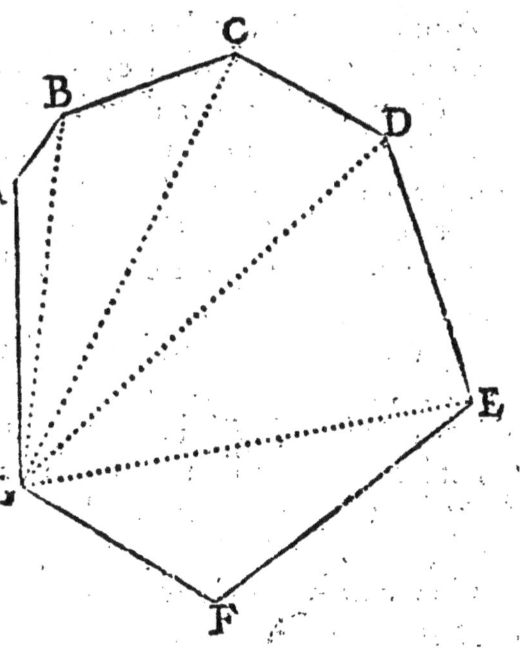

ment. Après quoi choisissant, par exemple, le sommet *G* ; je conduis un raïon visuel aux points *B*, *C*, *D*, *E*, & je mesure les angles *AGB*, *BGC*, *CGD*, *DGE*, *EGF* ; cela fait, je trouve la surface du Lac divisé en cinq triangles, dans chacun desquels je connois deux côtés & un angle, & par consequent les trois côtés ; la perpendiculaire & l'aire de chacun de ces cinq triangles, dont la somme me donne la surface cherchée.

Si cette surface étoit supposée être celle d'un reservoir, également profond par tout, il n'y auroit qu'à la multiplier par la profondeur, pour avoir ce que le reservoir contiendroit en solidité.

PROBLEME.

Quatrie'me Proposition.

Mesurer la distance de la Tour inaccessible *A*, *B*.

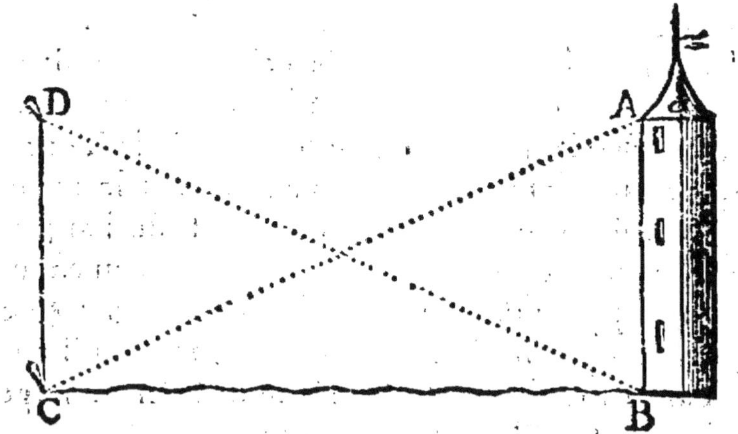

Je suppose que je suis situé au point *C*, & que je veux sçavoir quelle distance il y a du point *C*, au point *B*, qui est le pied de la Tour, située en pleine mer.

Je plante un picquet au point *C*, ensuite de quoi quittant ma place, j'avance sur le terrain au point

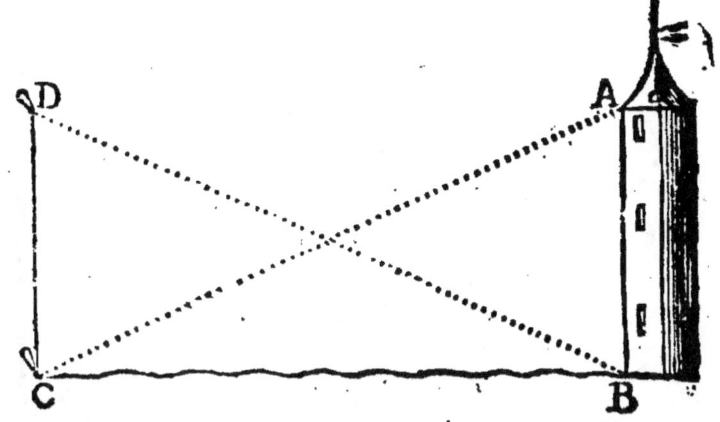

D, où je plante un autre picquet ; je mesure exactement la distance des picquets *C*, *D*, aprés quoi conduisant mon raïon visuel de *D*, en *B*, je mesure l'angle *CDB* ; je mesure pareillement l'angle *DCB*, & par conséquent dans le triangle *DCB*, j'ai un côté & deux angles connus ; donc par la premiere Proposition de ce Livre, je connoîtrai le côté *CB*, qui est la distance cherchée.

Il m'est bien facile aprés cela de connoître la hauteur de la Tour *BA*, je n'ai qu'à conduire mon rayon visuel du point *C*, au sommet de la Tour *A*, & mesurer l'angle *BCA* ; j'aurai dans le triangle *BCA*, deux angles connus, à cause de l'angle en *B*, que je suppose droit, le côté *CB*, m'est aussi connu ; je connoîtrai donc le reste, & par conséquent le côté *BA*, qui est la hauteur de la Tour.

Par ce Problême il est aisé de mesurer la largeur d'une riviere, d'un détroit, &c.

PROBLEME.

CINQUIE'ME PROPOSITION.

Mesurer la longueur du pan de muraille inaccessible *AB*.

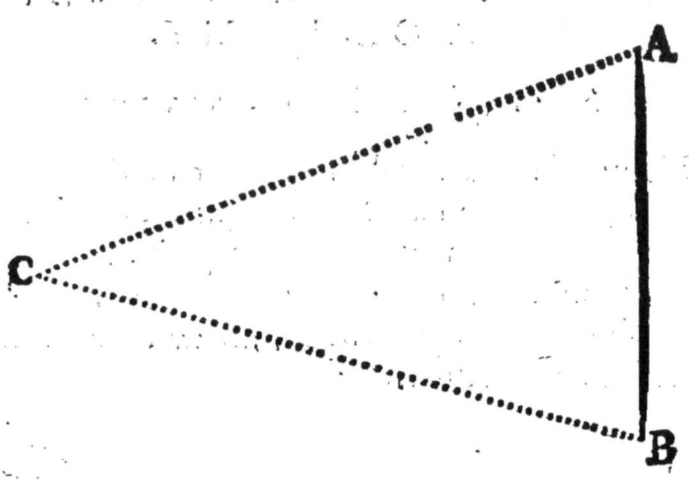

Je suppose que je suis situé au point *C*, d'où je conduis mes raïons visuels aux points *A*, *B*, je mesure par le Problême précedent la distance *C A*, & la distance *C B*; je mesure aussi l'angle *B C A*, formé par mes deux raïons visuels; cela fait, dans le triangle *B C A*, j'ai deux côtés & un angle connu; donc je connoîtrai le côté *B A*, qui est la longueur cherchée de la muraille inaccessible.

PROBLEME.
Sixie'me Proposition.

Mesurer la profondeur du puits *A B C D*, que je suppose vuide d'eau.

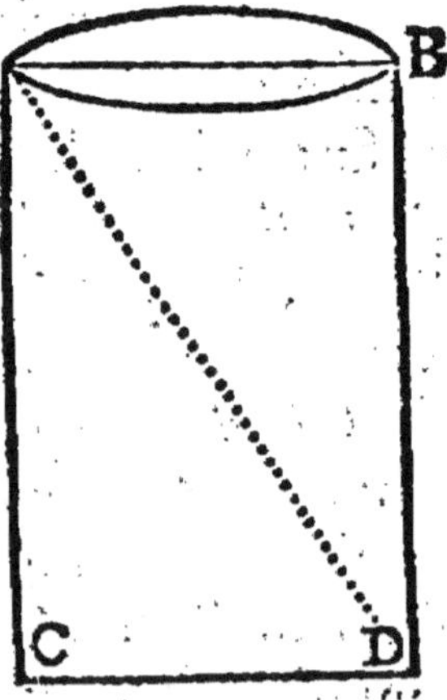

Je mesure le diametre de sa largeur *A B*; je conduis un raïon visuel du point *A*, au point *D*, & je connois dans le triangle *D B A*, l'angle droit *D B A*, & le côté *A B*, que j'ai mesuré. Je mesure l'angle *B A D*; ainsi je connoîtrai le côté *D B*, qui est la profondeur cherchée.

PROBLEME.

Septième Proposition.

Mesurer la hauteur d'un nuage en l'air.

Je suppose que l'air soit tranquille, que le nuage ait peu de mouvement, qu'il soit petit, bien terminé, & qu'il ait quelque endroit remarquable ou deux observateurs puissent en même temps conduire leurs raïons visuels.

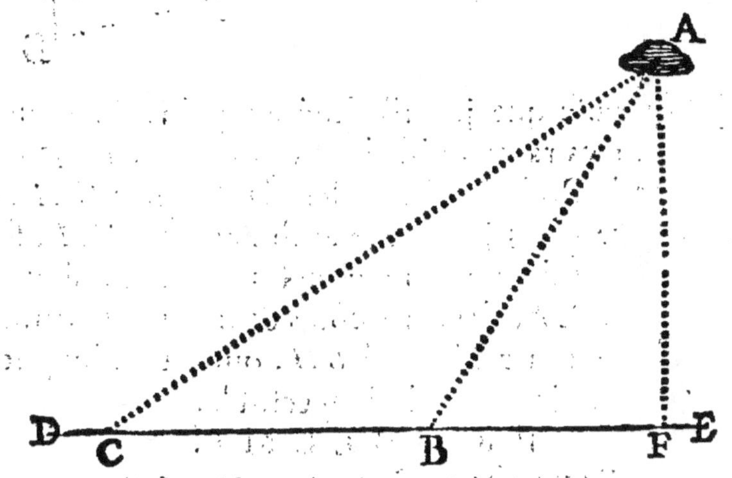

Soit le plan d'une prairie DCBE. Soient deux observateurs situés aux points C, B, chacun ayant son quart de cercle, observera dans le même instant le même bord du nuage A ; Celui qui est en B, mesurera l'angle EBA, d'où l'on connoîtra l'angle CBA ; l'observateur en C, observera l'angle BCA, dans le même instant : Ensuite l'on mesurera la distance CB, & l'on connoîtra dans le triangle CBA, le côté CB, & deux angles, ainsi l'on connoîtra le côté BA. Puis dans le triangle rectangle BFA, l'on aura l'angle droit connu, l'angle mesuré EBA, & le côté connu BA, d'où l'on connoîtra le côté AF, qui sera l'élevation perpendiculaire du nuage.

PROBLEME.

HUITIE'ME PROPOSITION.

Mesurer la distance de la terre à la Lune.

Nous choisissons cet exemple, pour faire connoître tout d'un coup l'utilité de la Trigonometrie dans
les Sciences les plus sublimes ; il faut icy supposer
qu'on sçache assés de ce qu'on appelle communé-
ment la Sphere pour entendre les termes suivans.

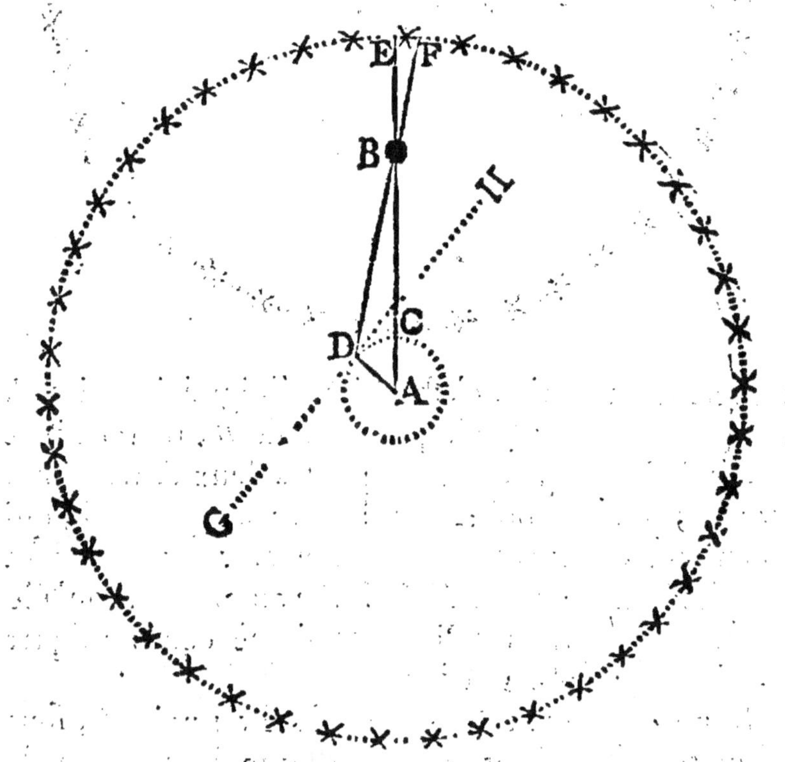

Que le grand cercle soit un meridien du firmament ;
le petit cercle, un meridien terrestre correspondant
au celeste, c'est à dire, en même plan. Que le point
A, soit le centre de la terre ; que *C*, soit un point
du meridien terrestre, directement posé sous l'équateur, & que *D*, soit un point du même meridien

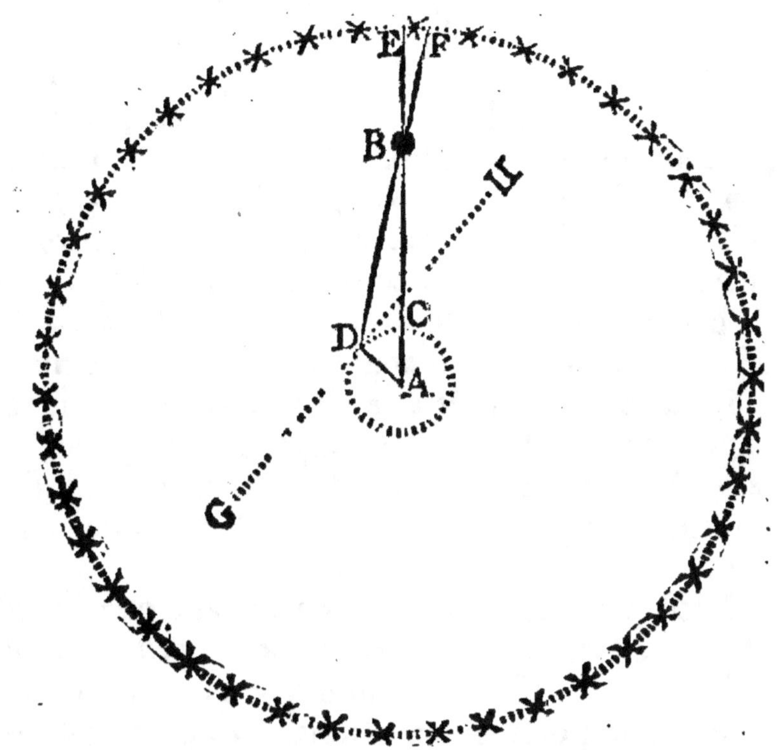

repreſentant Paris, c'eſt à dire, éloigné du point *C*, de 49 degrés.   Que la petite boule *B*, repreſente le corps de la Lune. Soient ſuppoſés deux Aſtronomes ſitués ; l'un au point *C* ; l'autre au point *D*, qui ſoient convenus entre eux, d'obſerver regulierement tous les jours le corps de la Lune au moment qu'elle paſſera par leur meridien ; & de ſe communiquer enſuite leurs obſervations.

Suppoſons que celui qui eſt ſitué au point *C*, ſous l'équateur, ait écrit à l'autre, que le 21. Mars la Lune *B*, ſe trouva préciſément au-deſſus de ſa tête, c'eſt à dire, ayant le centre dans ſon Zenith, & que nôtre Aſtronome de Paris, ait obſervé dans le même inſtant l'angle *HDB*, qui repreſente l'élevation de la Lune *B*, par-deſſus l'horiſon de Paris, dont la ligue *G H*, eſt le diametre.

Il se forme le triangle *BDA*, composé du raïon visuel *DB*, qui est celui de l'Observateur de Paris, du raïon de la terre *DA*; & de la ligne *AB*, qui est le raïon visuel de l'Observateur situé au point *C*, joint au raïon de la terre *AC*. Or dans ce triangle l'on connoît l'angle *DAC*, ou *DAB*, de 49 degrés, puisqu'il est mesuré par l'arc qui est entre l'équateur & Paris. L'on connoît l'angle *BDA*, qui est composé de l'angle droit *HDA*, & de l'angle observé *HDB*; donc l'angle *ABD*, sera connu.

Il est fort aisé après cela de connoître tout le reste; car comme le sinus de l'angle *ABD*, est au côté *AD*, que l'on sçait être de 1431 lieuës; ainsi le sinus de l'angle *DAB*, est au côté *DB*, qui est la distance de Paris à la Lune.

Il est bon de remarquer en passant que l'angle *ABD*, est ce que les Astronomes appellent la Parallaxe, qui n'est autre chose que la difference qui est entre le point où paroîtroit la Lune par rapport au firmament à un Observateur qui la pourroit voir du centre de la terre, & le point où elle paroîtroit dans le firmament à un autre Observateur, qui la regarderoit d'un point de la surface terrestre. Par exemple, le raïon visuel partant du centre de la terre, & passant par le centre de la Lune se termine au point *E*; dans le firmament, au lieu que le raïon *DB*, partant de la surface se termine dans le firmament au point *F*. Or il est visible que l'angle *EBF*, est opposé au sommet à l'angle *ABD*; & par consequent lui est égal; d'ailleurs il n'y a point de difference par rapport au raïon visuel, entre observer un astre du centre de la terre, ou l'observer quand il passe dans le Zenith. Il est encore trésévident que plus un astre est éloigné de la terre, moins il a de parallaxe; ainsi observant les étoiles par la methode que nous venons de donner , l'on trouvera que les raïons vifuels fe confondent & ne forment aucun angle de parallaxe. C'eſt pourquoi nous pouvons ſuppoſer leur diſtance ſi grande qu'il nous plaira , ſi d'autres raiſons nous y obligent. Le Soleil lui-même ne fait point de parallaxe ſenſible , tant il eſt éloigné de nous , & c'eſt ce qui oblige à recourir à la methode ſuivante pour meſurer ſon éloignement.

PROBLEME.

NEUXIE'ME PROPOSITION.

Déterminer la diſtance de la terre au Soleil.

Il faut ſuppoſer que la Lune ne luiſant que par la lumiere qu'elle reçoit du Soleil , & devant par conſequent nous paroître tantôt pleine , tantôt demi-pleine , tantôt en croiſſant , ſelon qu'elle en eſt plus ou moins éloignée ; la ligne qui ſepare la partie illuminée , de celle qui ne l'eſt pas , doit nous paroître d'autant plus courbe , que cette ſeparation ſe fait plus prés de la circonference viſible de la Lune ; qu'ainſi dans le moment précis que nous la voyons parfaitement demi-pleine , la ligne qui ſepare l'ombre de la lumiere , eſt une ligne parfaitement droite ; ce qui ne peut être , que le raïon du Soleil ne faſſe un angle droit avec le raïon viſuel , qui va de nôtre œil à la Lune.

Icy , par exemple , l'Obſervateur ſitué au point *B* , voyant la Lune *C* , préciſément demi-pleine ; le raïon *A C* , partant du Soleil *A* , pour illuminer la Lune , fait neceſſairement un angle droit , avec *B C* , raïon viſuel de l'Obſervateur ; autrement la Lune lui paroîtroit plus ou moins que demi-pleine ; er dans le moment que la Lune paroît demi-pleine ,

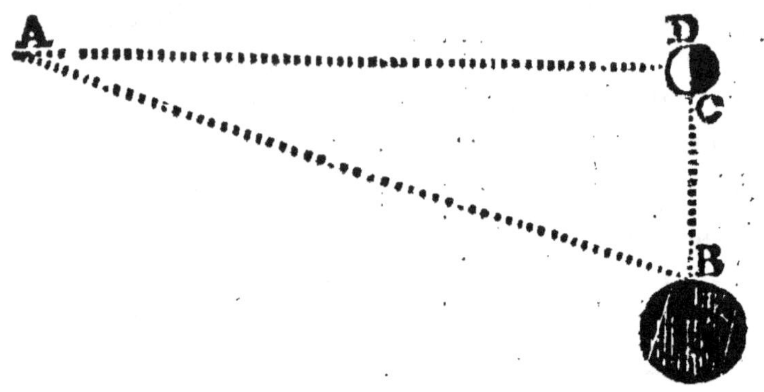

& qu'avec d'excellentes Lunettes, la ligne *CD*, qui separe l'ombre de la lumiere, paroît parfaitement droite ; il est fort aisé de mesurer avec un bon instrument l'angle *CBA* ; c'est à dire, la distance en degrés de la Lune au Soleil, par rapport à l'Observateur ; donc l'on connoîtra dans le triangle rectangle *BCA*, l'angle *BAC*, auquel est opposé le côté *BC*, qui est supposé connu, & qui est la distance de la terre à la Lune ; ainsi comme le sinus de l'angle *BAC*, est à *BC* ; de même le sinus de l'angle droit est à *BA*, distance de la terre au Soleil.

Les observations qu'on a faites avec d'excellens instrumens depuis la découverte des Lunettes d'approche, nous ont appris que l'angle *BAC*, est si petit, que la distance de la terre au Soleil, est au moins de trente millions de lieuës communes.

DIXIE'ME PROPOSITION.

Mesurer la distance de la terre à Jupiter.

Il faut supposer que l'on sçache le temps qu'un des Satellites de Jupiter employe à faire sa revolution autour de cette planete.

Supposons, par exemple, en cette figure que le

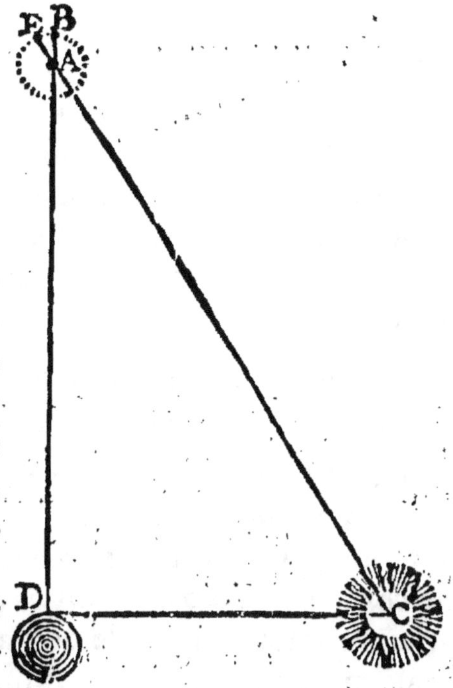

Satellite *B*, employe
42 heures à décrire le
petit cercle ponctué
autour de Jupiter *A*.

Je suppose que je
sois situé sur la terre
au point *D*, & j'ob-
serve le moment que
le Satellite *B*, est éclip-
sé à mon égard par le
corps de Jupiter, c'est
à dire, que les points
D, *A*, *B*, sont en
une même ligne droi-
te.

J'observe ensuite le
moment auquel ce mê-
me Satellite par son
mouvement propre avançant vers *E*, perdra sa lumiere en entrant dans l'ombre que forme le corps
de Jupiter au point *E*, où il intercepte les raisons
du Soleil *C*, c'est à dire, que j'observe le moment
où les points *C A E*, sont dans une même ligne
droite.

Cela étant puisque le Satellite employe 42 heures à faire son tour, sçachant le temps qu'il a employé depuis *B*, jusques en *E*, je sçaurai la grandeur de l'arc *B E*. Je suppose qu'il y ait employé
six heures; l'arc *B E*, sera la septiéme partie de la
circonference, comme six heures sont la septiéme
partie de 42, ainsi dans le triangle *A C D*, je connoîtrai l'angle *C A D*, opposé au sommet à l'angle
B A E, que je viens de mesurer par mon observation; Je mesurerai l'angle *A D C*, qui est la distance en degrés du centre du Soleil *C*, au centre

de

de Jupiter A ; donc le troisiéme angle me sera connu. Et d'ailleurs je connois le côté DC, distance de la terre au Soleil, je connoîtrai donc tout le reste, c'est à dire, DA, distance de la terre a Jupiter ; & même AC, distance de Jupiter au Soleil.

Tout ce que nous avons dit dans cette Trigonometrie, suppose les sinus calculés ; ainsi il est nécessaire de connoître la méthode par laquelle on a fait ce calcul.

Construction de la Table des Sinus, Tangentes & Secantes.

Il faut se souvenir que le Sinus d'un arc, est moitié de la corde qui soûtient le double de cet arc.

L'on suppose ordinairement que le rayon du cercle contient 100000 parties, & dans cette supposition, comme la corde de l'arc de 60 degrés, est égale au rayon, elle sera aussi de 100000 parties.

La corde de 60 degrés est par la définition double du Sinus de l'angle ou arc de 30 degrés ; donc le Sinus de l'arc ou angle de 30 degrés, sera de de 50000 parties.

PROBLEME PREMIER.

Etant donné le Sinus d'un arc ; trouver le Sinus du complement de cet arc ; par exemple, étant donné le Sinus de 30 degrés ; trouver le Sinus de 60.

Le Sinus donné FB, forme avec BD, ou son égale FE, un angle droit, dont EB, rayon, est la base ; or

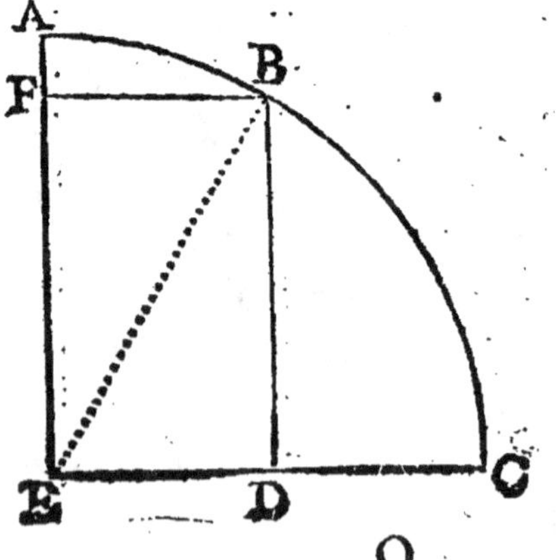

BD, eſt Sinus de l'arc
BC, qui eſt le com-
plement de l'arc don-
né AB; ainſi ſi du
quarré de EB, c'eſt à
dire, ſi du quarré de
100000 j'ôte le quar-
ré de BF, c'eſt à dire,
le quarré de 50000,
reſtera le quarré de 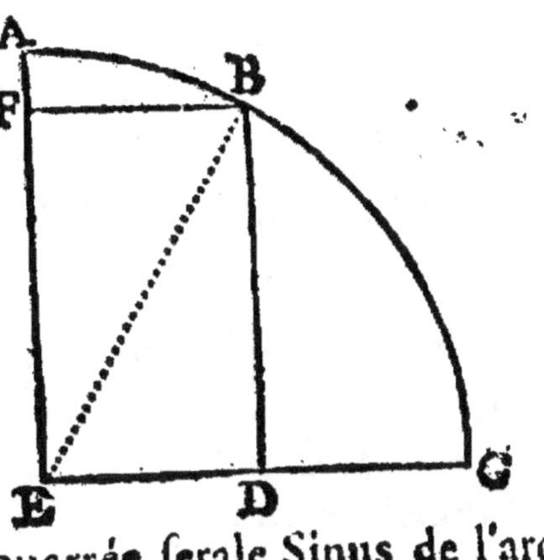
BD; dont la racine quarrée ſerale Sinus de l'arc
BC, de 60 degrés.

PROBLEME SECOND.

Etant donnée une corde; trouver la corde qui ſoûtient la moitié de l'arc de la corde donnée.

Soit la corde donnée
BC, & qu'il faille trou-
ver la corde BE, qui ſoû-
tient l'arc BFE, moitié
de l'arc BFEC, que
ſoûtient la corde donnée 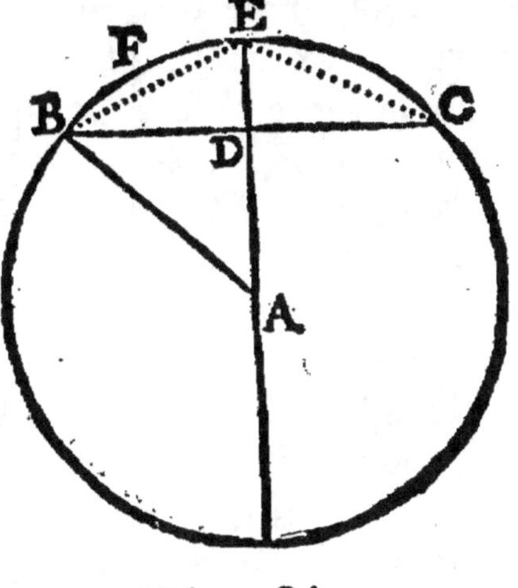

Du centre A, ſoient
tirés le rayon AB, &
le rayon AE, qui cou-
pera la corde perpendi-
culairement, & par la
moitié au point D, par
la premiere Propoſition du troiſiéme Livre.

Il ſe forme par là deux triangles rectangles; ſçavoir, EDB, BDA. BD, eſt donnée puiſque
c'eſt la moitié de la corde donnée.

Si du quarré du rayon BA, j'ôte le quarré BD,
reſtera le quarré de DA.

Donc ſa racine DA, m'eſt connuë, & par consequent *D E*, qui avec *D A*, est égale au rayon.

Maintenant, si au quarré de *B D*, je joins le quarré de *D E*, me viendra le quarré de *B E*, & par conséquent la ligne *B E*, elle-même que je cherchois.

PROBLEME TROISIE'ME.

Etant donnée une corde ; trouver la corde qui soûtient le double de l'arc soûtenu par la corde donnée.

La resolution de ce Problême, suppose la Proposition suivante.

En tout quadrilatere inscrit au cercle, le rectangle des deux Diagonales est égal à la somme des deux rectangles sous les côtés opposés.

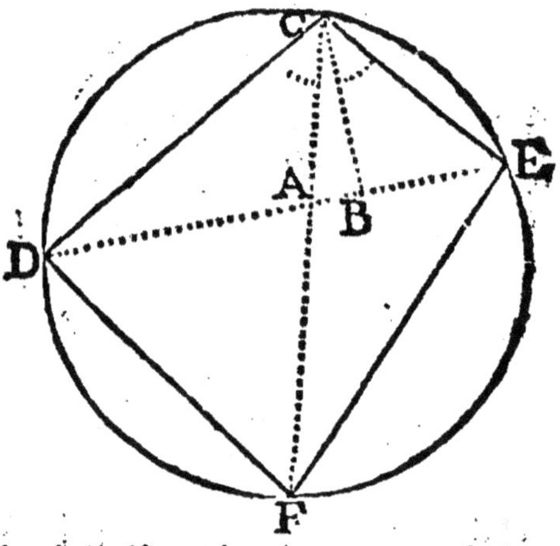

Il faut démontrer que le rectangle de la Diagonale *C F*, par la Diagonale *D E*, est égal aux rectangles de la ligne *D C*, par la ligne *E F*, & de la ligne *D F*, par la ligne *C E*.

Soit menée la ligne *C B*, en telle sorte que l'angle *B C E*, soit égal à l'angle *D C A*. Il faut se souvenir :

Que les triangles samblables ont les côtés homologues proportionnels.

Qu'en toute proportion geometrique le produit des extrêmes est égal au produit des moyens.

Que c'est la même chose de multiplier une grandeur par une autre quelconque, ou de multiplier cette premiere grandeur par les parties de la seconde. En sorte que dans cette exemple ; le rectangle de *C F*, par *D E*, est la même chose, que le rectangle

de *CF*, par *BE*, par-
ce que *DB* & *BE*,
font les parties de la
ligne *DE*.

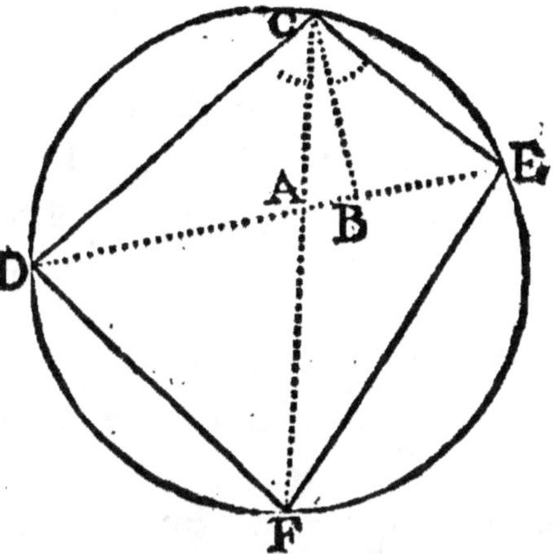

Cela fuppofé.

Je démontre que le
triangle *CDB*, eft
femblable au trian-
gle *CFE*.

Car l'angle *CDB*,
eft égal à l'angle
CFE, parce qu'ils font appuyés fur le même arc.

L'angle *DCB*, eft égal à l'angle *FCE*, parce
que l'angle commun *ACB*, eft joint pour les former, à deux angles fuppofés égaux par la conftruction, c'eft à dire, à l'angle *BCE*, d'une part, &
à l'angle *DCA*, de l'autre.

Donc le troifiéme angle du triangle *CDB*, eft
égal au troifiéme angle du triangle *CFE*.

Donc le côté *DC*, eft au côté *CF*, comme le
côté *DB*, eft au côté *FE*.

Donc le produit des extrêmes eft égal au produit
des moyens.

Voilà donc déja le rectangle *DC*, par *FE*, égal
au rectangle de *CF*, par *DB*.

Je n'ay donc plus qu'à démontrer que le rectangle de *DF*, par *CE*, eft égal au rectangle de *CF*,
par *BE*. Or cela eft aifé. Car:

Les triangles *CDF*, *CBE*, font femblables,
puifque l'angle *DFC*, eft égal à l'angle *CEB*, é-
tant l'un & l'autre appuyés fur l'arc *DC*; & que
d'ailleurs l'angle *DCF*, eft par la conftruction égal
à l'angle *BCE*.

Donc le côté *DF*, eft au côté *FC*, comme le
côté *BE*, eft au côté *CE*.

Donc le produit des extrêmes, est égal au produit des moyens.

Donc le rectangle de *D F*, par *C E*, est égal au rectangle de *F C*, par *B E*.

Or le rectangle de la ligne *C F*, par la ligne *D B*, joint au rectangle de la ligne *C F*, par la ligne *B E*, est la même chose que le rectangle de la ligne *C F*, par la ligne *D E*.

Donc le rectangle de ces deux Diagonales *C F*, *D E*, est égal aux deux rectangles formés par les côtés opposés du quadrilatere inscrit au cercle.

Soit à présent don-
née, par exemple, une
corde de 60 degrés, qui
étant égale au rayon,
sera de 100000 par-
ties, & qu'il faille trouver la corde *A C*, qui
soûtient l'arc *A B C*,
que je suppose double
de l'arc *A E B*, qui est
un arc de 60 degrés.
Je meine le diametre

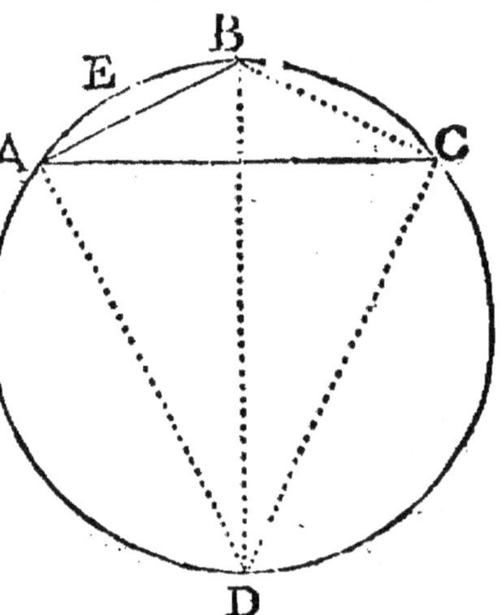

B D, qui sera de 200000 ; je cherche la valeur de la corde *A D*, c'est à dire, à cause du triangle rectangle *B A D*, du quarré du diametre, j'ôte le quarré de la corde *A B*, me reste le quarré de la corde *A D*, & je trouve par ce calcul que la corde *A D*, sera de 174922.

La corde *B C*, égale à la corde *A B*, sera de 100000 parties.

La corde *C D*, égale à la corde *A D*, aura 174922 parties.

Si donc je multiplie 174922 par 100000, c'est à dire, *D C*, par *A B*, & que j'en prenne le double, j'aurai la valeur du rectangle du diametre *BD*, par la corde cherchée *AC*.

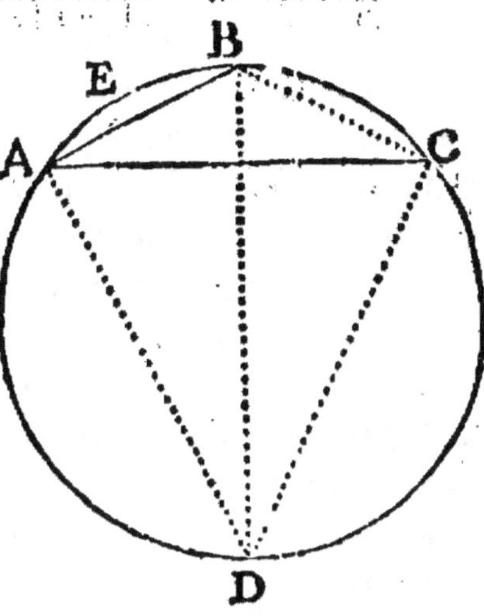

Ce produit sera 349844ooooo.

Si donc je divise cette somme par 200000, qui est le diametre *BD*, il me viendra 174922 pour la valeur de la corde *AC*, que je cherchois.

Par cette même Proposition, étant données deux cordes differentes, il est aisé de trouver la corde qui soûtient un arc égal aux deux arcs des deux cordes données. C'est la même chose.

COROLLAIRE.

Etant donnée une corde de trois degrés ou de cinq degrés ; trouver la corde d'un degré, ou pour exprimer la chose plus generalement. Etant donnée une corde quelconque ; trouver la corde qui soûtient le tiers ou la cinquiéme partie de l'arc que soûtient la corde donnée.

Supposons, par exemple, qu'étant donnée la corde de 60 degrés, qui est 100000 ; on veüille avoir la corde de 20 degrés.

Il est visible que cette corde de 20 degrés doit être plus grande que le tiers de 100000.

Je prens donc le tiers de 100000, & j'y ajoûte quelques parties, & je suppose que la somme qui me vient, est la corde de 20 degrés.

Cela fait : si ma supposition est veritable en cherchant par la Proposition précedente, la corde de 40

degrés, puis la corde de 60, je dois trouver 100000
pour la corde de 60 degrés.

Si donc je trouve quelque chose de plus ou de
moins, ma supposition a été trop forte ou trop foi-
ble ; j'en fais alors une nouvelle que je diminuë ou
augmente, jusques à ce qu'operant, comme il vient
d'être dit, je trouve 100000 précisément pour ma
corde de 60 degrés ; & pour lors je suis assûré que
ma derniere supposition est la corde de 20 degrés.

Je trouverai par la même méthode, la corde qui
soûtient un arc, qui sera la cinquiéme partie d'un
arc donné.

PROBLEME QUATRIE'ME.

Construire la Table des Sinus.

L'on a la corde de 60 degrés, qui est 100000.

L'on aura la corde de 30 degrés par le second
Problême, & par le même Problême, la corde de
15 degrés.

Ayant la corde de 15 degrés, l'on aura par la
Proposition précedente, la corde de 3 degrés.

Ayant la corde de 3 degrés, l'on aura la corde
d'un degré par la même Proposition.

Ayant la corde d'un degré, on aura par le second
Problême la corde de 30 minutes.

Ayant la corde de 30 minutes, on aura par le
même Problême la corde de 15 minutes.

Ayant la corde de 15 minutes, on aura par la
précedente Proposition la corde de 3 minutes.

Par la même Proposition, ayant la corde de 3
minutes, on aura la corde d'une minute.

Ayant la corde d'une minute, on a la corde de 2
minutes par le troisiéme Problême.

La moitié de cette derniere corde sera le Sinus de
l'arc d'une minute.

Il est aisé de voir qu'ayant une fois la corde d'une minute, & la corde de deux minutes, on a aisément la corde de 4 minutes, puis celle de 5 par la précedente Proposition, & qu'ainsi le calcul de tous les Sinus ne demande plus que de la patience, pour appliquer le peu de Propositions, que nous venons d'expliquer.

Il y a plusieurs autres Propositions qui abregent les operations, mais il n'est pas necessaire de les donner ; nous ne voulons pas construire une Table. Il suffit d'avoir enseigné la méthode pour en construire une ; on en trouve par tout d'imprimées qui sont fort exactes, & nous y renvoyons ceux qui voudront operer par les triangles.

Mais il faut dire un mot des Tangentes & Secantes ; dont l'usage est frequent dans les operations d'Astronomie, parce qu'on y employe presque toûjours des Triangles appellés Spheriques, c'est à dire, formés par des arcs de grands cercles de la Sphere.

En cette figure je suppose l'angle *C A D*, de 30 degrés & son Sinus *E B*, par consequent de 50000 parties.

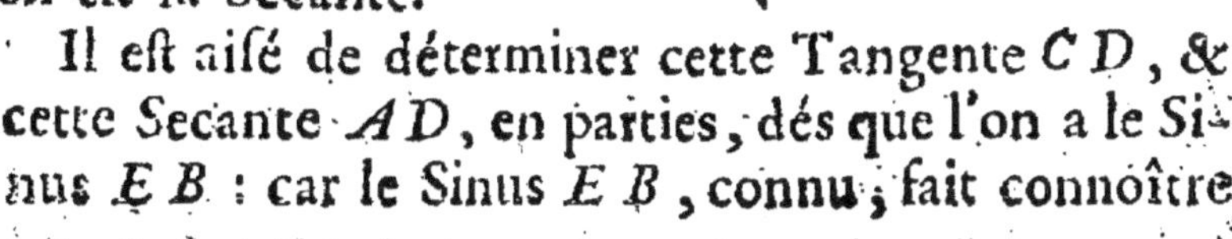

La Tangente *C D*, parallele au Sinus, & terminée par le rayon *A E*, prolongée, est ce qu'on appelle absolument la Tangente de l'arc *C E*, comme la ligne *A D*, en est la Secante.

Il est aisé de déterminer cette Tangente *C D*, & cette Secante *A D*, en parties, dés que l'on a le Sinus *E B* : car le Sinus *E B*, connu, fait connoître

la ligne *A B* ; puisque le Triangle *A B E*, est rectangle , & qu'il n'y a qu'à ôter du quarré du
rayon *A E*, le quarré du Sinus *E B*, pour avoir
le quarré de la ligne *A B*, dont la racine quarrée
sera la ligne *A B*.

Or à cause des triangles semblables *A B E*, *A C D*,
comme la ligne *A B*, est à la ligne *B E* ; ainsi le
rayon *A C*, est à la Tangente *C D*.

Cette Tangente étant une fois connuë, il est bien
aisé de connoître la Secante *A D*.

Car comme le Sinus *B E*, est au rayon *E A* ; ainsi
la Tangente *C D*, est à la Secante *D A*, à cause des
triangles semblables.

On pourroit avoir encore autrement la Secante.

Le Triangle *A C D*, étant rectangle, si au quarré
du rayon *A C*, l'on joint le quarré de la Tangente
C D ; l'on aura le quarré de l'hypotenuse *A D*, dont
la racine quarrée sera la Secante de l'arc *C E*.

Il ne faut donc que cette seule Proposition pour
déterminer en parties toutes les Tangentes & toutes les Secantes de tous les arcs dont on a les Sinus.
Mais nous ne nous y arrêterons pas davantage ; il
y a eu des gens charitables qui nous ont épargné ce
travail ; leurs Tables sont imprimées avec celles des
Sinus, & chacun peut y recourir dans le besoin.

TRAITÉ

DES LOGARITHMES.

LEs Tables des Sinus, Tangentes & Secantes, dont nous venons d'expliquer la construction, pourroient absolument suffire, pour la resolution des Problêmes de Trigonometrie ; mais l'admirable découverte des Logarithmes, dont on est redevable au fameux Neper, a mis un si grand abregé dans le Calcul, & en facilite à tel point les operations, qu'il ne semble pas permis de laisser ignorer aux Commençans, la nature & l'utilité d'une invention si merveilleuse. L'Ecosse peut se vanter d'avoir produit en la personne de cet illustre Mathematicien, un homme dont le nom vivra tant qu'il y aura des Geometres sur la Terre. Les Astronomes sur tout sentiront à jamais ce qu'ils lui doivent, pour leur avoir enseigné une méthode aussi sûre que facile, de resoudre en un quart d'heure des Problêmes qu'on pouvoit à peine entreprendre en un jour, sans compter que les longs Calculs où l'on tomboit nécessairement, étoient presque toûjours inseparables de quelque erreur.

Il n'y a point de petit Arithmeticien qui ne sçache combien les Additions & les Soustractions sont faciles, en comparaison des Multiplications & des Divisions. Ainsi pour faire voir d'un coup d'œil, le service que Neper a rendu aux Geometres, il n'y a qu'à dire en un mot que sa méthode convertit les Multiplications en Additions, & les Divisions en Soustractions.

DÉFINITION DES LOGARITHMES.

On appelle Logarithmes, une suite de nombres en proportion arithmetique, correspondans à d'autres nombres qui sont en proportion geometrique; par exemple, soit une colomne de nombres en progression geometrique, & à côté des colomnes de nombres en progression arithmetique, telles que l'on voudra les choisir, comme l'on voit ici :

Progression geometrique.	*Progression arithmetique.*	*Progreß. arithmet.*	*Prog. arith.*
1	1	1	0
2	2	3	1
4	3	5	2
8	4	7	3
16	5	9	4
32	6	11	5
64	7	13	6
128	8	15	7
256	9	17	8
512	10	19	9
1024	11	21	10

Si l'on se détermine à la premiere progression arithmetique; 1 de cette progression arithmetique, sera dit logarithme de 1 de la progression geometrique; 2 de la progression arithmetique, sera logarithme de 2 de la progression geometrique; 3, sera logarithme de 4; 4 sera logarithme de 8; & ainsi de suite, chaque chiffre de la progression arithmetique, sera le logarithme du chiffre de la progression geometrique vis-à-vis duquel il est placé.

Que si l'on s'étoit déterminé à la seconde progression arithmetique; 1 de la progression arithmetique feroit logarithme de 1 de la progression geometrique ; 3 de la progreſſion arithmetique ſeroit logarithme de 2 de la progreſſion geometrique ; 5 de la progreſſion arithmetique ſeroit logarithme de 4 de la progreſſion geometrique ; & toûjours ainſi de ſuite.

Et ſi l'on avoit choiſi la troiſiéme progreſſion arithmetique, qui commence, comme l'on voit, par zero ; o de cette progreſſion, ſeroit logarithme de 1 de la progreſſion geometrique ; 1 de la progreſſion arithmetique ſeroit logarithme de 2 de la progreſſion geometrique ; 2 de la progreſſion arithmetique ſeroit logarithme de 4 de la progreſſion geometrique ; 3 de la progreſſion arithmetique ſeroit logarithme de 8 de la progreſſion geometrique ; & toûjours de même, on verra bien-tôt que cette progreſſion, qui commence par zero, abrege encore plus les operations que ne font les autres.

Il ne ſera pas inutile de remarquer que l'on pourroit dans la conſtruction des Tables employer une progreſſion arithmetique, qui croît toûjours en diminuant ; par exemple,

Progreſſion geometrique.	*Progreſſion arithmetique.*	En cette progreſſion les nombres qui ſont au-deſſous du zero ſont nombres feints ou négatifs, c'eſt à dire, qui ont avant eux le ſigne de moins, qui ſe marque ainſi ——; & l'on va voir qu'ils produiſent le même
1	7	
3	6	
9	5	
27	4	
81	3	
243	2	
729	1	
2187	0	
6561	——1	
19683	——2	
55049	——3	

effet que les nombres poſitifs dans l'uſage des loga

rithmes. En un mot il est libre de se déterminer à telle progression geometrique que l'on veut ; & de lui faire correspondre aussi une progression arithmetique à discretion : mais ayant choisi en commençant une certaine progression geometrique ; & lui ayant fait correspondre une certaine progression arithmetique, il n'est pas permis en continuant les Tables de quitter les progressions que l'on a d'abord employées.

En jettant les yeux sur ces colomnes de nombres, les personnes tant soit peu appliquées, & qui ont vû dans le Traité des Proportions qu'elles en sou les proprietés, devinent aisément l'utilité de la méthode. Car si l'on doit multiplier 16 par 64 ; on sçait que l'unité où 1 est à 16, comme 64 au produit cherché ; il faut donc par la regle ordinaire, qu'on nomme regle de trois, multiplier 16 par 64 qui sont les moyens d'une progression geometrique, puisque

1, 16 :: 64, au produit 1024.

puis il faut diviser ce produit 1024, par 1, qui est le premier nombre de la proportion geometrique, reste au quotient 1024, qui est l'autre extrême.

Par les Logarithmes, en me servant de la premiere progression arithmetique, je place sous les trois premiers nombres

1, 16 :: 64,

leurs logarithmes 1, 5 :: 7,

à ces trois nombres 1, 5, 7, si je veux avoir un quatriéme proportionel arithmetique, on sçait qu'il faut ajoûter 5 à 7, & de leur somme qui est 12, ôter 1, il reste 11 pour le quatriéme proportionel arithmetique. Ainsi voilà sa proportion arithmetique,

1 est à 5 comme 7 est à 11 à laquelle correspond

1, 16, :: 64, 1024 proportion geomet.

donc cherchant le logarithme 11, qui eſt l'extrême de la proportion arithmetique, je vois qu'il correſpond dans la progreſſion geometrique au nombre 1024, extrême de la progreſſion geometrique.

Ce ſeroit la même choſe ſi je m'étois ſervi de la ſeconde progreſſion arithmetique ; car en cette progreſſion le logarithme de 16, eſt 9 ; celui de 64, eſt 13 ; j'ajoûte 9, à 13, il vient 22 ; j'en ôe le logarithme de l'extrême, qui eſt 1, reſte 21 ; & je trouve vis-à-vis, dans la colomne geometrique, le même nombre cherché, 1024.

Si je m'étois ſervi de la troiſiéme progreſſion arithmetique, qui commence par zero : dans cette progreſſion, le logarithme de 16, eſt 4, celui de 64, eſt 6 ; je les joints enſemble, vient 10, j'ôte 0, c'eſt à dire rien, reſte 10, & je trouve vis-à-vis, dans la colomne geometrique, le même nombre 1024.

La raiſon en eſt évidente, 1, 16 :: 64, 1024, c'eſt à dire, que les deux nombres donnés à multiplier l'un par l'autre, ſont les moyens d'une proportion geometrique, dont le produit qu'on demande, & l'unité ſont les extrêmes. Or dans toute proportion geometrique, le produit des extrêmes eſt égal au produit des moyens, donc le produit des moyens diviſé par l'un des extrêmes donne l'autre.

D'ailleurs à cette proportion geometrique . . . . 1, 16 :: 64, 1024 qui ſe trouve dans la premiere colomne, correſpond dans la ſeconde, la proportion arithmet. 1, 5 :: 7,   11 dont les trois premiers 1, 5, 7, ſont déſignez ; il n'eſt donc queſtion que d'avoir le quatriéme. Or dans toute proportion arithmetique, la ſomme des moyens, comme ſont ici 5, 7, eſt égale à la ſomme

des extrêmes ; par conséquent si de la somme, qui
est 12, j'ôte un des extrêmes, qui est 1, restera l'autre extrême, qui est 11, lequel, dans la proportion
geometrique, me montre 1024, auquel il corref-
pond.

D'où suit clairement, que pour multiplier deux
nombres quelconques l'un par l'autre : il n'y a qu'à
ajoûter leurs logarithmes enfemble, puis de cette
fomme fouftraire le logarithme de l'unité, le refte
fera le logarithme du produit des deux nombres
donnés.

C'eft pour cela qu'il eft encore plus court de choifir une progreffion arithmetique, qui commence par
zero : car en cet exemple,

$$1 , 16 :: 64 , 1024$$

logarithme   0,   4 ::   6,   10

je n'ai que faire de fouftraire le premier logarithme,
puifqu'il eft nul, & que la fomme des logarithmes
moyens eft le logarithme extrême, qui me défigne
1024 ; & voilà la raifon qui fait que dans la conftruction des Tables on employe toûjours la progreffion arithmetique, qui commence par zero, & qui
épargne la fouftraction de ce premier logarithme.

On voit bien encore que la progreffion arithmetique cy-deffus, qui va toûjours en diminuant,
pourroit fervir aux mêmes ufages. Confiderés la
Table cy-deffus, où 7 eft logarithme de l'unité. Je
veux multiplier 27 par 729. J'ajoûte enfemble
leurs logarithmes, qui font dans cette Table, 4 & 1,
la fomme eft 5, j'ôte de 5 le logarithme de l'unité,
qui eft 7, refte — 2, vis-à-vis duquel nombre négatif je trouve dans la progreffion 19683, qui eft
le produit de 27 par 729.

Il fuit encore de ce que nous venons d'expliquer,
que pour divifer deux nombres l'un par l'autre ; par

exemple, 8 par 4 ; du logarithme de 8, qui est 3, il n'y a qu'à souftraire le logarithme de 4, qui est 2; reste 1, logarithme du nombre 2, qui est le quotient de la division.

Tout cela suppose, que o soit logarithme de l'unité : de même voulant divifer 32 par 8 ; du logarithme de 32, qui est 5, ôtés le logarithme de 8, qui est 3, restera 2, qui est le logarithme du nombre 4, quotient de la division; & ainfi des autres.

La démonftration en est évidente : car le divifeur est au dividende, comme l'unité est au quotient de la division ; c'est à dire,

mettés les
logarithmes
deffous.

$$8, 32 \quad : : \quad 1, 4. \quad \text{prop. geometr.}$$
$$3, 5 \quad \text{comme} \quad 0, 2. \quad \text{prop. arithmet.}$$

Dans cette proportion arithmetique, la fomme des extrêmes, qui est 5, est égale à la fomme des moyens, qui est auffi 5, parce que le logarithme de l'unité est o. Ainfi du logarithme de 32, qui est 5, ôtant le logarithme d'un extrême, qui est 3, reste néceffairement 2, logarithme du nombre 4, quotient de la division.

La conftruction de ces Tables feroit bien-tôt faite, fi l'on n'avoit à operer que fur les nombres qui fe trouvent dans les progreffions que l'on a choifies ; mais comme en telle progreffion que l'on puiffe choifir, il manque toûjours beaucoup de nombres intermediaires, l'ufage des logarithmes ne feroit pas de grande utilité, fi l'on ne trouvoit le moyen de le rendre univerfel. Soit, par exemple, les deux progreffions.

geometrique.

geometrique.	arithmetique.	
1	0	Si je voulois mul-
2	1	tiplier 7 par 11,
4	2	comme ni l'un ni
8	3	l'autre de ces nom-
16	4	bres ne se trouve
32	5	dans la progression
64	6	geometrique, il n'y
128	7	aura par conse-
256 &c.	8	quent dans la pro-

gression arithmeti-
que aucuns logarithmes correspondans : il faut donc
une méthode pour remedier à cet inconvenient.

Pour cela souvenons-nous d'abord qu'en faisant
ces Tables, il est libre de choisir telles progressions
que l'on veut : par consequent si j'avois choisi la
progression geometrique 1, 2, 4, 8, 16, 32, 64,
128, &c. & que j'y eusse fait correspondre la progression arithmetique 0, 1, 2, 3, 4, 5, 6, 7, &c.
Il ne tiendroit qu'à moy d'augmenter les chiffres de
la progression geometrique, chacun d'un même
nombre de zero, sans que la progression fût blef-
fée ; car y ajoûtant un zero, elle deviendroit 10,
20, 40, 80, 160, 320, 640, 1280, &c. &
les logarithmes 0, 1, 2, 3, 4, 5, 6, 7, &c. devien-
droient en ce cas logarithmes de cette nouvelle progression geometrique.

De plus, si j'augmentois aussi d'un même nombre de zero, chaque chiffre de la progression arithmetique, comme ici d'un zero, elle deviendroit
00, 10, 20, 30, 40, 50, 60, 70, &c. &
ces nombres seroient toûjours logarithmes de la progression geometrique à laquelle ils correspon-
droient. Cela supposé.

La commodité du Calcul a fait choisir la progression geometrique decimale, c'est à dire, celle où

chaque nombre est decuple de celui qui le précede immédiatement.

Progr. geomet.	Progr. arithmet. qui contient les
1	0
10	1
100	2
1000	3
10000	4
100000	5
1000000	6
10000000	7
100000000	8
1000000000	9

logarithmes de cette progression geometrique ; 0 est donc ici logarithme de 1 , 1 est logarithme de 10 , 2 est logarithme de 100,&c. Ayons toûjours devant les yeux , qu'à quatre nombres geometrique-ment proportionels, doivent correspondre quatre nombres arithmetique-ment proportionels.

Que pour avoir un moyen geometrique entre deux nombres , il faut extraire la racine quarré de leur produit ; & que pour avoir un moyen arithmetique entre deux nombres donnés , il faut les ajoûter ensemble, & prendre la moitié de leur somme ; ce sera le moyen arithmetique cherché.

Dans ces deux dernieres progressions où j'ai 0 pour logarithme de 1, & 1 pour logarithme de 10 ; je veux trouver quel doit être le logarithme du nombre 9.

Le nombre 9 étant placé entre 1 & 10 , il faut que le logarithme de ce nombre 9 , soit entre les logarithmes de 1 & de 10 qui sont 0 , 1.

Or , sans autre preuve , ce logarithme placé entre 0 , 1 sera moindre que 1 nécessairement , & partant sera une fraction moindre que l'unité. D'où s'ensuit que les logarithmes , des nombres 8 , 7 , 6 , 5 , 4 , 3 , 2. seroient aussi des fractions toûjours moindres que la fraction qui exprimeroit le loga-rithme du nombre 9 que je veux trouver : ce qui çauſeroit un étrange embaras dans le calcul, & feroit perdre toute la facilité que doivent y apporter les logarithmes.

C'eſt pour cela même qu'étant libre de choiſir pour logarithmes telle progreſſion arithmetique que l'on veut ; je puis augmenter la progreſſion arithmetique cy-deſſus d'un même nombre de zero, & la ſuppoſer comme ici.

Alors le logarithme de l'unité étant comme on le voit 0. 0000000, c'eſt à dire, rien ou zero, & celui de 10, étant 10000000, qui ſurpaſſe le premier par dix millions d'unités, je pourrai dans ce prodigieux intervale, trouver quelque nombre, qui ſans être fraction, correſponde au nombre 9, rebattons le principe fondamental.

0.	0000000
1	0000000
2	0000000
3	0000000
4	0000000
5	0000000
6	0000000
7	0000000
8	0000000
9	0000000

Etant donnés, dans la progreſſion geometrique, les nombres 100, 10000 ; & dans l'arithmetique les nombres 20000000 & 40000000 qui leur correſpondent & ſont les logarithmes : ſi l'on tire la racine quarrée du produit des deux premiers 100 & 10000, & que l'on prenne la moitié de la ſomme des deux derniers 20000000 & 40000000, on aura d'une part 1000 & de l'autre 30000000, qui ſera le logarithme du nombre 1000, moyen proportionel entre les deux premiers nombres donnés 100 & 10000. Voilà de quoy il ſe faut bien ſouvenir ; car c'eſt le fondement de tout le Calcul logarithmique.

Ne nous laſſons point de repeter, car nous n'écrivons pas pour ceux qui ſçavent ; mais pour ceux qui ne ſçavent pas.

Si entre deux nombres donnés, comme 1 & 256, on trouve tant de moyens geometriques proportionels que l'on voudra ; & que entre o & 8 déterminés pour être logarithmes des deux nombres donnés, on trouve autant de moyens proportionnels arithmetiques : le premier moyen arithmetique trouvé sera le logarithme du premier moyen geometrique trouvé : le second moyen arithmetique qu'on trouvera entre le premier moyen arithmetique trouvé, & 8 sera logarithme du second moyen geometrique qu'on trouvera entre le premier trouvé, & 256 ; & ainsi toûjours de même : car consideré ces colomnes où nous employons exprés de petits nombres.

Progression geometrique.	Progress. arithmet.	Entre 1 & 256 je cherche le moïen geometrique proportionel, pour cela je multiplie 1 par 256, vient au produit 256 ; j'en tire la racine quarrée, vient 16 pour le premier moyen geometrique, qui se trouve entre les deux nom-
1	o	
2	1	
4	2	
8	3	
16	4	
32	5	
64	6	
128	7	
256	8	

bres donnés 1, 256.

Entre o & 8 déterminés pour logarithmes de 1, 256. Je cherche un moyen proportionel arithmetique, leur somme o 8, est 8 ; dans la moitié 4 est logarithme de 16, comme il se voit dans les colomnes.

Entre 16, premier moyen geometrique trouvé, & 256, je cherche un moyen geometrique, je multiplie l'un par l'autre ; je tire la racine du produit, il me vient 64 pour second moyen geometrique.

Entre 4, premier moyen arithmetique trouvé, & 8, je cherche le moyen arithmetique, leur somme 4, 8, est 12 ; j'en prens la moitié, qui est 6, pour logarithme de 64.

Continuant, entre 64 & 256, je cherche le moyen geometrique, vient 128.

Entre 6 & 8 je cherche le moyen arithmetique, j'ajoûte 6, 8, vient 14, dont la moitié 7 est le logarithme de 128.

Mais pour éclaircir encore plus la matiere, considerés les colomnes entre 2 & 4, cherchés un moyen geometrique proportionel, leur produit est 8, dont la racine est $\sqrt{8}$: car c'est ainsi qu'on marque les racines sourdes ; ce nombre sourd, $\sqrt{8}$, est moyen geometrique proportionel, suivant la regle.

Le logarithme de 2 est 1, celui de 4 est 2, leur somme est 3, dont la moitié $\frac{3}{2}$ est logarithme de $\sqrt{8}$; & vous l'allés voir.

Entre 8 & 16, je prens le moyen geometrique, & c'est $\sqrt{128}$. Entre 3 & 4, logarithmes de 8 & 16, je cherche le moyen arithmetique, & c'est $\frac{7}{2}$, qui est logarithme de $\sqrt{128}$.

Pour le prouver, je veux multiplier $\sqrt{8}$ par $\sqrt{128}$; par la pratique des logarithmes, je joins leurs logarithmes $\frac{3}{2}$ & $\frac{7}{2}$, la somme est $\frac{10}{2}$ ou 5, que vous voyés dans la colonne être le logarithme de 32.

Or $\sqrt{8}$, multiplié par $\sqrt{128}$, produit $\sqrt{1024}$, qui est en effet 32 ; & ainsi de tous les autres.

Il suit visiblement de ce que nous venons de remarquer, que si entre deux nombres donnés, com-

me 1 & 10, je cherche, suivant cette méthode,
des moyens proportionels geometriques; & qu'entre
les logarithmes de ces deux nombres, lesquels logarithmes sont 0, 1; je cherche des moyens proportionels arithmetiques : le premier moyen geometrique trouvé, aura pour logarithme le premier moyen
arithmetique trouvé : le second moyen geometrique
trouvé, aura pour logarithme le second moyen arithmetique : le quinziéme moyen geometrique, aura
pour logarithme le quinziéme moyen arithmetique :
le vingt-sixiéme moyen geometrique, aura pour logarithme le vingt-sixiéme moyen arithmetique, &c.
& tous ces logarithmes seront déterminés entr'eux,
par raports aux deux premiers établis 0, 1.
Cela étant,

Progr. geometr.	*Progreß. arithmet.*
1	0.00000000
10	1 00000000
100	2 00000000
1000	3 00000000
10000	4 00000000
100000	5 00000000
1000000	6 00000000
10000000	7 00000000
100000000	8 00000000
1000000000	9 00000000

je cherche quel doit être le logarithme du nombre 9.
Je prens le moyen proportionel geometrique entre
1 & 10, qui ont ici pour logarithmes 0.00000000
& 100000000. J'ajoûte ensemble ces deux logarithmes, leur somme est 100000000, la moitié de cette somme 50000000 sera logarithme du
moyen proportionel geometrique entre 1 & 10, quel
qu'il soit.

Mais comme pour avoir le moyen geometrique

proportionel entre 1 & 10, il eſt néceſſaire de tirer la racine quarrée de 10 , qui n'a point de racine exacte, il faut au moins en approcher ſi près, que ce qui pour ramanquer à la préciſion devienne comme imperceptible , & ne puiſſe cauſer aucune erreur dans le Calcul.

On ſçait la méthode ordinaire pour aprocher à l'infini de la veritable racine : car en réduiſant le nombre donné 10 en fraction , comme $\frac{1000}{100}$ qui vaut 10 , & qui a pour ſon dénominateur un nombre quarré ; & tirant la racine quarrée du numérateur & du dénominateur , il vient $\frac{31}{10}$ ou $3\frac{1}{10}$.

Mais ſi l'on réduit le nombre 10 en une fraction compoſée d'un plus grand nombre de chiffres , comme $\frac{100000}{10000}$ qui vaut toûjours 10 , la racine ſera $\frac{316}{100}$ ou $3\frac{16}{100}$ qui eſt plus grande que la premiere racine $3\frac{1}{10}$: ainſi augmentant toûjours de deux zero le numérateur & le dénominateur de la fraction , elle vaudra toûjours 10 ; & ſa racine approchera toûjours de plus en plus de la veritable.

Tout cela ſuppoſé , pour trouver le moyen proportionel entre 1 & 10 , je convertis ces deux nombres en ces deux grandes fractions $\frac{1000000}{10000000}$, $\frac{10.0000000}{10000000}$. Je multiplie l'une par l'autre , vient $\frac{10.00000000000000}{10000000000000000}$. Je tire la racine quarrée de cette derniere fraction , vient

$\dfrac{31622777}{10000000}$, dont le quarré differe de 10, à peine de la cinq cent milliéme partie d'une unité.

Cette racine donc $\dfrac{31622777}{10000000}$ aura pour logarithme 5000000 : mais cette racine n'eſt pas le nombre dont je cherche le logarithme. Le nombre dont je cherche le logarithme, eſt $\dfrac{90000000}{10000000}$ ou en entiers, 9.

Ainſi je prendrai le moyen proportionel geometrique entre $\dfrac{31622777}{10000000}$ & $\dfrac{10.0000000}{1\ 0000000}$, il me viendra $\dfrac{5.6234132}{1\ 0000000}$, dont j'aurai le logarithme, en ajoûtant 5.0000000, logarithme de $\dfrac{31622779}{10000000}$ au logarithme de 10, qui eſt 10.00000000, & prenant la moitié de cette ſomme, laquelle moitié ſera 75000000.

J'ai donc le nombre $\dfrac{56234132}{10000000}$ avec ſon logarithme. Mais ce nombre plus grand que le premier moyen geometrique proportionel, eſt encore beaucoup plus petit que $\dfrac{90000000}{10000000}$, dont je cherche le logarithme.

C'eſt pourquoy entre ce nombre $\dfrac{56234132}{10000000}$ & $\dfrac{10\ 0000000}{1\ 0000000}$. Je cherche encore par la même métho-de un moyen geom. proportionel, qui ſe trouve être

$\frac{74989421}{10000000}$, dont j'aurai le logarithme, en joignant

7500000, logarithme de $\frac{5623432}{10000000}$ au logarithme

de 10, & prenant la moitié de la somme qui se trouve 8750000.

J'ai donc à present le nombre $\frac{74989421}{10000000}$ avec son

logarithme 8750000.

Mais ce nombre est encore plus petit que $\frac{90000000}{10000000}$

dont je cherche le logarithme.

Ainsi entre $\frac{74989421}{10000000}$ & $\frac{10.0000000}{10000000}$ je cherche

encore un moyen proportionel geometrique, que je

trouve être $\frac{86596432}{10000000}$, & dont le logarithme se

trouve par la même pratique 9375000.

Or ce nombre $\frac{86596432}{10000000}$ est encore plus petit

que $\frac{90000000}{10000000}$. Ainsi je cherche entre $\frac{86596432}{10000000}$

& $\frac{10.0000000}{10000000}$ un moyen proportionel geometrique

que je trouve par la même méthode, être $\frac{93057204}{10000000}$

avec son logarithme 9687500.

Ce dernier moyen geometrique proportionel étant

plus grand que $\frac{90000000}{10000000}$, donc je cherche le loga-

rithme : je ne dois pas entre lui & $\frac{10.0000000}{10000000}$ chercher un moyen geometrique proportionel, qui se trouveroit encore plus grand que celui-cy, qui l'est déja trop ; c'est pourquoy j'en chercherai un entre $\frac{8659 6432}{10000000}$ & $\frac{9305 7204}{10000000}$, & prendrai aussi le logarithme. Ainsi ce moyen proportionel geometrique sera $\frac{8976 8713}{10000000}$, & son logarithme $9531 2500$.

Ainsi en cherchant toûjours entre le plus prochainement moindre, & le plus prochainement plus grand que $\frac{9000 0000}{10000000}$ des moyens geometriques proportionels avec leurs logarithmes, on approchera toûjours de plus en plus du nombre cherché $\frac{9000 0000}{10000000}$, ensorte que le vingt-sixiéme nombre que l'on trouvera, moyen proportionel geometrique entre $\frac{9000 0004}{10000000}$ & $\frac{8999 9998}{10000000}$ sera précisément le nombre cherché $\frac{9.0000000}{10000000}$, ou entiers 9, & son logarithme sera $9542 4251$.

C'est une suite naturelle de ce que nous avons démontré cy-dessus.

Il est aisé d'avoir par la même méthode le logarithme de $\frac{6000 0000}{10000000}$ ou entiers 6 : car ayant trouvé cy-dessus le nombre $\frac{5623 4137}{10000000}$ qui est plus petit que $\frac{6000 0000}{10000000}$ & $\frac{7498 9421}{10000000}$ qui est plus grand, avec leurs logarithmes ; il faut chercher entre ce nombre plus petit , & ce nombre plus grand , un moyen proportionel geometrique ; & un moyen proportionel arithmetique entre leurs logarithmes : continuant toûjours , comme l'on vient de faire pour le nombre 9 ; viendra enfin d'une part $\dfrac{6000000}{1000000}$ ou 6 ; & d'autre part son logarithme 7781512.

Cette seule méthode pourroit absolument suffire à trouver les logarithmes de tous les nombres intermédiaires de la progression geometrique ; mais il y a des abregés considerables qu'il ne faut pas ignorer.

Dés qu'on a les logarithmes de 9 , de 7 , de 6 , par les méthodes qu'on vient d'expliquer , on en trouve une infinité d'autres sans peine ; car on voit clairement , par ce qui a été dit , que le logarithme de 9 donne celui de 3 , puisque 9 n'est autre chose que 3 multiplié par 3 , & que

$$1 , 3 :: 3 , 9$$ geometriquement & arithmetiquement 0 , est au logarithme de 3 , comme le logarithme de 3 , au logarithme de 9 : donc la somme du logarithme de 9 & de 0 , logarithme de l'unité ; c'est à dire le logarithme de 9 est égal au logarithme de 3 , & au logarithme de 3 , ou au double de logarithme de 3 : donc le logarithme de 3 est moitié du logarithme de 9.

On voit encore clairement par là qu'étant donné le logarithme d'un nombre quarré , il n'y a qu'à prendre la moitié de ce logarithme , pour avoir le logarithme de la racine d'un nombre donné. Ainsi 9542451 étant logarithme de 9 ; la moitié 4771212 5 sera logarithme de 3 , qui est racine de 9.

Par la même raison , étant donné le logarithme d'un nombre cubique , comme 216 , dont le logarithme eſt 23344537; ſi je prens le tiers de ce log. qui ſera 7781512 ; ce tiers ſera logarithme, de 6, racine cubique du nombre 216 ; & c'eſt une grande facilité pour l'extraction des racines.

Ayant le logarithme de 3 , & le logarithme de 6, il eſt facile d'avoir le logarithme de 2 , puiſque le nombre 6 eſt le produit de 3 par 2 , & que par conſéquent 1 , 2 :: 3 , 6 geometriquement, donc arithmetiquement o eſt au logarithme de 2 , comme le logarithme de 3 au logarithme de 6 ; donc la ſomme de o & du logarithme de 6 ; c'eſt à dire, le logarithme de 6 eſt égal à la ſomme du logarithme de 2 & du logarithme de 3 ; donc ſi du logarithme de 6 on ôte le logarithme de 3 , reſtera le logarithme de 2.

Ayant le logarithme de 2 , qui ſe trouve 3010300, il n'y a qu'à le doubler, viendra 6020600 pour le logarithme du nombre 4 , puiſque 2 eſt racine de 4.

Par la même raiſon , doublant le logarithme de 4 , on a le logarithme de 16 ; doublant le logarithme de 16 , on a le logarithme de 256 , quarré de 16 , &c.

Ayant le logarithme de 2 & celui de 4 , on a celui de 8 , puiſque 1 , 2 :: 4 , 8 geometriquement & arithmetiquement o eſt au logarithme de 2 , comme le logarithme de 4 au logarithme de 8 ; donc la ſomme des deux moyens eſt égale à celle des extrêmes ; c'eſt à dire, le logarithme de 2 , ajoûté au logarithme de 4 , fait le logarithme de 8 , qui ſe trouve 9030900.

Ayant le logarithme de 2 & celui de 10 , on a auſſi le logarithme de 5 , puiſque 10 eſt le produit de 5 par 2, & que 1 , 2 :: 5 , 10 geometriquement, donc arithmetiquement o eſt au logarithme de 2 , comme logarithme de 5 au logarithme de 10 ; donc la somme de 0 & du logarithme de 10 ; c'eſt à dire, le logarithme de 10 eſt égal aux deux logarithmes de 5 & de 2 ; donc ôtant du logarithme de 10 le logarithme de 2, reſtera le logarithme de 5, qui ſe trouve 6989700.

Voilà donc les logarithmes de 1, 2, 3, 4, 5, 6, 7, 8, 9, 10, leſquels par la ſimple addition ou ſouſtraction en donnent une infinité d'autres, ainſi que l'on vient de l'expliquer ; comme 12, 14, 18, 20, 15, 21, 24, 27, 30, 28, &c. en un mot les logarithmes des produits de deux nombres quelconques, dont on a les logarithmes, les logarithmes des quarrés, dont on a la racine avec ſon logarithme, &c.

A l'égard des nombres, qui ne ſont point produits d'autres nombres, ou qui ne ſont point ſous-multiples de quelque nombre, dont le logarithme ſoit connu ; comme par exemple, 11, 13, 17, 31, &c. il faut employer la méthode dont on s'eſt ſervi pour le logarithme du nombre 9. Ainſi pour trouver le logarithme de 13, comme l'on a aiſément le logarithme de 12 & le logarithme de 14 ; il faut chercher des moyens geometriques proportionels entre $\dfrac{120000000}{10000000}$ & $\dfrac{140000000}{10000000}$; & des moyens arithmetiques proportionels entre leurs logarithmes connus, juſqu'à ce qu'on trouve d'une part $\dfrac{130000000}{10000000}$, & de l'autre 11139433, qui eſt le logarithme de 13.

Mais comme il y a eu des perſonnes laborieuſes, qui ont bien voulu conſtruire toutes ces Tables avec un grand ſoin ; on n'a qu'à profiter de leur travail ;

il fuffit d'avoir fait icy connoître le chemin qu'il a fallu tenir pour y arriver ; on avertira feulement que les Tables de feu M. Ozanam , imprimées en 1685, font d'une exactitude furprenante ; & que des gens fort habiles & fort exercés aux operations aftronomiques, qui s'en fervent depuis trente ans, n'y ont jamais trouvé la moindre faute d'impreffion ; auffi travailloit-il avec grand foin tout ce qu'il donnoit au public , & fon nom fera toûjours honneur à la Souveraineté de Dombes , où il avoit pris naiffance.

On n'ignore pas qu'il y a d'autres méthodes pour trouver les logarithmes , & qu'il y en a même de puifées dans les fpeculations de la plus fublime Geometrie ; mais il ne doit pas en être queftion dans un Traité purement élementaire.

Il faut ajoûter icy la méthode de trouver le logarithme d'une fraction , & le logarithme d'un nombre entier auquel une fraction peut être jointe ; cela eft aifé , après ce qui a été dit. Je veux trouver le logarithme de la fraction $\frac{3}{4}$.

Puifque o eft le logarithme de l'unité ou de 1 , & que $\frac{3}{4}$ eft moindre que 1 , il faut que le logarithme de $\frac{3}{4}$ foit moindre que o ; c'eft à dire , qu'il foit un nombre nié , autrement un nombre feint , qui eft precedé du figne — ; or cette fraction $\frac{3}{4}$ n'eft autre chofe que 3 , divifé par 4 ; donc par la méthode ordinaire des logarithmes, il n'y a qu'à ôter du logarithme de 3 , le logarithme de 4 ; c'eft à dire , de 4771212, ôter 6020600, il reftera —1249388.

De même si je veux trouver le garithme de $9 + \dfrac{3}{4}$,

je le réduis en une seule fraction, qui est $\dfrac{39}{4}$. Du logarithme de 39 j'ôte le logarithme de 4 ; c'est à dire, de 15910646, j'ôte 6020600, reste 9890046, qui est nombre positif & logarithme de $9 + \dfrac{3}{4}$.

Comme la construction des Tables est d'un grand travail ; les Tables des Logarithmes ne vont ordinairement que depuis l'unité jusques au nombre 10000 : mais il est aisé de trouver dans le besoin, le logarithme d'un nombre beaucoup plus grand ; & la méthode en est nécessaire pour avoir les logarithmes des sinus & des tangentes, dont les nombres excedent de beaucoup le nombre 10000.

Je veux avoir le logarithme de 3255682 ; ce nombre est beaucoup plus grand que 10000, ainsi il n'est pas dans la Table des nombres.

De ce nombre 3255682, je retranche 682, qui font les trois dernieres figures, afin qu'il me reste 3255, qui est le plus grand nombre qui se puisse trouver dans la Table, en faisant le retranchement ; car si je ne retranchois que deux chiffres de la fin, il me resteroit 32556, qui est plus grand que 10000 ; ainsi je ne puis en retrancher moins de trois.

Je prens le logarithme de 3255, que je trouve dans la Table 35125510.

Si à ce logarithme je joins le logarithme du nombre 1000, j'aurai le logarithme d'un nombre mille fois plus grand que 3255 ; c'est à dire, que j'aurai le logarithme du nombre 3255000 ; c'est une suite bien claire de ce qui a été expliqué.

Je prens enfuite le logarithme de 3256, nombre plus grand d'une unité que le nombre 3255

Le logarithme de 3256 fe trouve dans la Table   3512684½
j'y joins le logarithme de 1000, qui eſt   3000000
la ſomme eſt 6512684, logarithme 3256000 :
J'ai donc le logarithme du nombre 3255000, qui eſt 6512510 ; & celui du nombre 3256000, je prens la différence des logarithmes, qui eſt 1334, puis je fais une regle de proportion, & je dis :

Si 1000, différence de 3255000 & 3256000 donnent 1334 pour différence des logarithmes ; combien donneront les figures retranchées 682, vient le nombre 909, je l'ajoûte à 6512510, & j'ai 6512 6419, qui ſera le logarithme cherché du nombre 3255682.

Ce nombre dont nous venons de trouver le logarithme eſt le ſinus d'un angle de 19 degrés, comme il eſt marqué dans les Tables ordinaires ; mais les perſonnes peu verſées dans ces calculs, ſeront étonnées que le logarithme de ce ſinus y ſoit marqué beaucoup plus grand que nous ne le trouvons icy ; il faut leur en expliquer la raiſon.

Le ſinus de 19 degrés, qui eſt marqué 3255682, ſuppoſe le raïon de 10000000 ; & ce nombre eſt ſuffiſant pour la conſtruction de la Table des ſinus ; mais pour les Tables de leurs logarithmes, on ſuppoſe un raïon mille fois plus grand, c'eſt à dire, de 10000000000 parties, afin d'avoir les logarithmes dans une plus grande préciſion.

Par cette ſuppoſition d'un raïon mille fois plus grand, le ſinus de 19 degrés devient auſſi mille fois plus grand ; c'eſt à dire, 3255682, multiplié par 1000 : or pour avoir le logarithme de ce produit, il faut, ſuivant ce qui a été expliqué cy-deſſus

sus ajoûter le logarithme de 1000 au logarithme de 3555682 ; c'est à dire, 3000000 à 6512649 ; & j'aurai 9512649 , tel qu'il est marqué dans la Table.

Il faut encore avertir les Commençans de ne se pas méprendre à la définition des logarithmes, qui pourroit les induire à erreur.

En considerant la Table , on trouve par exemple,

Nombres.	Logarithmes.	On a défini les lo-
2	3010300	garithmes ; nombres
3	4771212	en proportion arith-
4	6020600	metique : or il est vi-
5	6989700	sible que ces six nom-
6	7781512	bres logarithmiques
7	8450980 &c.	ne sont pas en pro-

portion arithmetique, puisque l'excés du second sur le premier est bien plus grand que l'excés du troisiéme sur le second.

Il ne faut donc pas s'arrêter à cette seule partie de la définition , il y faut joindre la seconde : ce sont veritablement des nombres en proportion arith-metique , mais correspondans à des nombres qui sont en proportion geometrique.

Ainsi dans l'exemple que nous venons de choisir ; quoique le premier, le second, le troisiéme & le quatriéme logarithme ne soient point en proportion arithmetique ; cependant le premier , le second, le troisiéme & le cinquiéme sont en proportion arith-metique : car le premier est moindre que le second de 1760912 , comme le troisiéme est moindre que le cinquiéme aussi de 1760912 ; & ces quatre nom-bres 3010300 , 4771212 , 6020600 , 7781512 correspondent aux quatre nombres 2 , 3 , 4 , 6 qui sont en proportion geometrique : d'où suit, que suivant la définition entenduë comme elle doit l'être ,

ces quatre derniers nombres 2 , 3 , 4 , 6 ont pour
logarithmes 3010300, 4771212 , 6020600 ,
7781512 qui sont veritablement en proportion arithmetique , mais non pas en proportion continuë ; non
plus que les quatre nombres 2 , 3 , 4 , 6 qui sont
en proportion geometrique , mais non pas en proportion continuë. Car quoique 2 soit à 3 , comme
4 est à 6 geometriquement, 2 n'est pas à 3 geometriquement, comme 3 est à 4. J'ai vû des personn-
nes assés avancées dans la connoissance des Elemens , que cette difficulté toute mediocre qu'elle
est , avoit embarassée.

Il n'est pas inutile de faire observer à ceux qui
commencent à se servir des Tables , que les différences des logarithmes des premiers nombres sont
bien plus grandes que celles des logarithmes des derniers, ainsi qu'il est facile de le remarquer.

Le logarithme du nombre 3 est 4771212 ; le logarithme du nombre 4 est 6020600 : leur différence est donc 1249388. Or le logarithme du nombre 9996 est 39998262 , & le logarithme du
nombre 9997 , qui ne surpasse son précedent que
de l'unité , est 39998697 : la différence de ces deux
derniers logarithmes est 435 , qui est deux mille huit
cens soixante & douze fois moindre que la différence des logarithmes de 3 & de 4. La pratique de la
construction des Tables rend toute seule raison de
ces grandes inégalités : car

Progreß. *geometr.*	*Progreß.* *arithmet.*	Entre 1 & 10 il faut trou-
		ver huit nombres intermé-
1	0	diaires , dont il faut que les
10	1	logarithmes se trouvent en-
100	2	tre 0 & 1. Entre 10 & 100,

il en faut trouver 88 , dont il faut que les logarithmes se trouvent entre 1 & 2 : ainsi la progression

arithmetique n'augmentant jamais que de l'unité ; cette unité correspond, dans la progreſſion geometrique à d'autant plus de nombres que la progreſſion geometrique va en augmentant. Cette obſervation rendra raiſon d'une pratique que nous allons expliquer.

Je veux ſçavoir à quel nombre appartient le logarithme 3865239 0 ; je cherche dans la Table le logarithme le plus prochainement moindre, & je trouve que c'eſt 3865222 5, qui eſt logarithme du nombre 7332. Mais le logarithme donné étant plus grand, il faut auſſi que le nombre, dont il eſt logarithme, ſoit plus grand que 7332 : or cet excès ne peut être qu'une fraction ; car le logarithme de 7333 eſt dans la Table 3865281 7 plus grand que le logarithme propoſé.

Pour ſçavoir quelle doit être cette fraction, je prens la différence du logarithme donné 386523 9 0, & du logarithme le plus prochainement moindre ; cette différence eſt 16 5 que je mets à part.

Je prens enſuite la différence du logarithme du nombre 7332 & du logarithme du nombre 7333, laquelle eſt 59 2.

Enſuite faiſant une regle de trois, je dis :

Si la différence des deux logarithmes 59 2 donne l'unité ou 1, combien donnera 16 5, différence du logarithme propoſé 3.865239 0, & du logarithme le plus prochainement moindre, & je trouve $\frac{16\,5}{59\,2}$:

ainſi le nombre, dont 3865239 0 eſt le logarithme, ſera $7332 + \frac{16\,5}{59\,2}$.

Mais ſi l'on me propoſoit le logarithme 160765 4, & qu'il fallût trouver le nombre dont il eſt le logarithme , cette méthode ne me donneroit pas exactement la fraction qu'il faut trouver : car prenant la différence de ce logarithme donné , & du plus prochainement moindre , je trouve qu'elle est 55913, & c'est la différence du logarithme du nombre 40 & du logarithme donné.

Je prens ensuite la différence du logarithme de 40 & du logarithme 41 , qui se trouve être 107239.

Si je faisois maintenant une regle de trois , & que je dise :

Si 107239 donnent 1 , combien 55913.

Comme les différences de ces premiers logarithmes sont trés-grandes , & diminuent fort inégalement ; cette regle ne donneroit pas ce qu'il faut : car quoique 55913 soit presque la moitié de 107239 , cette unité qu'il faut diviser , & dont il faut prendre une partie , ne doit pas être à beaucoup prés divisée dans la proportion de ces deux nombres , à cause de la grande inégalité du décroissement des logarithmes.

Pour remedier à cet inconvenient, au logarithme donné 16076543 , j'ajoûte le logarithme de 100, qui est 20000000 , vient 36076543 , par la méthode cy-dessus je cherche le nombre auquel 36075543 appartient , & je trouve que ce logarithme convient au nombre $4018\frac{4}{5}$, cette fraction $\frac{4}{5}$ est exacte , ou tiés-peu s'en faut ; parce que les différences de ces grands logarithmes n'ont pas les inégalités des premiers.

Mais comme ce logarithme 3.6076543 a été formé par l'addition du logarithme donné 16076543,

& du logarithme de 100, qui eſt 20000000, la ſomme des deux logarithmes eſt logarithme d'un nombre cent fois plus grand que celui dont 1607543 eſt logarithme, ſuivant ce que nous avons dit tant de fois ; donc il faut prendre la centiéme partie du nombre trouvé 4018 $\frac{4}{5}$, qui ſera 40 $\frac{94}{500}$.

On voit par là combien cette fraction eſt éloignée d'avoir avec l'unité la même proportion que 55913 avec 107239.

C'eſt pourquoi lorſque le logarithme donné eſt moindre que le logarithme de 1000, il faut l'augmenter comme nous venons de le pratiquer.

Que ſi l'on me propoſoit un logarithme plus grand que le logarithme de 10000, lequel eſt 4.0000000 ; par exemple, ſi l'on me propoſoit 4.5524118, qui ne ſe peut trouver dans la Table ; de ce logarithme donné, j'ôte le logarithme du nombre 10, qui eſt 10000000, me reſte 35524118, que je trouve appartenir au nombre 3567 $\frac{9}{10}$, lequel nombre, par les principes cy-deſſus poſés, doit être la dixiéme partie du nombre dont le logarithme a été propoſé ; parce que de ce logarithme on a retranché le logarithme de 10 ; ainſi multipliant 3567 $\frac{9}{10}$, par 10 on aura 35679 pour le nombre dont 4524118 eſt le logarithme.

Par les mêmes principes, ſi l'on me propoſe le logarithme négatif cy deſſus —1249988, & que l'on me demande de quelle fraction il eſt logarithme ; à ce nombre négatif j'ajoûte un logarithme à diſcretion ; par exemple, le logarithme du nombre 360, qui eſt 25563025, la ſomme eſt 24313037 ;

ce logarithme eſt correſpondant au nombre 270, lequel doit être 360 fois plus grand que le nombre dont on a propoſé le logarithme, puiſqu'on a ajoûté le logarithme de 360 au logarithme propoſé ; donc diviſant 270 par 360, on doit avoir la fraction cherchée ; c'eſt à dire, $\frac{270}{360}$, ou $\frac{27}{36}$, ou $\frac{3}{4}$ dont —1249988 eſt le logarithme, comme on l'a trouvé cy-deſſus.

Il ne nous reſte plus qu'à donner quelques exemples de l'utilité de ces Tables.

Soit donné le triangle rectiligne ACB, l'angle C de 88 degrés, le côté BA de 9895 toiſes, le côté CA, de 9799 toiſes, on demande l'angle B, par la pratique ordinaire desSinus, comme 9895 eſt au Sinus de 88^d 99939 :: ainſi 9799 eſt au Sinus de l'angle B ; il faudra donc multiplier 99939 par 9799, & diviſer le produit par 9895 ; ce qui eſt aſſés long & ſujet à erreur de calcul.

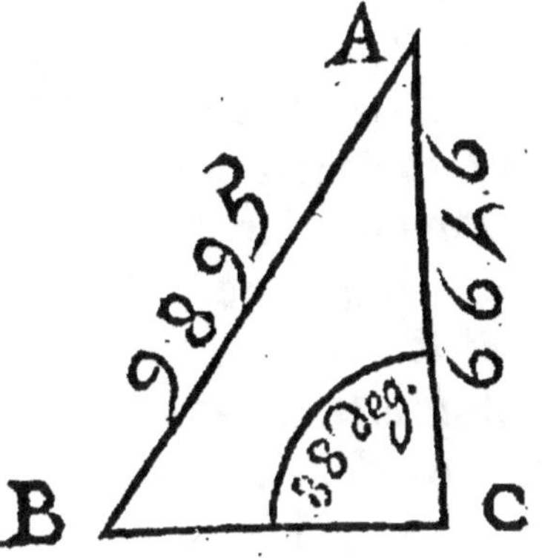

Par les logarithmes, le logarithme de 99939, Sinus eſt 999973
le logarithme du nombre 9799 eſt 399118
j'en fais l'addition , vient 1399091
j'ôte de cette ſom. le log. de 9895, qui eſt .. 399541
reſte 9.99550

que je trouve dans la table être le logar. de 81^d 46' qui eſt l'angle cherché.

Cela eſt bien-tôt fait & bien plus ſûre, puiſqu'il n'y a qu'une ſimple addition , & enſuite une ſouſtraction à faire.

Mais ce n'eſt rien en comparaiſon de l'utilité qu'on trouve dans les operations aſtronomiques. En voicy une qui peut faire juger des autres. Cet exemple ne peut être bien compris que par ceux qui ſçavent les principes du calcul des triangles ſpheriques , les autres doivent s'en rapporter à nous.

Je veux ſçavoir l'heure qu'il eſt par l'obſervation de la hauteur du centre du Soleil : cela dépend de la reſolution d'un triangle ſpherique dont les trois côtés ſont connus.

Le 19 May 1721 , à Chaſtenay , où l'élevation du Pole eſt 48ᵈ, 45, 55″ ; & par conſequent l'élevation de l'équateur 41ᵈ, 14 , 5″, j'obſervai la hauteur du centre du Soleil de 30ᵈ, 2, 26″.

Dans le triangle ſpherique *S P Z* , où *S* déſigne le centre du Soleil , *Z* , le Zenith , *P* , le Pole , les trois côtés ſont connus ; car *S Z* eſt la diſtance du centre du Soleil au Zenith , qui eſt le complément de 30.2. 26″, élevation obſervée ; & partant l'arc *S Z* eſt de 59. 57. 34″. *Z P* eſt la diſtance du Pole au Zenith , c'eſt à dire , 41. 14. 5″. *S P* eſt la diſtance du Soleil au Pole , que l'on connoît exactement par les Tables à jour & à heures marqués , & qui étoit alors 70. 8. 35″. Il faut de là tirer la con-

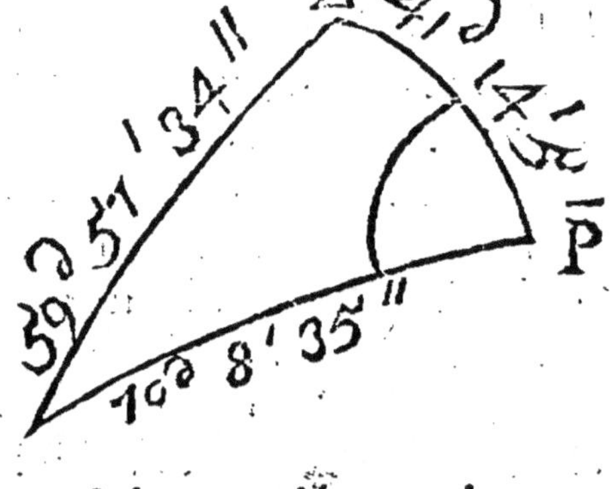

noissance de l'angle *P*, qui donne la distance du Cercle horaire au Méridien.

Pour cela, avant l'invention des logarithmes, il falloit d'abord prendre la somme des trois côtés du triangle 171. 20. 14. prendre la moitié de cette somme 85. 40'. 7". ôter de cette moitié le côté 70. 8. 35. mettre à part ce qui reste 15. 31. 32". ôter ensuite de cette même moitié 85. 40'. 7". l'autre côté 41. 14'. 5". mettre aussi à part ce qui reste 44. 26. 2". ces deux restes se nomment les différences.

Aprés cette préparation, il falloit faire ces deux regles de proportion.

Comme le Sinus de 70. 8. 35" est au Sinus de 15. 31. 32" ; ainsi le Sinus de 44. 26. 2" à un quatriéme Sinus : puis ayant ce quatriéme Sinus, il falloit faire,

Comme le Sinus de 41. 14'. 5" est à ce quatriéme Sinus trouvé, ainsi le Sinus total à un autre Sinus.

Il falloit enfin multiplier cet autre dernier Sinus par le Sinus total, puis tirer la racine quarrée du produit ; & cette racine quarrée étoit le Sinus de la moitié de l'angle cherché *ZPS*.

Il n'y a point de bon calculateur qui puisse finir ces operations en trois heures de travail, au hazard de se tromper dans ces longues multiplications, divisions & extractions de racine.

Par les logarithmes, l'affaire se fait en un quart d'heure par de simples additions.

Je prens le logarithme de 15. 31. 32", qui est 9. 42759
le logarithme de   44. 26. 2.   9. 84514
le compl. logarithmique 70. 8. 35.   2663
le compl. logarithm. de 41. 14. 5.   18103
leur somme est   19. 48039

La

La moitié de cette somme eſt 9. 74019, c'eſt
le logarithme de 33. 21. 9′, dont le double 66ᵈ.
42′. 18″ eſt l'angle cherché , lequel converti en
temps à 15 degrés par heure, montre qu'il étoit alors
4 heures 26′ minutes 49″ ſecondes.
Et ainſi des autres.

Trouver la racine cubique de 9261.
j'en prens le logarithme, qui eſt 3966579,
je prens le tiers de ce logarithme, qui eſt 1322193 ;
c'eſt le logarithme de 21, qui par conſéquent eſt la
racine cubique du nombre donné.

Trouver la racine quarrée quarrée de 6561.
j'en prens le logarithme qui eſt 3816970 0 ,
je prens le quart de ce logarithme, qui eſt 954242 5 ;
c'eſt le logarithme de 9 , qui eſt la racine quarrée
quarrée de 6561.

Trouver la racine cinquiéme de 28629151.
cherchés-en le logarithme par les méthodes cy-deſſus, ce logarithme ſera 7456808 5, prenés-en la
cinquiéme partie , vous aurés 1491361 7 , qui ſera
le logarithme de 31 , racine cinquiéme du nombre
donné.

Entre deux nombres donnés , trouver tant de
moyens proportionels qu'on voudra.

Prenés la différence des logarithmes des nombres
donnés. Si vous ne voulés qu'un moyen proportionel, diviſés la différence en deux parties : ſi vous
voulés deux moyens, diviſés cette même différence
en trois parties ; diviſés-là en quatre parties, ſi vous
voulés trois moyens ; & toûjours de même. Cette
différence ainſi diviſée, ajoûtée au logarithme du
premier nombre donné , donnera le logarithme du
premier moyen, puis ajoûtée à ce logarithme du
premier moyen, elle donnera le logarithme du ſecond moyen ; & ainſi de ſuite.

R

Par exemple, entre 8 & 4096 on demande deux moyens geometriques proportionels.

Le logarithme de 8 est 9030900, le logarithme de 4096 est 36123599, leur différence est 27092700 ; je la divise en trois parties, vient 9030900, que j'ajoûte au premier logarithme 9030900, viendra 18061800 logarithme de 64, premier moyen cherché. J'ajoûte cette même différence divisée par trois, c'est à dire, 9030900 à ce dernier logarithme, & j'ai 27092700 logarithme de 512 second moyen proportionel cherché, ainsi

8 , 64 , 512 , 4096

sont en proportion geometrique continuë.

Si l'on ne comprend pas toutes ces operations, c'est qu'on n'aura pas bien compris ce que nous avons expliqué le plus nettement qu'il nous a été possible de la nature & de la construction des logarithmes. Il faut relire plusieurs fois ce petit Traité pour s'imprimer dans l'esprit les propositions qu'il renferme ; & avec un peu d'attention on peut se répondre de se le rendre familier.

On avertit encore ceux qui commencent, que lorsque l'on calcule par les logarithmes pour abreger les operations, on peut retrancher de chaque logarithme deux figures à la fin, sans que ce retranchement puisse causer aucune erreur. Les Calculateurs en peuvent aisément faire l'experience, & les nombres ainsi retranchés gardent toûjours entre eux la proportion arithmetique.

Fin des Elemens.

INTRODUCTION

A

L'APPLICATION DE L'ALGEBRE

A

LA GEOMETRIE.

INTRODUCTION

A

L'APPLICATION DE L'ALGEBRE

A

LA GEOMETRIE.

DEFINITIONS.

I. L'ALGEBRE eſt l'Art de faire ſur les Lettres de l'Alphabet, les operations que l'on fait ſur les nombres, c'eſt à dire, l'Addition, la Souſtraction, la Multiplication, la Diviſion & les Extractions de racines.

L'on ſe ſert des Lettres de l'Alphabet préferablement à d'autres caracteres arbitraires, dont on pourroit également ſe ſervir, tant parce qu'on les connoît & qu'on les écrit avec plus d'habitude que tous autres caracteres, que parce que ces lettres ne ſignifiant rien d'elles-mêmes, on peut s'en ſervir pour exprimer tout ce qu'on voudra.

Ce qui fait qu'on ne peut pas tirer le même avantage des caracteres Arithmetiques & des Nombres, que des lettres, dans l'Application de l'Algebre à tous ſes uſages, c'eſt 1°. qu'aprés avoir fait quelques-unes des operations dont on vient de parler ſur les lettres, on en connoît non ſeulement le ré-

fultat, mais on connoît & on diftingue en même
temps toutes les quantités qu'il renferme ; ce qui
n'eft point de même dans les réfultats des mêmes
operations faites fur les nombres.

2°. Que les quantités inconnuës entrent dans le
calcul auffi-bien que les connuës, & que l'on opere avec la même facilité fur les unes que fur les autres.

3°. Que les démonftrations que l'on fait par le
calcul algebrique font generales, & qu'on ne fçauroit
rien prouver par les nombres que par induction.

C'eft précifément en ces trois chofes que confifte
le grand avantage qu'on tire du calcul algebrique
dans fon application à toutes les parties des Mathematiques, & en ce qu'on en démontre tous les Theorêmes, & qu'on en refout tous les Problêmes avec
autant de facilité qu'il y auroit de difficulté à faire
les mêmes chofes felon la maniere des Anciens.

On s'eft accoûtumé à employer les premieres lettres de l'Alphabet *a*, *b*, *c*, *d*, &c. pour exprimer
les quantités connuës ; & les dernieres *m*, *n*, *p*, *q*,
r, *f*, *t*, *u*, *x*, *y*, *z* pour exprimer les inconnuës.

1. Outre les lettres qu'on employe dans l'Algebre, il y a encore quelques autres fignes qui fervent
pour marquer les operations que l'on fait fur les
mêmes lettres. Ce figne $+$, fignifie *plus*, & eft la
marque de l'Addition. Ainfi *a* $+$ *b*, marque que
b eft ajoutée avec *a*.

Ce figne $-$, fignifie *moins*, & eft la marque de
la Souftraction. Ainfi *a* $-$ *b*, marque que *b* eft
fouftraite de *a*

Celui-ci $\times$ fignifie *multiplié par*, & eft la marque
de la Multiplication. Ainfi *a* $\times$ *b*, marque que *a*
& *b*, font multipliées l'une par l'autre.

On néglige trés-fouvent ce figne, parce qu'on

est convenu que lorsque deux ou plusieurs lettres sont jointes ensemble sans aucun signe qui separe ces lettres, les quantitez qu'elles expriment, sont dites multipliées ; par exemple, ab marque assez que a & b se multiplient : mais on s'en sert toûjours pour marquer que deux quantitez exprimées par des lettres majuscules de l'Alphabet se multiplient. Ainsi $AB \times CD$, marque que la grandeur exprimée par AB est multipliée par la grandeur exprimée par CD. On employe encore le signe de multiplication en d'autres occasions qu'on trouvera dans la suite.

Ce signe $=$, signifie *égal*, & marque qu'il y a égalité entre les quantitez qui le précedent, & celles qui le suivent. Ainsi $a = b$ marque que a est égale à b.

Celui-ci $>$ signifie *plus grand*. Ainsi $a > b$ marque que a surpasse b.

Celui-ci $<$ signifie *plus petit*. Ainsi $a < b$ marque que a est moindre que b.

Celui-ci ∞ signifie infini. Ainsi $x = \infty$ marque que x est une quantité infiniment grande.

2. Les lettres de l'Alphabet sont nommées *quantitez algebriques*, lorsqu'on les employe pour exprimer des grandeurs sur lesquelles on veut operer.

3. Les quantités algebriques sont nommées *simples, incomplexes* ou *monomes*, lorsqu'elles ne sont point liées ensemble par les signes $+$ & $-$; a, ab, $\frac{aa}{b}$ &c. sont des quantités incomplexes.

4. Elles sont nommées *composées*, ou *complexes*, ou *polinomes*, lorsqu'elles sont liées ensemble par les signes $+$ & $-$; $a + b$, $ab + bb$, $ab - bc + cd$, $\frac{ab + bb}{d}$, sont des quantités complexes.

5. Les parties des quantités complexes diftin‑
guées par les fignes $+$ & $-$ font nommées *ter‑*
mes, $ab + bc - cd$, eft une quantité complexe,
qui renferme trois termes, ab, bc & cd. Il y a
quelques remarques à faire fur le mot de *terme* qu'on
trouvera ailleurs.

6. Les quantités complexes qui n'ont que deux
termes font nommées *binomes* ; celles qui en ont
trois, *trinomes*, &c.

7. Les quantités incomplexes qui font précedées
du figne $+$, ou plutôt qui ne font précedées d'au‑
cun figne (car les quantités incomplexes, & les
premiers termes des quantités complexes qui ne font
précedées d'aucun figne font fuppofées être préce‑
dées du figne $+$) font nommées *positives*, & cel‑
les qui font précedées du figne $-$ *négatives* ; d'où
il fuit que les quantités complexes font pofitives,
lorfque les termes qui ont le figne $+$ furpaffent
ceux qui ont le figne $-$; négatives , lorfque les
termes précedés du figne $-$ furpaffent ceux qui
font précedés du figne $+$.

8. Les quantités incomplexes , & les termes des
quantités complexes qui contiennent les mêmes let‑
tres font nommées *femblables*. $2abc$ & abc font des
quantités incomplexes femblables ; $3aab - 2aab$
$+ 4abb$ eft une quantité complexe qui renferme
deux termes femblables $3aab$ & $-2aab$; le troi‑
fiéme terme $4abb$, n'a point de femblable.

9. Pour s'appercevoir plus facilement de la fimi‑
litude des quantités algebriques , il faut toûjours
écrire les premieres lettres de l'Alphabet les premie‑
res , & les autres dans leur ordre, c'eft à dire par
exemple, qu'au lieu d'écrire bac, ou cab, il faut
écrire abc.

10. Les nombres qui précedent les quantités al‑

gebriques font nommés *coefficiens*.

Dans cette quantité $aa + 3ab + 4bb$, 3 & 4 font les coefficiens des termes $3ab$ & $4bb$. L'on prend l'unité pour coefficient des quantités qui ne font précedées d'aucun nombre, & quoique l'on n'ait point accoutumé de l'écrire, on l'a doit néanmoins toûjours fuppofer. Ainfi aa doit être regardée comme s'il y avoit $1aa$.

REDUCTION
Des quantités complexes algebriques à leurs plus fimples expreffions.

11. Il faut ajoûter les coefficiens des termes femblables, lorfqu'ils ont le même figne $+$ ou $—$, & donner à la fomme le même figne : & lorfqu'ils ont differens fignes, il faut fouftraire les plus petits coefficiens des plus grands, & donner au refte le figne du plus grand. Ainfi $3ab + 2ab$ étant réduite, devient $5ab$; $4ac + 4ab — 6ab$ devient $4ac — 2ab$; $3a — 5a$ devient $— 2a$; $3abc — abc$, ou $3abc — 1abc$, devient $2abc$. Il en eft ainfi des autres.

Dans tous les calculs algebriques, il ne faut jamais laiffer de termes femblables fans être réduits.

ADDITION
Des quantités algebriques incomplexes & complexes.

12. Il n'y a qu'à les écrire de fuite, ou au-deffous les unes des autres, avec leurs fignes, & réduire enfuite les termes femblables, & l'on aura la fomme des quantités qu'il falloit ajoûter enfemble. Ainfi pour ajoûter $3ab — 4bc + 5cd$ avec $2ab — 3cd$, l'on écrira $3ab — 4bc + 5cd + 2ab — 3cd$, qui fe réduit à $5ab — 4bc + 2cd$. Pour ajoûter $5abc — 4bcd$ avec $5abd — 8abc + 6bcd$,

l'on écrira $5abc - 4bcd + 5abd - 8abc + 6bcd$, qui se réduit à $5abd - 3abc + 2bcd$. Pour ajoûter $6a + 3b$ avec $2a - 3b$, l'on écrira $6a + 3b + 2a - 3b$, qui se réduit à $8a$. Il en est ainsi des autres.

SOUSTRACTION
Des quantités algebriques incomplexes & complexes.

13. Il n'y a qu'à les écrire de suite, ou au-dessous l'une de l'autre en changeant tous les signes de celles qui doivent être soustraites ; & l'on aura aprés la réduction des termes semblables, la difference des quantités proposées.

Pour soustraire $3a - 2b + 3c$ de $5a - 3b - 5c$, l'on écrira $5a - 3b - 5c - 3a + 2b - 3c$, qui se réduit à $2a - b - 8c$. Pour soustraire $3ab - 2bc + 2cd$ de $5ab - 4bc + 2cd$, l'on écrira $5ab - 4bc + 2cd - 3ab + 2bc - 2cd$, qui se réduit à $2ab - 2bc$. Il en est ainsi des autres.

MULTIPLICATION
Des quantités algebriques incomplexes, & de leurs puissances.

14. On est convenu que pour multiplier deux ou plusieurs lettres, il n'y a qu'à les écrire de suite sans aucun signe qui les separe, & l'on aura le produit cherché. Ainsi pour multiplier a par b, l'on écrira ab. Pour multiplier ab par ac, l'on écrira $aabc$. Il en est ainsi des autres.

Il y a souvent des nombres, ou coefficiens qui précedent les quantités algebriques qu'il s'agit de multiplier ; il faut aussi avoir égard à leurs signes. Voicy la regle qu'il faut suivre.

15. On multipliera les coefficiens, ensuite les lettres & on donnera au produit le signe $+$ si les

deux quantités font précedées du même figne $+$
ou $-$, & on lui donnera le figne $-$, fi l'une
des quantités eft précedée du figne $+$, & l'autre
du figne $-$.

Pour multiplier $3a$ par $2b$, on dira trois fois 2
font 6, a par b fait. ou donne, ou eft égal à ab;
ainfi l'on aura $6ab$ pour le produit $3a \times 2b$. De
même $3ab \times -2ab = -6aabb$. $-3ab \times -2cd$
$= +6abcd$. $5ab \times cd$, ou $cd = 5abcd$.
$aab \times abb = aaabbb$, ou $a^3 b^3$: car lorfque la
même lettre fe trouve plus de deux fois dans un
produit, on l'écrit feulement une fois, & l'on écrit
à fa droite un caractere arithmetique qui exprime
combien de fois cette lettre doit être écrite. Ainfi
pour $aaaa$, l'on écrira a^4; pour $aaabbb$, l'on
a écrit $a^3 b^3$; on peut auffi pour aa écrire a^2;
pour bb, b^2, &c.

<h3 align="center">DE'FINITION.</h3>

16. Le caractere arithmetique qui marque combien de fois une lettre doit être écrite dans un produit, eft nommé *expofant*. Ainfi dans $a^3 b^4$, 3 eft
l'expofant de a, & 4 celui de b; dans $a^3 b$, 3 eft
l'expofant de a, & 1 l'expofant de b: car quand
une lettre eft feule, ou qu'elle ne doit être écrite
qu'une fois dans un produit, on doit fuppofer qu'elle
a pour expofant l'unité, quoiqu'on ne l'écrive point.
Ainfi a exprime la même chofe que a^1, ou $1a^1$;
$a^3 b$, la même chofe que $a^3 b^1$. &c.

<h3 align="center">REMARQUE.</h3>

17. De même que la multiplication de deux lignes droites engendre ou produit un rectangle, fi
elles font inégales; ou un quarré, fi elles font égales; la multiplication de trois lignes droites inéga-

les , produit un parallelepipede , ou folide ; ou un cube , fi elles font égales ; par la même raifon les Algebriftes appellent rectangle algebrique, le produit de deux lettres differentes , comme ab ; quarré algebrique, le produit d'une lettre par elle-même, comme aa ou a^2 ; folide algebrique , le produit de trois lettres differentes comme abc, ou aab ; cube algebrique , le produit d'une lettre multipliée confecutivement par elle-même, comme a^3, ou b^3. Mais ils n'en demeurent pas là , & quoiqu'il n'y ait point dans la nature de folide qui ait plus de trois dimenfions , ils ne laiffent pas que d'en imaginer d'algebriques dont le nombre de dimenfions va à l'infini, comme a^3, a^4, a^5, $a^3 b$, $aabb$, $a^3 b^3$, &c. Et ces quantités algebriques font d'autant plus compofées que le nombre de leurs dimenfions eft grand ; de forte qu'un produit algebrique qui a quatre dimenfions, eft plus compofé que celui qui n'en a que trois ; celui qui en a trois , eft plus compofé que celui qui n'en a que deux, &c. Et le nombre des dimenfions algebriques eft égal au nombre d'unités que contient la fomme des expofans des quantités qui le forment. Par exemple, $a^3 b$ eft un produit de quatre dimenfions, parce que 3 (expofant de a) $+$ 1 (expofant de b) $=$ 4. $a^3 b^4$ eft un produit de fept dimenfions, parce que $3 + 4 = 7$. Il en eft ainfi des autres.

Ils appellent *puiffance* , ou degré ; le produit d'une quantité algebrique , multipliée par elle-même une fois , deux fois , trois fois , & ainfi à l'infini. Ainfi a, ou a^1 eft le premier degré , ou la premiere puiffance de a ; aa ou a^2, le fecond degré , ou la feconde puiffance, ou le quarré de a ; a^3 le troifiéme degré , ou la troifiéme puiffance ou le cube de a ; a^4, le quatriéme degré , ou la quatriéme puiffance, ou le quarré quarré de a ; a^5, le cinquiéme degré, ou la cinquiéme puissance, ou le quarré cube de a; a^6, le sixiéme degré, ou la sixiéme puissance, ou le cube cube de a ; a^7, le septiéme degré, ou la septiéme puissance de a ; & ainsi à l'infini, d'où l'on voit que les puissances tirent leur nom de leurs exposans.

18. Une puissance peut aussi être regardée comme le produit de deux puissances, ou comme la puissance d'une autre puissance : ainsi a^6 peut être regardée comme le produit de $a^3 \times a^3$, ou comme la seconde puissance de a^3, ou comme la troisiéme de a^2.

19. Il y a aussi des puissances faites du produit de deux ou plusieurs lettres multipliées l'une par l'autre : ainsi $aabb$, est la seconde puissance de ab ; $a^3 b^6$, la troisiéme puissance de abb. Il en est ainsi des autres.

<h3 style="text-align:center">DÉFINITION.</h3>

20. Si deux quantités differentes, ou égales forment un produit, ou une puissance, ces quantités sont nommées *côtés* ou *racines* de ce produit ou de cette puissance. Ainsi a & b sont les côtés, ou les racines de ab ; a le côté ou la racine de aa, &c.

<h3 style="text-align:center">FORMATION
Des puißances des quantités incomplexes.</h3>

21. Il est évident (n°. 17.) que pour élever une quantité incomplexe à une puissance donnée, il n'y a qu'à multiplier cette quantité par elle-même autant de fois moins une que l'exposant de la puissance donnée contient d'unités. Ainsi pour élever ab à la troisiéme puissance, il faut multiplier ab deux fois par elle-même, ce qui donnera $a^3 b^3$. Il en est ainsi des autres.

22. D'où il est aisé de voir qu'on peut faire la même chose d'une maniere plus courte, en multipliant les Exposans de la grandeur donnée par l'Exposant de la puissance à laquelle on veut élever cette grandeur. Ainsi la troisiéme puissance de ab, ou $a^1 b^1$ est $a^{1\times3} b^{1\times3} = a^3 b^3$; la quatriéme puissance de a^3 est $a^{3\times4} = a^{12}$; la troisiéme puissance de aab^3, ou $a^2 b^3$ est $a^{2\times3} b^{3\times3} = a^6 b^9$; la troisiéme puissance de $-a$, ou $-a^1$ est $-a^{1\times3} = -a^3$; la quatriéme puissance de $-a$ ou $-a^1$ est $a^{1\times4} = a^4$, & en general la puissance n de a^m est a^{mn}. La puissance n de $-a^m$ est $\pm a^{mn}$, selon que n signifie un nombre pair, ou impair.

23. Il est clair (n°. 14 & 15) que pour multiplier un produit ou une puissance par un autre produit, ou par une autre puissance où se trouvent les mêmes lettres, il n'y a qu'à ajoûter les Exposans. Ainsi $a^3 \times a^2 = a^{3+2} = a^5$; $a^2 b^2 \times a^2 b^3 = a^{2+2} b^{2+3} = a^4 b^5$; $a^3 \times a^{-5} = a^{3-5} = a^{-2} = \frac{1}{a^2}$; $a^3 \times a^{-3} = a^{3-3} = a^0 = 1$. On verra dans la suite pourquoi $a^{-2} = \frac{1}{a^2}$, & pourquoi $a^0 = 1$.

MULTIPLICATION

Des quantités complexes algebriques, & de la Formation de leurs puissances.

REGLE.

24. On multipliera tous les termes de l'une des quantités par chacun de ceux de l'autre, en ob-

vant les Regles prescrites n°. 14 & 15, & l'on aura le produit total que l'on réduira (n°. 11] à sa
plus simple expression.

EXEMPLES.

25. Soit la quantité A. $a + 2b - c$.
   à multiplier par B. $2a + 3b$.

Produits particuliers. $\begin{cases} C. 2aa + 4ab - 2ac. \\ D. \quad\quad +3ab + 6bb - 3bc. \end{cases}$

Produit total. $E. 2aa + 7ab - 2ac + 6bb - 3bc$.

Le premier terme $2a$ de la quantité B multipliant tous les termes de la quantité A donnera
la quantité C.

Le second terme $3b$ de la quantité B, multipliant tous les termes de la quantité A donnera la
quantité D; & ayant fait la réduction des deux
quantités C & D, l'on aura la quantité E qui sera
le produit des deux quantités A & B. Donc
$$a + 2b - c \times 2a + 3b = 2aa + 7ab - 2ac + 6bb - 3bc.$$

26. Soit la quantité A. $aa + bb$.
   à multiplier par B. $aa - bb$.

Produits particuliers. $\begin{cases} C. \quad a^4 + aabb. \\ D. \quad\quad - aabb - b^4 \end{cases}$

Produit total E. $a^4 - b^4$.

Le premier terme aa de la quantité B, multipliant la quantité A produit la quantité C. Le
deuxième terme $-bb$ de la quantité B multipliant
la quantité A produit la quantité D, & en réduisant les produits particuliers C & D, l'on a le produit total E. Donc $aa + bb \times aa - bb = a^4 - b^4$.

27. On se contente quelquefois pour exprimer la multiplication de deux quantités complexes, d'écrire entre deux le signe de multiplication.

Ainsi pour multiplier $a + b$ par $a - b$, l'on écrit $a + b \times a - b$, ou $\overline{a + b} \times \overline{a - b}$. Il en est ainsi des autres.

FORMATION

Des puißances des quantités complexes.

28. Pour élever une quantité complexe à une puißance donnée, il faut, comme pour les quantités incomplexes, la multiplier consecutivement autant de fois moins une que l'expofant de la puißance donnée contient d'unités. Ainsi pour élever $a + b$, à la troifiéme puißance, il faut (n°. 24) multiplier $a + b$ par $a + b$, ce qui donne $aa + 2ab + bb$, qui étant encore multipliée par $a + b$, donne $a^3 + 3aab + 3abb + b^3$, qui eft la troifiéme puißance, ou le cube de $a + b$. Il en est ainfi des autres.

On peut abreger l'operation lorfqu'il s'agit d'élever un polynome au quarré.

29. On écrira le quarré du premier terme $+$ ou $-$ deux fois le rectangle ou produit du premier par le fecond, $+$ le quarré du fecond ; & ces trois termes feront le quarré cherché, fi c'eft un binome. Mais fi c'eft un trinome, on écrira encore $+$ ou $-$ deux fois le produit des deux premiers par le troifiéme $+$ le quarré du troifiéme. Si c'eft un quadrinome, on écrira encore $+$ ou $-$ deux fois le produit des trois premiers par le quatriéme $+$ le quarré du quatriéme, & ainfi de fuite. Ainfi le quarré de $a - b + c$ eft $aa - 2ab + bb + 2ac - 2bc + cc$.

On a mis ici cette abréviation, parce que l'on a trés-souvent besoin de cette operation dans l'Application de l'Algebre à la Geometrie.

Voici une abréviation plus considerable pour élever un binome à une puissance quelconque.

30. L'on écrira au premier terme la premiere lettre du binome élevée à la puissance donnée ; au second la même lettre élevée à une puissance plus basse de l'unité, & multipliée par la seconde lettre ; au troisiéme, la même lettre élevée à une puissance encore plus basse de l'unité & multipliée par le quarré de la seconde ; & ainsi de suite, en abaissant à chaque terme la puissance de la premiere lettre de l'unité, & élevant au contraire celle du second de l'unité, jusqu'à ce que l'on arrive au terme, où la même premiere lettre n'aura qu'une dimension qui sera la pénultiéme ; & l'on écrira au dernier terme la seconde lettre élevée à une puissance égale à celle du premier. Ainsi pour élever $a \pm b$ à la quatriéme puissance, l'on écrira, $A.\ a^4 \pm a^3 b + a a b b \pm a b^3 + b^4$. Si le binome est tout positif, tous les termes de la puissance auront le signe $+$; si la seconde lettre est négative, les termes où elle se trouvera élevée à une puissance impaire, ou dont l'exposant est un nombre impair, auront le signe $-$, & tous les autres le signe $+$, comme on voit dans la puissance A.

Il reste encore à trouver les coefficiens ; en voici la Méthode.

On donnera au second terme pour coefficient l'exposant du premier ; on multipliera le coefficient du second par l'exposant que la premiere lettre a du binome a au même second & le produit divisé par 2, sera le coefficient du troisiéme. De même, le coefficient du troisiéme multiplié par l'exposant que la premiere lettre a au même troisiéme, & le produit divisé par 3, sera le coefficient du quatriéme; & ainsi de suite. De maniere que le coefficient d'un terme quelconque multiplié par l'exposant que la premiere lettre du binome a dans le même terme, & le produit divisé par le nombre qui marque le lieu que ce même terme occupe dans l'ordre des termes de la puissance, est le coefficient du terme suivant. Ainsi la quatriéme puissance du binome $a \pm b$ entierement formée est, $a^4 \pm 4 a^3 b + 6 a a b b \pm 4 a b^3 + b^4$. Il en est ainsi des autres.

S'il y a quelque nombre entier ou rompu qui précede l'un des deux, ou tous les deux termes du binome, on multipliera le coefficient de chaque terme de la puissance par une puissance de ce nombre égale à celle où la lettre qu'il précede y est élevée. Ainsi pour élever $a + 2 b$ à la troisiéme puissance, l'on y élevera premierement $a + b$, & l'on aura $a^3 + 3 a a b + 3 a b b + b^3$, l'on multipliera ensuite les coefficiens des termes où b se rencontre par la puissance de 2 égale à celle où b y est élevée, c'est à dire que l'on multipliera $3 a a b$ par 2, $3 a b b$ par 4, & b^3 par 8, & l'on aura $a^3 + 6 a a b + 12 a b b + 8 b^3$, qui sera le cube de $a + 2 b$.

On peut aussi élever par les mêmes regles un binome quelconque $p + q$ à une puissance indéterminée m (m signifie un nombre quelconque entier ou rompu, positif ou négatif) qui sera,

$$p^m + m p^{m-1} q + m \times \frac{m-1}{2} p^{m-2} q^2 + m \times \frac{m-1}{2}$$
$$\times \frac{m-2}{3} p^{m-3} q^3 + m \times \frac{m-1}{2} \times \frac{m-2}{3} \times \frac{m-3}{4} p^{m-4} q^4$$

&c. Où l'on voit que la premiere lettre p du binome a pour exposant dans tous les termes, m moins un nombre entier; c'est pourquoi si ce nombre entier se trouve dans quelqu'un égal à m, l'ex-posant de p y sera $= 0$; & par conséquent $p = 1$, & ce terme sera le dernier de la puissance m du binome $p + q$. Mais si ce nombre entier ne se trouve jamais $= m$, la puissance m du binome $p + q$ pourra être continuée à l'infini.

31. Le binome $p + q$ élevé à la puissance m, comme on vient de faire, peut servir de formule générale, pour élever un binome, ou un polynome quelconque à une puissance donnée.

Soit par exemple $2 a x - x x$ qu'il faut élever à la troisiéme puissance.

Ayant supposé $2 a x = p$, $- x x = q$, & $m = 3$, l'on substituera en la place de p, de q, & de m, leurs valeurs $2 a x$, $- x x$, & 3 ; & en la place des puissances de p & de q, les puissances égales de leurs valeurs $2 a x$ & $- x x$, & l'on aura $8 a^3 x^3 - 12 a a x^4 + 6 a x^5 - x^6$ pour la puissan-ce cherchée : car m devient $= 3$ au quatriéme ter-me de la Formule. De même pour élever $a + b$ $- c$ à la troisiéme puissance. Ayant supposé $a = p$, $b - c = q$, & $m = 3$, l'on aura aprés les substi-tutions $a^3 + 3 a a b + 3 a b b + b^3 - 3 a a c - 6 a b c + 3 a c c - 3 b b c + 3 b c c - c^3$. Il en est ainsi des autres.

32. On se contente quelquefois pour élever un polynome à une puissance donnée, d'écrire à sa droite l'exposant de la puissance à laquelle on le veut élever. Ainsi pour élever $a + b$ au quarré, on écrit $\overline{a + b}^2$; pour l'élever au cube, l'on écrit $\overline{a + b}^3$; & en général, pour élever $a + b$ à la puissance m, l'on écrit $\overline{a + b}^m$. m signifie un nombre quelcon-que entier ou rompu, positif ou négatif.

33. Il est clair que pour élever une puissance

quelconque d'un polynome, formée comme on vient de dire, à une puissance donnée, il n'y a qu'à multiplier l'exposant de l'une par l'exposant de l'autre. Ainsi pour élever $\overline{a+b}^2$ à la troisiéme puissance, l'on écrira $\overline{a+b}^{2 \times 3} = \overline{a+b}^6$ pour élever $\overline{a+b}^m$ au quarré, ou à la deuxiéme puissance, l'on écrira $\overline{a+b}^{2m}$. Pour élever $\overline{a+b}^m$ à la puissance n, l'on écrira $\overline{a+b}^{mn}$. Il en est ainsi des autres.

34. Il est encore évident que pour multiplier deux puissances de la même quantité complexe, formées comme on a dit n°. 32. il n'y a qu'à ajoûter ensemble leurs Exposans. Ainsi pour multiplier $\overline{a+b}^2$ par $\overline{a+b}^3$, l'on écrira $\overline{a+b}^{2+3} = \overline{a+b}^5$; $\overline{a+b-c}^2 \times \overline{a+b-c}^{-5} = \overline{a+b-c}^{2-5} = \overline{a+b-c}^{-3}$; $\overline{a-b}^m \times \overline{a-b}^n = \overline{a-b}^{m+n}$; $\overline{a+b}^m \times \overline{a+b}^{-n} = \overline{a+b}^{m-n}$; $\overline{a+b}^n \times \overline{a+b}^{-m} = \overline{a+b}^{m-m} = \overline{a+b}^0 = 1$.

DIVISION

Des quantités algebriques incomplexes ou complexes.

REGLE GENERALE.

35. On écrira le diviseur au-dessous du dividende en forme de fraction, & l'on prendra cette fraction pour le quotient de la division. En effet, puisque toute division numerique exprimée, comme on vient de dire, est égale à son quotient, par exemple $\frac{12}{4} = 3$; $\frac{15}{3} = 5$, & qu'elle peut par conséquent être prise pour son quotient; il en doit être de même

me des divisions algebriques. Ainsi pour diviser ab
par c, l'on écrira $\frac{ab}{c}$; pour diviser $aa + bb$ par

$c + d$, l'on écrira $\frac{aa + bb}{c + d}$; &c.

36. Mais comme il est toûjours necessaire de réduire les quantités algebriques à leurs plus simples
expressions lorsqu'il est possible, & que les divisions,
ou fractions dont on vient de parler, n'y sont pas
toûjours réduites, il faut donner les regles neces-
saires pour cet effet.

Il y a differentes manieres, ou plutôt, il y a des
cas où il faut operer d'une certaine maniere ; d'autres, où il faut operer d'une autre maniere pour réduire les fractions, ou les divisions à leurs plus
simples termes. Nous ne donnerons à present que
le cas où l'operation est celle qu'on a toûjours nommée division ; les autres se trouveront ailleurs.

DIVISION
Des quantités incomplexes.

37. Il est évident (n°. 14 & 15) que lorsque le
dividende est le produit du diviseur par une autre
quantité quelconque, le quotient sera le dividende,
aprés en avoir effacé le diviseur. Ainsi le quotient

de ab divisé par a est b, c'est à dire que $\frac{ab}{a} = b$;

le quotient de abc divisé par ab est c, c'est à dire

que $\frac{abc}{ab} = c$; de même $\frac{a^3}{aa} = a$; $\frac{a^3 bb}{aab} = ab$. Il

en est ainsi des autres.

Il y a souvent des nombres autres que l'unité qui
précedent ou le dividende, ou le diviseur, & quelquefois tous les deux. Il faut aussi avoir égard aux
signes. Voici la regle qu'il faut observer.

b

38. On divisera par les regles de la division numerique, le nombre qui précede le dividende par celui qui précede le diviseur, & (n°. 37), les lettres du dividende par celles du diviseur, & l'on donnera au quotient le signe $+$ si le dividende & le diviseur ont tous deux le même signe $+$ ou $-$; & si l'un a $+$ & l'autre $-$, l'on donnera au quotient le signe $-$. Ainsi le quotient de $12\,ab$ par $3\,a$ est $4\,b$: car $\frac{12}{3}=4$, & $\frac{ab}{a}=b$, & partant $\frac{12\,ab}{3\,a}$ $=4\,b$. De même $\frac{12\,abc}{-4\,ac}=-3\,b$; $\frac{-15\,a^3bb}{3\,aab}=$ $=-5\,ab$; $\frac{-12\,a^3bb}{-3\,ab}=4\,aab$. Il en est ainsi des autres.

39. Si le dividende & le diviseur font femblables, & égaux, le quotient fera l'unité. Ainsi $\frac{a}{a}=1$; $\frac{12\,ab}{12\,ab}=1$. Ce qui fuit de ce que toute quantité fe mefure, ou fe contient elle même une fois.

40. Il arrive fouvent que les nombres fe peuvent divifer, & que les lettres ne fe peuvent pas divifer; & au contraire, auquel cas il faut divifer ce qui fe peut divifer, & laiffer le refte en fraction. Ainsi $\frac{12\,ab}{3\,c}=\frac{4\,ab}{c}$; $\frac{8\,abc}{3\,ab}=\frac{8\,c}{3}$.

41. Lorfque ni les nombres, ni les lettres ne fe peuvent divifer, on écrit le diviseur au-deffous du dividende en forme de fraction; & c'eft en ce cas qu'il eft néceffaire de prendre cette fraction pour le quotient de la divifion. Ainsi pour divifer a par b, l'on écrira $\frac{a}{b}$; pour divifer $3\,ab$ par $2\,c$, l'on écrira $\frac{3\,ab}{2\,c}$; pour divifer $-2\,ab$ par $3\,c$, l'on écrira

$\dfrac{-2ab}{3c}$, ou $\dfrac{2ab}{-3c}$; pour diviser $5ab$ par $-2c$, l'on écrira $\dfrac{5ab}{-2c}$, ou $\dfrac{-5ab}{2c}$; pour diviser $-4ab$ par $-3c$, l'on écrira $\dfrac{-4ab}{-3c}$, ou $\dfrac{4ab}{3c}$. On trouvera ailleurs la raison des changemens de signes que l'on vient de faire.

Si l'on multiplie le quotient d'une division par le diviseur, il viendra la quantité à diviser : car la multiplication, & la division ont des effets contraires, aussi-bien que l'addition & la soustraction.

42. Il est clair (n°. 21 & 37) que pour diviser une puissance quelconque d'une quantité incomplexe par une puissance quelconque de la même quantité, il n'y a qu'à soustraire l'exposant du diviseur de l'exposant du dividende. Ainsi $\dfrac{a^3}{a^2} = a^{3-2} = a$; $\dfrac{a^4 b^3}{a^3 b} = a^{4-3} b^{3-1} = abb$; $\dfrac{a^3}{a^3} = a^{3-3} = ($ n°. 31) 1; $\dfrac{a^3}{a^5} = a^{3-5} = a^{-2} = \dfrac{1}{a^2}$; $\dfrac{a^p}{a^q} = a^{p-q}$; $\dfrac{a^p}{a^p} = a^{p-p} = 1$, &c.

DIVISION

Des quantités complexes.

43. Lorsque le dividende est le produit du diviseur par quelqu'autre quantité, il est clair que la division se fera toûjours exactement aussi-bien que celle des quantités incomplexes.

Or il est souvent aisé de voir si une quantité que l'on veut diviser par une autre quantité, est le produit de la quantité qui doit être le diviseur par une troisième quantité ; & alors le quotient sera cette troisiéme quantité. Ainsi $ax - bx$ divisée par $a - b$, donne au quotient x : car $ax - bx$ est le produit de $a - b$ & x ; & $ax - bx$ divisée par x, donne au quotient $a - b$. Pareillement

$$\frac{aaxx - bbxx}{aa - bb} = xx, \quad \& \quad \frac{aaxx - bbxx}{xx} = aa - bb,$$

&c.

44. Lorsqu'on ne peut pas aisément voir si une quantité complexe peut être divisée par une autre quantité complexe, il faut l'examiner par la regle qui suit, qui est celle qu'on appelle division.

45. Pour faire plus facilement la division des quantités complexes, on examine dans les deux quantités que l'on veut diviser l'une par l'autre, qu'elle est la lettre qui se trouve le plus frequemment avec des dimensions differentes ; & l'on écrit dans l'une & dans l'autre quantité le terme, où cette lettre a plus de dimensions, le premier, & ensuite les autres termes, selon l'ordre des puissances de la même lettre. Quelques-uns appellent cette lettre, lettre dominante.

REGLE.

46. On écrit le diviseur à la gauche du dividende ; & suivant les regles de la division des quantités incomplexes, on divise le premier terme du dividende par le premier du diviseur, & l'on écrit le resultat, ou quotient à la droite du dividende. On multiplie tous les termes du diviseur par le quotient ; & l'on souftrait le produit du dividende, ce qui se fait (n°. 13) en écrivant le même produit au-dessous du dividende avec des signes contraires ; & on fait ensuite la réduction, en regardant le dividende & ce produit comme une seule quantité.

On divise de nouveau par le même diviseur les quantités qui restent après la réduction, ce qui donne un nouveau terme au quotient ; & on acheve cette seconde operation comme on a fait la premiere. On réitere encore la même operation autant de fois qu'il est nécessaire, ou jusqu'à ce que la réduction devienne nulle, ou égale à zero, qui arrive toûjours lorsque la quantité à diviser est le produit du diviseur par une troisiéme quantité, qui est le quotient de la division. Les Exemples éclairciront la regle.

E X E M P L E I.

47. Soit $a^3 - 3aab + 3abb - b^3$ à diviser par $a - b$. Ayant écrit le dividende & le diviseur comme on vient de dire, l'on opere en cette sorte en prenant a pour la lettre dominante.

Diviseur.	Dividende.	Quotient.

$$a - b \left\{ \begin{array}{l} a^3 - 3aab + 3abb - b^3 \\ \text{Prod.} \quad - a^3 + aab \end{array} \right\} \quad aa - 2ab + bb.$$

$$\text{1}^{\text{re}}\text{Rédu. } A \quad 0 - 2aab + 3abb - b^3$$
$$\text{Produit.} \qquad\quad + 2aab - 2abb$$

$$\text{2}^{\text{e}}\text{Rédu. } B \qquad 0 \quad + abb - b^3$$
$$\text{Produit.} \qquad\qquad\quad - abb + b^3$$

$$\text{3}^{\text{e}}\text{Rédu. } C \qquad\qquad\qquad 0 \quad 0$$

Le premier terme $+ a^3$ du dividende divisé par le premier $+ a$ du diviseur donne pour quotient $+ aa$, & multipliant le diviseur $a - b$ par le quotient $+ aa$, l'on a $a^3 - aab$, & ayant écrit $- a^3 + aab$ au-dessous du dividende, & fait la Réduction, l'on aura la quantité A, que j'appelle premiere Réduction.

Le premier terme $- 2aab$ de la premiere Réduction A divisé par le premier $+ a$ du diviseur, donne pour quotient $- 2ab$, & multipliant le diviseur $a - b$ par le nouveau terme du quotient $-2ab$, l'on a $-2aab + 2abb$; & ayant écrit $+2aab - 2abb$ au-dessous de la premiere Réduction A, l'on aura la seconde Réduction B.

Le premier terme $+abb$ de la seconde Reduction B, divisé par le premier $+a$ du diviseur donne pour quotient $+bb$; & multipliant le diviseur $a - b$ par $+bb$, l'on a $+aab - b^3$; & ayant écrit $-aab + b^3$ au-dessous de la seconde Réduction, l'on aura zero pour la troisiéme Reduction, qui marque que la division est faite.

Donc $\dfrac{a^3 - 3aab + 3abb - b^3}{a - b} = aa - 2ab + bb.$

EXEMPLE II.

48.

Diviseur.	Dividende.	Quotient.
$aa - ab + cd$	$\begin{cases} a^4 - aabb + 2abcd - ccdd \\ -a^4 + a^3b - aacd \end{cases}$	$aa + ab - cd.$
Produit.		
1re Réduct.	$0 + a^3b - aabb - aacd + 2abcd - ccdd$	
Produit.	$-a^3b + aabb \qquad - abcd$	
Seconde Réduct.	$0 \qquad 0 - aacd + abcd - ccdd$	
Produit.	$+aacd - abcd + ccdd$	
Troisiéme Réduction.	$0 \qquad 0 \qquad 0$	

Donc $\dfrac{a^4 - aabb + 2abcd - ccdd}{aa - ab + cd} = aa + ab - cd.$

EXEMPLE III.

49. Diviseur.   Dividende.   Quotient.

$$yy - aa - bb \begin{cases} y^6 + aay^4 + b^4yy - a^6 \\ -2bby^4 - a^4yy - 2a^4bb \\ - aab^4 \end{cases} \begin{cases} y^4 + 2aayy \\ -bbyy + a^4 \\ + aabb. \end{cases}$$

Produit. $\begin{cases} -y^6 + aay^4 \\ + bby^4 \end{cases}$

1re Réduct. $\begin{cases} 0 + 2aay^4 + b^4yy - a^6 \\ - bby^4 - a^4yy - 2a^4bb \\ - aab^4 \end{cases}$

Produit. $\begin{cases} -2aay^4 + 2a^4yy \\ + 2aabbyy \end{cases}$

2e Réduct. $\begin{cases} -bby^4 + b^4yy - a^6 \\ + a^4yy - 2a^4bb \\ + 2aabbyy - aab^4 \end{cases}$

Produit. $\begin{cases} +bby^4 - aabbyy \\ - b^4yy \end{cases}$

3e Réduct. $\begin{cases} 0 + a^4yy - a^6 \\ + aabbyy - 2a^4bb \\ - aab^4 \end{cases}$

Produit. $\begin{cases} - a^4yy + a^6 \\ + a^4bb \end{cases}$

4e Réduction. $\begin{cases} + aabbyy - a^4bb \\ - aab^4 \end{cases}$

Produit. $\begin{cases} - aabbyy + a^4bb \\ + aab^4 \end{cases}$

5e Réduction.   0   0

Donc $\dfrac{y^6 + aay^4 + b^4yy - a^6 - 2bby^4\ [-a^4yy - 2a^4bb - aab^4}{yy - aa - bb} = y^4 + 2aayy\ [-bbyy + a^4 + aabb.$

EXEMPLE IV.

50. *Diviseur.*   *Dividende.*   *Quotient.*

$$3xx - aa \left\{ \begin{array}{l} 9x^4 + 12ax^3 - 4a^3x - a^4 \\ -9x^4 + 3aaxx \end{array} \right\} \begin{array}{l} 3xx + 4ax \\ + aa. \end{array}$$

Produit.

1re Réduction. $0 \quad +12ax^3 + 3aaxx - 4a^3x - a^4$

Produit. $\quad -12ax^3 \qquad\qquad +4a^3x$

2e Réduction. $\quad 0 \quad +3aaxx \qquad 0 \quad -a^4$

Produit. $\qquad +3aaxx \qquad\qquad +a4$

3e Réduction. $\qquad\qquad 0 \qquad\qquad 0$

Donc $\dfrac{9x^4 + 12ax^3 - 4a^3x - a^4}{3xx - aa} = 3xx + 4ax + aa.$

51. Il y a des divisions qui ne se font qu'en partie, ce qui arrive lorsqu'il vient une Réduction où toutes les lettres du diviseur ne se trouvent plus, ou bien ne s'y trouvent point dans l'état & dans l'ordre qu'elles gardent dans le diviseur : & en ce cas, l'on écrit le diviseur au-dessous de la derniere Réduction, ce qui forme une fraction que l'on ajoûte au Quotient, comme on va voir dans l'Exemple qui suit.

EXEMPLE V.

52. *Diviseur.*   *Dividende.*   *Quotient.*

$$ac - dd \left\{ \begin{array}{l} aabc + ac^3 - abdd - ccdd + d^4 \\ -aabc \qquad +abdd \end{array} \right\} ab + cc.$$

Produit.

1re Réduct. $\quad 0 \quad +ac^3 \qquad 0 \quad -ccdd + d^4$

Produit. $\qquad -ac^3 \qquad +ccdd$

2e Réduction. $\quad 0 \qquad\qquad 0 \quad +d^4$

Donc $\dfrac{aabc + ac^3 - abdd - ccdd + d^4}{ac - dd} = ab + cc + \dfrac{d^4}{ac - dd}.$

53. Il y a des divisions que l'on pourroit continuer, même à l'infini, quoique tous les termes du

diviseur ne se trouvent point dans la derniere Réduction : mais le Quotient deviendroit plus composé, & la division deviendroit inutile ; c'est pourquoi, dans ces sortes de divisions, il en faut demeurer à l'endroit, où le Quotient est le plus simple qu'il puisse être.

54. Il arrive aussi fort souvent que les coefficiens, ou les nombres qui précedent les termes ; ou quelqu'un des termes du dividende, ou du diviseur, empêchent que la division ne se fasse, quand même toutes les lettres seroient dans l'un & dans l'autre disposées de maniere que la division se pût faire.

55. Il y a aussi des divisions qui ne se peuvent point du tout faire ; ce qui arrive lorsqu'aucun des termes du diviseur ne se trouve point tout entier dans aucun de ceux du dividende : & alors on écrit le diviseur au-dessous du dividende, ce qui forme une fraction que l'on prend pour le Quotient de la division, comme on a dit n°. 34.

L'on a souvent besoin de connoître tous les diviseurs d'un nombre donné, & d'une quantité algebrique donnée pour choisir celui d'entr'eux qui convient à de certaines operations que l'on est obligé de faire ; c'est pourquoi nous en allons donner ici la Méthode.

MÉTHODE.
Pour trouver tous les Diviseurs du nombre donné.

56. Il faut diviser le nombre donné par 2, s'il est possible, & autant de fois qu'il est possible ; ensuite diviser le dernier Quotient par 3, s'il est possible ; & autant de fois qu'il est possible ; de même par 5, par 7, par 9, &c. jusqu'à ce que le dernier Quotient soit l'unité, ou que le Diviseur devienne le nombre proposé, auquel cas, il n'a aucun divi-

feur que lui-même ; & ayant écrit dans une rangée de haut en bas tous les diviseurs dont on s'est servi, on multipliera le premier diviseur par le 2ᵉ, & on écrira le Produit à la droite du 2ᵉ. On multipliera ensuite les deux premiers diviseurs, & le produit qu'on a déja trouvé par le troisiéme diviseur, & l'on écrira les Produits vis à vis le même troisiéme diviseur ; on multipliera de même tout ce qui est au-dessus du quatriéme diviseur par le même quatriéme diviseur, & l'on écrira les Produits à fa droite, & ainſi de ſuite, & tous ces Produits feront autant de diviseurs du nombre propoſé.

EXEMPLE.

Soit le nombre 150 dont il faut trouver tous les diviseurs.

Je divise 150	A	B
par 2, & j'écris	150	2.
le Quotient 75	75	3. 6.
au-deſſous de A,	25	5. 10. 15. 30.
& le diviſeur 2	5	5. 25. 50. 75. 150.
au-deſſous de B ;	1	

Je divise 75 par 3, & j'écris le Quotient 25, ſous A & le diviſeur 3 ſous B ; je divise 25 par 5. & j'écris le Quotient 5, & le diviſeur 5, ſous A & ſous B ; je divise 5 par 5, & j'écris le Quotient 1 ſous A, & le diviſeur 5 ſous B. Cela fait, je multiplie le premier diviſeur 2 par le ſecond 3, & j'écris le Produit 6 à côté de 3. Je multiplie tout ce qui est au-deſſus du troiſiéme diviſeur 5, par lui-même, & j'écris les Produits 10, 15, 30, à fa droite ; enfin je multiplie tout ce qui est au-deſſus du quatriéme diviſeur 5, par lui-même, & j'écris les Produits 25, 50, 75, & 150 ; (car on néglige 10, 15, 30 qui s'y trouvent déja)

comme on les voit. Il eſt clair que tous ces nombres qui ſont du côté de B peuvent diviſer ſans
reſte, le nombre donné 150.

57. C'eſt la même regle pour les quantités algebriques. Soit par exemple, la quantité $a^3b + aabb$,
dont il faut trouver tous les diviſeurs.

A	B
$a^3b + aabb$	a.
$aab + abb$.	a, aa.
$ab + bb$.	b, ab, aab.
$a + b$.	$a + b$. $aa + ab$. $a^3 + aab$. $ab + bb$. $aab + abb$.
1.	$\quad\quad\quad\quad\quad$ $a^3b + aabb$.

Je diviſe $a^3b + aabb$ par a, & j'écris le Quotient $aab + abb$ ſous A, & le diviſeur a ſous B.
Je diviſe $aab + abb$ encore par a, & j'écris le
Quotient $ab + bb$ ſous A, & le diviſeur a ſous
B. Je diviſe $ab + bb$, par b, & j'écris le Quotient $a + b$ ſous A, & le diviſeur b ſous B. Enfin
je diviſe $a + b$ par $a + b$, & j'écris le Quotient 1
ſous A, & le diviſeur $a + b$ ſous B. J'acheve
l'operation comme celle des nombres, & je trouve tous les diviſeurs de la quantité $a^3b + aabb$
au-deſſous de B.

RÉSOLUTION

*Des Puiſſances, ou de l'extraction des Racines des
quantités algebriques.*

58. Extraire la racine d'une puiſſance, ou d'une
quantité algebrique, c'eſt trouver, par une operation contraire à celle de la formation des puiſſances, une quantité plus ſimple que la propoſée, qui
étant multipliée par elle-même, autant de fois
qu'il eſt néceſſaire, produiſe la puiſſance ou la
quantité propoſée.

Il y a autant de ſortes de racines, qu'il y a de

puiffances , & l'on donne à chaque racine le nom
de la puiffance à laquelle elle fe rapporte.   Ainfi la quantité qu'il ne faut multiplier qu'une
fois par elle-même pour produire la quantité ou la
puiffance dont elle eft la racine , eft nommée *racine
quarrée* , ou feconde racine ; celle qu'il faut multiplier deux fois par elle-même , pour produire la
puiffance dont elle eft la racine , eft appellée *racine
cube* , ou troifiéme racine ; celle qu'il faut multiplier trois fois , eft nommée *racine quarrée quarrée* , ou quatriéme racine ; celle qu'il faut multiplier quatre fois *racine quarré cube* , ou cinquiéme
racine ; celle qu'il faut multiplier cinq fois *racine
cube cube* , ou fixiéme racine , *&c.*

On fe fert de ce caractere √ qu'on appelle *figne
radical*, pour fignifier le mot de *racine* : mais pour
le déterminer à fignifier une telle racine , on y joint
l'expofant de la puiffance à laquelle fe rapporte la
racine en queftion , & cet expofant eft alors appellé expofant du figne radical.   Ainfi $\sqrt[2]{}$, ou fimplement √ , fignifie racine quarrée , ou feconde
racine ; $\sqrt[3]{}$, fignifie racine cube , ou troifiéme racine ; $\sqrt[4]{}$, fignifie racine quarrée quarrée , ou quatriéme racine , *&c.* De forte que $\sqrt{ab}$, ou $\sqrt{aa+bb}$,
$\sqrt{aa+2ab+bb}$, fignifie qu'il faut extraire la racine quarrée de ab , ou de $aa+bb$, ou de aa
$+2ab+bb$, &c.

Il y a des quantités dont la racine propofée s'extrait exactement ; d'autres , dont on ne la peut extraire qu'en partie ; & d'autres , dont on ne la peut
point du tout extraire.

59. Les quantités dont on ne peut extraire exactement la racine , & qu'on eft obligé d'exprimer par
le moyen du figne radical , font nommées *fourdes* ,

ou *irrationelles*, & celles qui ne font affectées d'aucun figne radical, font nommées *rationnelles*. Ainfi $\sqrt{ab}$, $\sqrt{aa + bb}$, font des quantités irrationnelles, parce que l'on n'en peut pas extraire la racine quarrée ; $\sqrt[3]{aab}$ eft une quantité irrationnelle, parce que l'on n'en peut pas extraire la racine cube, &c.

EXTRACTION
Des racines des quantités incomplexes.

60. Puifque (nº. 22.) pour élever une quantité incomplexe à une puiffance donnée, il faut multiplier les expofans de cette quantité par l'expofant de la puiffance propofée ; il eft clair que pour extraire la racine propofée d'une quantité incomplexe, il n'y a qu'à divifer les expofans de cette quantité par l'expofant du figne radical convenable ; ou, ce qui revient au même, multiplier les expofans de la quantité propofée par une fraction dont le numerateur foit l'unité, & le dénominateur foit l'expofant du figne radical dont il s'agit, c'eft à dire, par $\frac{1}{2}$, s'il s'agit de la racine quarrée ; $\frac{1}{3}$, s'il s'agit de la racine cube ; $\frac{1}{4}$, s'il s'agit de la racine quarrée quarrée, &c. car les dénominateurs 2, 3 & 4 font les expofans des fignes radicaux $\sqrt{}$, $\sqrt[3]{}$, $\sqrt[4]{}$, &c. L'on rend par-là l'operation de l'extraction des racines, femblable à celle de la formation des puiffances, & l'on a des expofans pour les racines auffi-bien que pour les puiffances : car $\frac{1}{2}$ eft l'expofant de la racine quarrée ; $\frac{1}{3}$, l'expofant de la racine cube ; $\frac{1}{4}$, l'expofant de la racine quarrée quarrée, &c. &

l'on peut par conséquent énoncer l'extraction des racines, en difant qu'il faut élever une quantité donnée à la puiffance $\frac{1}{2}$, $\frac{1}{3}$, $\frac{1}{4}$, &c. au lieu de dire qu'il en faut extraire la racine quarrée, cube, quarrée quarrée, &c.

Si aprés la multiplication des expofans de la quantité propofée par les fractions dont on vient de parler, les expofans qui font alors fractionnaires, fe peuvent tous réduire en entier, la racine propofée fera une quantité rationnelle ; fi une partie de ces expofans fe peut réduire en entier, & que l'autre partie demeure fractionnaire, la racine ne fera extraite qu'en partie, & l'on mettra la partie rationnelle devant le figne radical, & la partie irrationnelle aprés ; fi tous ces expofans demeurent fractionnaires, la racine ne fera point extraite, & l'on fe contentera de mettre le figne radical devant la quantité propofée ; enfin fi les expofans fractionnaires qui ne peuvent être réduits en entier furpaffent l'unité, la puiffance de la lettre dont ils font expofans, fera en partie rationnelle, & en partie irrationnelle. Il faudra operer fur les coefficiens, comme fur les lettres, en y employant les extractions numeriques des racines, & la Méthode de trouver tous les divifeurs d'un nombre, expliquée n°. 56. Tout ce qu'on vient de dire fera éclairci par les Exemples qui fuivent.

E X E M P L E S.

61. Soit $a^2 b^4 c^6$ dont il faut extraire la racine quarrée, ou qu'il faut élever à la puiffance $\frac{1}{2}$; ayant multiplié les expofans 2, 4 & 6 par $\frac{1}{2}$, l'on aura

$a^{\frac{2}{2}} b^{\frac{4}{2}} c^{\frac{6}{2}}$, ou $a b^2 c^3$ aprés avoir réduit les expofans fractionnaires en entier, de forte que $\sqrt{a^2 b^4 c^6}$
$= a b^2 c^3$, ce qui eft évident. De même $\sqrt{a^2 b} =$

$= a b^{\frac{1}{2}} = a \sqrt{b}$: car a eft la racine de aa, ou a^2,

& $b^{\frac{1}{2}}$ eft la même chofe que $\sqrt{b}$; $\sqrt{ab} = a^{\frac{1}{2}} b^{\frac{1}{2}} =$
$= \sqrt{ab}$; c'eft à dire que $\sqrt{ab}$ eft une quantité toute

irrationnelle; $\sqrt{a^3 b} = a^{\frac{3}{2}} b^{\frac{1}{2}} = a^{1 + \frac{1}{2}} b^{\frac{1}{2}} = ($ no.

23.) $a^1 a^{\frac{1}{2}} b^{\frac{1}{2}} = a \sqrt{ab}$; $\sqrt{72 a^3 b^3} = 6 ab \sqrt{2ab}$:
car il eft clair par les Exemples précedents, que
$\sqrt{a^3 b^3} = ab \sqrt{ab}$, & je démontre que $\sqrt{72} = 6 \sqrt{2}$,
en cette forte. Si l'on cherche (no. 56.) tous les
divifeurs de 72, & qu'on examine les quarrés qui
s'y rencontrent (s'il s'agiffoit de la racine cube, il
faudroit examiner tous les cubes, & ainfi des autres racines) on trouvera que 36 eft le plus grand,
Or $\frac{72}{36} = 2$ & $36 \times 2 = 72$; c'eft pourquoi $\sqrt{72}$
peut être regardée comme le produit de $\sqrt{36} \times \sqrt{2}$:
mais $\sqrt{36} = 6$; donc $\sqrt{72} = 6 \sqrt{2}$, & partant
$\sqrt{72 a^3 b^3} = 6 ab \sqrt{2ab}$. On trouvera de même
que $\sqrt{12 aab} = 2a \sqrt{3b}$, & que $\sqrt{6 aabc} =$
$a \sqrt{6bc}$; parce que 6 ne peut être divifé par aucun quarré. Il en eft ainfi des autres.

EXTRACTION
Des racines des Polynomes.

62. La Méthode d'extraire les racines des Polynomes, felon la maniere ordinaire, eft femblable
à celle d'extraire la racine des nombres.

EXEMPLE I.

Soit la quantité $aa + 2ab + bb + 2ac + 2bc + cc$, dont il faut extraire la racine quarrée.

Diviseurs.	*Quantité proposée.*	*Racine, ou Quot.*

$$\begin{array}{l} aa + 2ab + bb + 2ac \\ [+ 2bc + cc. \end{array} \Big\} \; a + b + c.$$

$$-aa.$$

1. $2a + b.$ $A. \; 0 \; + 2ab + bb + 2ac + 2bc + cc$

$$-2ab - bb$$

2. $2a + 2b + c.$ $B. 0 0 + 2ac + 2bc + cc$

$$-2ac - 2bc - cc$$

$C.$ 0   0   0

Je dis, le premier terme aa est un quarré, dont la racine est a que j'écris au Quotient, & je souftrait le quarré de a, qui est aa, du premier terme aa de la quantité proposée, en l'écrivant au-deffous avec le figne —. Je réduis à la maniere de la division la quantité proposée, & le quarré fouftrait, & j'écris la Réduction A au-deffous d'une ligne.

Je double le Quotient a, ce qui me donne $2a$ que j'écris à la gauche de la Réduction A, & qui fait partie du premier diviseur. Je divife le premier terme $+2ab$ de la quantité A par $2a$; ce qui me donne $+b$ que j'écris au Quotient, & à la droite du divifeur $2a$, & j'ai le premier divifeur complet $2a + b$ que je multiplie par le nouveau Quotient b, & j'ai $+2ab + bb$ que je fouftrais de la quantité A, en l'écrivant au-deffous avec des fignes contraires, & la Réduction de ces deux quantités me donne la quantité B. Je double le Quotient $a + b$, & j'ai $2a + 2b$ pour

une

une partie du nouveau diviseur que j'écris à la gauche de B. Je divise de nouveau le premier terme $2ac$ de la quantité B par $+2a$, ce qui me donne $+c$ que j'écris au Quotient, & à la droite du nouveau diviseur $2a+2b$; ce qui fait $2a+2b+c$ pour le second diviseur complet. Je multiplie ce second diviseur $2a+2b+c$ par le nouveau Quotient c, & j'ai $+2ac+2bc+cc$ que j'écris au-dessous de la quantité B avec des signes contraires; & réduisant ces deux quantités je trouve zero pour la troisiéme Réduction; d'où je conclus que l'operation est achevée, & que par conséquent,

$$\sqrt{aa+2ab+bb+2ac+2bc+cc}=a+b+c.$$

EXEMPLE II.

Soit la quantité $9aa-12ab+4bb$ dont il faut extraire la racine quarrée.

Diviseurs.   *Quantité proposée.*   *Racine ou Quotient.*

$$
\begin{array}{r|l}
 & 9aa-12ab+4bb \qquad (3a-2b. \\
 & -9aa \\
\hline
6a-2b. & A.\ \ 0\ \ -12ab+4bb \\
 & \quad\ +12ab-4bb \\
\hline
 & B.\qquad 0\qquad 0
\end{array}
$$

Le premier terme $9aa$ étant un quarré dont la racine est $3a$; j'écris $3a$ au Quotient, & son quarré $9aa$ au-dessous de $9aa$ avec le signe $-$, & la premiere Réduction est la quantité A. Je double le Quotient $3a$, ce qui me donne $6a$, qui font partie du premier diviseur, & que j'écris à la gauche de la quantité A. Je divise $-12ab$ par $+6a$, ce qui me donne $-2b$ que j'écris au Quotient & à la droite de $6a$, & j'ai par ce moyen le diviseur complet $6a-2b$. Je multiplie $6a-2b$ par $-2b$, ce qui me donne $-12ab + 4bb$, & j'écris $+12ab$ $-4bb$ au-deſſous de la quantité A. Je réduis ces deux dernieres quantités, & la Réduction B qui ſe trouve égale à zero, fait voir que la quantité propoſée eſt un quarré dont la racine eſt $3a-2b$, c'eſt à dire que $\sqrt{9aa - 12ab + 4bb} = 3a - 2b$.

S'il venoit une Réduction qui ne pût être diviſée par le double du Quotient, ce ſeroit une marque que la quantité propoſée ne ſeroit point quarrée ; & il faudroit alors ſe contenter de la mettre ſous le ſigne radical. Par exemple, ſi on vouloit extraire la racine quarrée de $aa + bb$, l'on trouveroit que la racine de aa eſt a : mais on ne pourroit diviſer la Réduction bb par $2a$, ce qui feroit voir que $aa + bb$, n'eſt point un quarré ; c'eſt pourquoi il faudroit ſe contenter d'en exprimer la racine en cette ſorte $\sqrt{aa + bb}$. Il en eſt ainſi des autres.

Au reſte, il eſt aiſé de connoître par la formation des puiſſances, ou lorſqu'on a un peu d'habitude dans le calcul algebrique, ſi une quantité propoſée eſt quarrée, ou cube, &c. & d'en extraire par conſequent la racine ſans le ſecours d'aucune operation, ou par la ſeule inſpection des termes de la quantité propoſée.

63. Mais ſans cela, & ſans le ſecours des Regles que nous venons de donner, l'on peut, avec toute la facilité poſſible extraire toutes ſortes de racines, quarrées, cubes, quarrées quarrées, &c. par le moyen de la formule générale propoſée n°. 30 : car pour cela il n'y a qu'à regarder les quantités dont on veut extraire une racine quelconque, comme des quantités qu'il faut élever à une puiſſance dont l'expoſant ſoit celui de la racine qu'on veut

extraire, c'est à dire que cet exposant soit $\frac{1}{2}$, si c'est la racine quarrée; $\frac{1}{3}$, si c'est la racine cube; $\frac{1}{4}$, si c'est la racine quarrée quarrée, &c. ce qui est facile en suivant ce qui est prescrit n° 31, comme on va voir par les Exemples qui suivent.

EXEMPLE I.

Soit la quantité $a^3 - 3aab + 3abb - b^3$ dont il faut extraire la racine cube, ou ce qui est la même chose, qu'il faut élever à la puissance $\frac{1}{3}$.

Ayant fait $a^3 = p$, $-3aab + 3abb - b^3 = q$, & mettant ces valeurs de p & de q dans les deux premiers termes, $p^m + m p^{n-1} q$ de la formule générale proposée n°. 30; (car les autres termes sont inutiles, lorsque les racines qu'on veut extraire, sont rationnelles;) l'on aura $a^3 + m a^{3m-3}$

$\times \overline{-3aab + abb - b^3}$, & faisant encore $m = \frac{1}{3}$, l'on aura $a^3 + \frac{1}{3} a^{-2} \times \overline{-3aab + 3abb - b^3}$,

ou $a - a^{-2+2} b + a^{-2+1} bb - \frac{1}{3} a^{-2} b^3$: mais parce que le second terme $- a^{-2+2} b = - a^0 b = 1b = b$; le troisième & quatrième terme sont nuls. Ainsi l'on a $a - b$ pour la racine cherchée, c'est-à-dire, que $\overline{a^3 - 3aab + 3abb - b^3}^{\frac{1}{3}}$; ou $\sqrt[3]{a^3 - 3aab + abb - b^3} = a - b$.

EXEMPLE II.

Soit la quantité $aa + 2ab - 2ac + bb -$

$2bc + cc$ dont il faut extraire la racine quarrée, ou qu'il faut élever à la puissance $\frac{1}{2}$.

Ayant fait aa ou $a^2 = p$, $+ 2ab - 2ac + bb - 2bc + cc = q$, & mettant ces valeurs de p & de q dans les deux premiers termes de la Formule $p^m + mp^{m-1} q$, l'on aura $a^{2m} + ma^{2m-2} \times$

$\times 2ab - 2ac + bb - 2bc + cc$, ou en faisant $m = \frac{1}{2}$, $a + \frac{1}{2} a^{1-2} \times \overline{2ab - 2ac + bb - 2bc + cc}$,

ou $a + a^{1-2+1} b - a^{1-2+1} c + \frac{1}{2} a^{1-2} bb - a^{1-2} bc + \frac{1}{2} a^{1-2} cc$. Mais parce que le second & troisiéme terme deviennent $+ b$, & $- c$; il suit que tous les autres termes où b & c se rencontrent sont nuls. Ainsi $\overline{aa + 2ab - 2ac + bb - 2bc + cc}^{\frac{1}{2}}$, ou

$\sqrt{aa + 2ab - 2ac + bb - 2bc + cc} = a + b - c$.

EXEMPLE III.

Soit la quantité $9aa + 12ab + 4bb$ dont il faut extraire la racine quarrée, ou qu'il faut élever à la puissance $\frac{1}{2}$.

Ayant supposé $9aa$, ou $9a^2 = p$, & $12ab + 4bb = q$, & mettant ces valeurs de p & de q dans les deux premiers termes de la Formule $p^m + mp^{m-1} q$, l'on aura $9^m a^{2m} + m9^{m-1}$

$a^{2m-2} \times 12ab + 4bb$, ou en faisant $m = \frac{1}{2}$, $9^{\frac{1}{2}}$

$a a^{1+\frac{1}{2}} \times 9^{-\frac{1}{2}} a^{-1} \times \overline{12ab + 4bb}$, ou $9^{\frac{1}{2}} a + \frac{1}{2}$

$\times \frac{1}{9} a^{-1} \times \overline{12\,ab + 4\,bb}$: mais $9^{\frac{1}{2}}$ ou $\sqrt{9} = 3$;

donc $3a + \frac{1}{2} \times \frac{1}{3} a^{-1} \times \overline{12\,ab + 4\,bb}$, ou $3a + \frac{1}{6} a^{-1} \times \overline{12\,ab + 4\,bb}$, ou $3a + \frac{12}{6} a^{-1+1} b + \frac{4}{6} a^{-1} bb$, ou $3a + 2 a^0 b + \frac{2}{3} a^{-1} \times bb$: mais le

second terme $2 a^0 b = 1 b$; c'est pourquoi ce second terme est le dernier, & le troisième est nul.

Ainsi $\overline{9\,aa + 12\,ab + 4\,bb}^{\frac{1}{2}}$, ou

$\sqrt{9\,aa + 12\,ab + 4\,bb} = 3a + 2b$.

REMARQUE.

64. Si dans aucun terme la valeur de m, exposant de p, ne se trouvoit point $= 0$, la racine de la quantité proposée seroit irrationnelle, & l'extraction se pourroit continuer à l'infini ; ce qu'on appelle approximation des racines : mais cela n'est point nécessaire pour l'application de l'Algebre à la Geometrie : car lorsque la racine d'une quantité est irrationnelle, on se contente de l'exprimer par le moyen du signe radical qui lui convient, comme on a déja dit, & comme on pourra voir dans la suite.

Pour s'assûrer si on a bien extrait une racine, il est bon de l'élever à sa puissance : car s'il vient la quantité proposée, l'extraction aura été bien faite. Par exemple, l'on vient de trouver $3a + 2b$ pour la racine quarrée de $9aa + 12ab + 4bb$. Or si l'on multiplie $3a + 2b$ par $3a + 2b$, l'on trouvera $9aa + 12ab + 4bb$ qui est la quantité proposée, c'est pourquoi l'extraction a été bien faite.

REDUCTION
Des quantités irrationnell s à leurs plus simples expressions.

65. Il y a des quantités complexes, comme d'incomplexes, dont on ne peut point extraire exactement la racine demandée : mais il arrive souvent que ces quantités sont le produit de la puissance dont on veut extraire la racine par quelqu'autre quantité ; & en ce cas on peut extraire la racine en partie, en mettant devant le signe radical la racine de cette puissance, & l'autre quantité sous le signe radical. Par exemple, il est aisé de voir que $aab + aac$ n'est point un quarré ; & qu'on n'en peut par conséquent extraire la racine quarrée, qu'en l'écrivant sous le signe radical en cette sorte $\sqrt{aab + aac}$: mais on voit aisément que $aab + aac$ est le produit de aa qui est un quarré, par $b + c$, ou que $\sqrt{aab + aac} = \sqrt{aa} \times \sqrt{b + c}$: or $\sqrt{aa} = a$; donc $\sqrt{aab + aac} = a \times \sqrt{b + c} = a\sqrt{b + c}$; & c'est ce qu'on appelle extraire une racine en partie, ou plutôt ce qu'on appelle réduire une quantité irrationnelle à sa plus simple expression, ce qu'on doit toûjours faire quand cela se peut, soit que les quantités soient complexes ou incomplexes.

Lorsqu'on ne voit pas par la seule inspection des termes, si une quantité irrationnelle complexe ou incomplexe peut être réduite à une expression plus simple, on l'examinera en cherchant (n°. 56 ou 57) tous les diviseurs qui la peuvent exactement diviser ; & s'il s'en trouve quelqu'un qui soit une puissance du même nom que la racine qu'on veut extraire, la quantité proposée se pourra réduire à une plus simple expression : car elle pourra être regardée comme le produit de cette puissance, & du quotient qui vient en la divisant par la même puissance. Par exemple, s'il faut extraire la racine quarrée de $a^3 - 3\,aab + 3\,abb - b^3$, en cherchant tous les diviseurs de cette quantité, on trouvera que $aa - 2\,ab + bb$, qui est un quarré, en est un, & qu'en divisant $a^3 - 3\,aab + 3\,abb - b^3$ par $aa - 2\,ab + bb$, il vient au quotient $a - b$; c'est pourquoi $\sqrt{a^3 - 3\,aab + 3\,abb - b^3} = \sqrt{aa - 2\,ab + bb} \times \sqrt{a - b}$: or $\sqrt{aa - 2\,ab + bb} = a - b$; donc $\sqrt{a^3 - 3\,aab + 3\,abb - b^3} = a - b \sqrt{a - b}$.

Lorsqu'on trouve plusieurs diviseurs qui sont des puissances de même nom que les racines qu'on veut extraire, on ne se servira que du plus grand.

66. On ajoûte, on soustrait, on multiplie, & on divise les quantités irrationelles comme les rationelles; & ces quatre operations se font de la même maniere pour les unes & pour les autres : mais pour une plus grande facilité, il les faut auparavant réduire à leurs expressions les plus simples; & comme les quantités irrationelles ne different des rationelles que par le signe radical qui caractérise de maniere celles qu'il précede, que quand elles contiendroient les mêmes lettres que celles qui le précedent, elles ne leur seroient pas pour cela semblables; de sorte que les quantités qui sont hors du signe radical, ne doivent point être mélées dans aucune de ces quatre operations, avec celles qui sont sous le signe radical.

Il faut néanmoins remarquer que les quantités irrationelles sont semblables, lorsque celles qui sont sous les signes radicaux, ne different en rien du tout les unes des autres, & lorſque celles qui ſont hors des ſignes radicaux ne different de même en rien du tout, ou ne different que par leurs coefficiens. Ainſi $3a\sqrt{a}$ & $2a\sqrt{a}$; $3a\sqrt{a+b}$ & $a\sqrt{a+b}$; $\frac{a}{b}\sqrt{ax-xx}$, & $\frac{3a}{b}\sqrt{ax-xx}$, ſont des quantités irrationelles ſemblables. On ſuppoſe que le ſigne radical ſoit le même, ce qui arrive toûjours dans l'Application de l'Algebre à la Geometrie.

ADDITION
Des quantités irrationelles.

67. On les écrira de ſuite, ou au-deſſous les unes des autres avec les ſignes qu'on leur trouve, & lorſqu'elles ſeront ſemblables, on en fera (n°. 11.) la réduction comme ſi c'étoit des quantités rationelles. Ainſi pour ajoûter $2a\sqrt{b}$ avec $3a\sqrt{b}$, l'on écrira $2a\sqrt{b}+3a\sqrt{b}$, qui ſe réduit à $5a\sqrt{b}$. Pour ajoûter $3a\sqrt{b}$ avec $2c\sqrt{b}$, l'on écrira $3a\sqrt{b}+2c\sqrt{b}$, & il eſt indifferent de laiſſer ces quantités en cet état, ou de les écrire en cette ſorte $3a+2c\sqrt{b}$. Pour ajoûter $a\sqrt{ax-xx}$ avec $b\sqrt{ax-xx}$, l'on écrira $a\sqrt{ax-xx}+b\sqrt{ax-xx}$, ou $a+b\sqrt{ax-xx}$. Pour ajoûter $3a\sqrt{b}$ avec $2c\sqrt{d}$, l'on écrira $3a\sqrt{b}+2c\sqrt{d}$ qui ne peut point avoir d'autre expreſſion.

SOUSTRACTION
Des quantités irrationelles.

68. On les écrira de ſuite en changeant les ſignes de celles qui doivent être ſouſtraites ; & lorſqu'elles ſeront ſemblables, on en fera (n°. 11.) la réduction comme ſi c'étoit des quantités rationelles.

Ainsi pour souſtraire $3\,a\sqrt{b}$ de $5\,a\sqrt{b}$, l'on écrira $5\,a\sqrt{b} - 3\,a\sqrt{b}$ qui se réduit à $2\,a\sqrt{b}$. Pour souſtraire $3\,a\sqrt{2b}$ de $5\,b\sqrt{2b}$, l'on écrira $5\,b\sqrt{2b} - 3\,a\sqrt{2b}$, ou $\overline{5\,b - 3\,a}\sqrt{2b}$. Pour souſtraire $-2\,b\sqrt{ax - xx}$ de $3\,b\sqrt{ax - xx}$, l'on écrira $3\,b\sqrt{ax - xx} + 2\,b\sqrt{ax - xx}$, qui se réduit à $5\,b\sqrt{ax - xx}$. Pour souſtraire $2\,c\sqrt{d}$ de $3\,a\sqrt{b}$ l'on écrira $3\,a\sqrt{b} - 2\,c\sqrt{d}$, qui ne peut avoir d'autre expreſſion.

MULTIPLICATION
Des quantités irrationelles.

69. Si les quantités que l'on veut multiplier ſont incomplexes, l'on multipliera la partie rationelle par la rationelle ; & la partie irrationelle par l'irrationelle, & l'on écrira le produit des parties rationelles devant le ſigne radical & le produit des irrationelles après, & l'on réduira le produit total à ſon expreſſion la plus ſimple. Ainſi $a\sqrt{b} \times c\sqrt{b} = ac\sqrt{bb}$: mais $\sqrt{bb} = b$; donc $ac\sqrt{bb} = abc$; d'où l'on voit que lorſque les parties irrationelles ſont ſemblables, il n'y a qu'à multiplier le produit des rationelles par ce qui ſe trouve ſous le ſigne radical. De même $a\sqrt{b} \times \sqrt{c}$, ou $a\sqrt{b} \times 1\sqrt{c}$ (car on prend l'unité pour partie rationelle, lorſqu'il n'y en a point d'autre) $= a\sqrt{bc}$; $2\,a\sqrt{b} \times 3\,b$, ou $2\,a\sqrt{b} \times 3\,b\sqrt{1} = 6\,ab\sqrt{b}$; $2\,a\sqrt{bc} \times b\sqrt{ab} = 2\,ab\sqrt{abbc} = 2\,abb\sqrt{ac}$; $2\,a\sqrt{3bc} \times 3\,b\sqrt{6ab} = 6\,ab\sqrt{18abbc} = 18\,abb\sqrt{2ac}$; $a\sqrt{2b} \times 2\,b\sqrt{3c} = 2\,ab\sqrt{6bc}$. $\sqrt{ab} \times \sqrt{ab} = \sqrt{aabb}$; $2\,a\sqrt{ab} \times 3\,b\sqrt{aa} = 6\,ab\sqrt{a^{3}b} = 6\,aab\sqrt{b}$. Il en eſt ainſi des autres.

70. Si les quantités que l'on veut multiplier ſont

complexes, on multipliera tous les termes de l'une par chacun de ceux de l'autre, en suivant les regles des quantités incomplexes, & la Réduction des produits particuliers étant faite, l'on aura le produit total. Ainsi $\sqrt{aa+bb} \times \sqrt{aa+bb} = aa+bb$;

$$\sqrt{aa-bb} \times -\sqrt{aa-bb} = -aa+bb;$$

$$2a\sqrt{aa+bb} \times b\sqrt{aa+bb} = 2a^3b+2ab^3.$$

Ceci est évident; car lorsque la même quantité se trouve sous le signe radical $\sqrt{\ }$, en ôtant le signe radical, cette quantité se trouve multipliée par elle-même. Ce qu'on peut encore prouver en cette sorte: $\sqrt{aa+bb} \times \sqrt{aa+bb} = \overline{aa+bb}^{\frac{1}{2}} \times \overline{aa+bb}^{\frac{1}{2}}$

$$= (\text{num. } 34.) \ \overline{aa+bb}^{\frac{1}{2}+\frac{1}{2}}, \text{ ou } (\text{num. } 33.)$$

$$\overline{aa+bb}^{\frac{1}{2} \times 2} = aa+bb. \text{ Il en est ainsi des autres.}$$

Pour multiplier $\sqrt{a+b}$ par $\sqrt{a-b}$, on multipliera $a+b$ par $a-b$, comme si c'étoit des quantités rationelles, & l'on aura $\sqrt{aa-bb}$. De même $a+\sqrt{ab} \times b = ab+b\sqrt{ab}$; $a+\sqrt{ab}$

$\times \sqrt{bc} = a\sqrt{bc}+\sqrt{abbc} = a\sqrt{bc}+b\sqrt{ac}$;

$3a\sqrt{bc}-2b\sqrt{ac} \times 2c\sqrt{ab} = 6ac\sqrt{abbc}-$

$4bc\sqrt{aabc} = 6abc\sqrt{ac}-4abc\sqrt{bc}$.

Voici des Exemples plus composés.

$$a + \sqrt{aa - bb} \quad \text{multiplié}$$
$$\text{par} \quad a + \sqrt{aa - bb}$$

$$aa + a\sqrt{aa - bb}$$
$$+\, a\sqrt{aa - bb} + aa - bb$$

Produit. $\quad aa + 2a\sqrt{aa - bb} + aa - bb.$

$$a + \sqrt{aa - xx} \quad \text{multiplié}$$
$$\text{par} \quad a - \sqrt{aa - xx}$$

$$aa + a\sqrt{aa - xx}$$
$$-\, a\sqrt{aa - xx} - aa + xx$$

Produit. $\quad aa \qquad * \qquad - aa + xx.$

$$\sqrt{ab} + \sqrt{aa - xx} \quad \text{multiplié}$$
$$\text{par} \quad \sqrt{ab} + \sqrt{aa + xx}$$

$$ab + \sqrt{a^3 b - abxx}$$
$$+\, \sqrt{a^3 b - abxx + aa - xx}$$

Produit. $\quad ab + 2\sqrt{a^3 b - abxx + aa - xx}.$

$$ac + b\sqrt{aa - xx} \quad \text{multiplié}$$
$$\text{par} \quad bc - c\sqrt{aa - yy}$$

$$abcc + bbc\sqrt{aa - xx}$$
$$-\, acc\sqrt{aa - yy}$$
$$[-\, bc\sqrt{a^4 - aaxx - aayy + xxyy}$$

Produit. $\quad abcc + bbc\sqrt{aa - xx} - acc\sqrt{aa - yy}$
$$[-\, bc\sqrt{a^4 - aaxx - aayy + xxyy}.$$

DIVISION
Des quantités irrationelles.

71. On écrira le dividende au-deſſous du diviſeur en forme de fraction, & l'on prendra cette fraction pour le Quotient de la diviſion. Mais lorſque l'on s'appercevra que le dividende ſera le produit du diviſeur par une autre quantité, ce qui eſt aiſé dans les quantités incomplexes, on prendra cette autre quantité pour le Quotient. Et dans les quantités complexes, lorſqu'on n'apercevera pas le Quotient, on examinera (nº. 46.) ſi la diviſion ſe peut faire ; & ſi elle ſe fait, l'on aura un Quotient ſans fraction : mais ſi elle ne ſe fait point, on ſe contentera de la diviſion indiquée. Ainſi $\frac{\sqrt{ab}}{\sqrt{a}} = b$;

$$\frac{ac\sqrt{bc}}{a\sqrt{b}} = c\sqrt{c}; \quad \frac{12ac\sqrt{6bc}}{4c\sqrt{2b}} = 3a\sqrt{3c}; \quad \frac{\sqrt{aa-xx}}{\sqrt{a+x}}$$
$$= \sqrt{a-x} : \text{car } a+x \times a-x = aa - xx.$$

Il en eſt ainſi des autres.

Il y a d'autres Réductions pour les diviſions indiquées qu'on trouvera ailleurs ; & tout ce que nous allons dire des rapports & des fractions, ſe doit auſſi entendre de ces ſortes de diviſions, ſoit qu'elles ſoient rationelles ou irrationelles.

THEORIE.

Des Raifons ou Raports, des Fractions, des Equations & des Proportions.

DE'FINITIONS.

I I. **R**Aifon, ou Raport eft la comparaifon de deux grandeurs de même genre, telles que font deux nombres, deux lignes, deux furfaces, deux corps, deux efpaces de temps, deux quantités de mouvement, deux viteffes d'un même, ou de differens mobiles, deux poids, deux fons, &c.

Or comparer les grandeurs, c'eft operer fur les grandeurs ; & comme l'on ne peut operer fur les grandeurs qu'en les ajoûtant, fouftrayant, multipliant, divifant, & en extrayant les racines ; il faut neceffairement que leur comparaifon fe faffe par quelques-unes de ces operàtions.

Mais parce que l'Addition & la Multiplication les confondent, & n'en marquent point l'égalité ou l'inégalité, en quoy confifte précifément la comparaifon des grandeurs, & que l'extraction des racines n'agit que fur une feule ; & qu'au contraire la Souftraction fait connoître l'égalité de deux grandeurs, ou l'excés de l'une pardeffus l'autre, ou la difference de l'une à l'autre, & que la Divifion détermine combien de fois une grandeur en contient, ou eft contenuë dans une autre ; ou, ce qui eft la même chofe, indique la maniere dont une grandeur en contient, ou eft contenuë dans une autre, ou en marque l'égalité ; il fuit qu'il n'y a que la Souftraction & la Division qui puissent servir à comparer les grandeurs.

1. La comparaison de deux grandeurs par la Soustraction ; ou ce qui est la même chose, la Soustraction elle même, est nommée raison ou raport *arithmetique*. Ainsi $12 - 4$; $a - b$, ou $b - a$, &c. sont des raisons ou des raports arithmetiques.

2. La comparaison de deux grandeurs par la Division ; ou, ce qui est la même chose, la Division elle-même est appellée raison ou raport *geometrique*. Ainsi $\frac{12}{4}$, ou $\frac{4}{12}$; $\frac{a}{b}$, ou $\frac{b}{a}$, &c. sont des raisons ou des raports geometriques.

On prend ici la Soustraction indiquée pour la Soustraction même, ou pour la différence des deux grandeurs qui la composent ; & l'on prend de même la Division indiquée pour la Division même, ou pour le Quotient des deux quantités qui la forment.

On appellera dans la suite *Réduction*, la résultat de ces deux regles, ou de ces deux Raports, c'est à dire, la différence & le Quotient des deux quantités qui les composent.

COROLLAIRE I.

3. Il est clair que les raisons ou raports tant arithmetiques que geometriques, sont égaux lorsque leurs Réductions sont égales. Ainsi $12 - 4 = 16 - 8$, parce que $12 - 4 = 8$, & $16 - 8 = 8$. De même $\frac{12}{4} = \frac{9}{3}$, parce que $\frac{12}{4} = 3$, & $\frac{9}{3} = 3$.

Par la même raison, si $\frac{a}{b} = f$, & $\frac{c}{d} = f$, l'on aura $\frac{a}{b} = \frac{c}{d}$.

4. Mais les Réductions, ou les Quotiens des divisions, ou des raports geometriques, font toûjours égaux, lorfque les dividendes contiennent, ou font contenus de même maniere dans les diviſeurs. C'eſt pourquoy lorſqu'une grandeur a contiendra, ou fera contenuë dans une autre grandeur b, comme une troiſiéme c contient ou eſt contenuë dans une quatriéme d, ces quatre grandeurs formeront toûjours deux raports geometriques égaux, $\frac{b}{b} = \frac{c}{d}$.

COROLLAIRE II.

5. Il eſt de même évident que les raiſons ou raports tant arithmetiques que geometriques, font inégaux, lorſque les Réductions font inégales, & que le plus grand eſt celui dont la Réduction eſt la plus grande. Ainſi $12 - 4 > 10 - 6$: car $12 - 4 = 8$, & $10 - 6 = 4$. De même $\frac{12}{6} > \frac{16}{8}$: car $\frac{12}{6} = 3$, & $\frac{16}{8} = 2$.

6. Le premier terme d'un raport arithmetique, & le terme ſuperieur d'un raport geometrique, font nommés *antecedens* ; le ſecond d'un rapport arithmetique, & l'inferieur d'un raport geometrique, font nommés *conſequens*. Ainſi dans les raports $a - b$, & $\frac{a}{b}$, a eſt l'antecedent, & b le conſequent : mais comme les raiſons ou les raports geometriques ne font autre choſe que des Diviſions indiquées, & que ces Diviſions font, à proprement parler, des fractions, il ſuit qu'il n'y a aucune difference entre raiſon, raport, diviſion, & fraction ; de ſorte que tout ce qu'on dira dans la ſuite des uns, ſe doit auſſi entendre des autres. On remarquera

feulement que pour parler comme les autres , lorfqu'il s'agira des raifons ou raports , on appellera les
deux termes *antecedens & confequens*; lorfqu'il s'a-
gira de divifions , on les apellera *dividende & divifeur* ; & lorfqu'il s'agira de fractions , on les appellera *numerateur & dénominateur*.

7. Lorfque l'antecedent d'une raifon eft égal à
fon confequent , on l'appelle *raifon d'égalité* ; &
lorfque l'un furpaffe l'autre , on l'appelle *raifon
d'inégalité*.

8. Lorfque l'antecedent d'un raport geometrique,
contient plufieurs fois exactement fon confequent,
il eft nommé *multiple* de ce confequent . & lorfque
l'antecedent eft contenu plufieurs fois exactement
dans fon confequent , il eft nommé *foûmultiple* du
même confequent.

9. De tels raports tirent leur dénomination du
nombre de fois que l'antecedent contient le conféquent , ou y eft contenu. De forte que fi l'antecedent contient deux , trois , quatre fois , &c,
fon conféquent , le raport fera nommé *double , triple , quadruple* , &c. & fi l'antecedent eft contenu
deux , trois , quatre fois , &c. dans le conféquent ,
le raport fera nommé *foûdouble , foûtriple , foûqua-
druple* , &c. Ainfi $\frac{12}{4}$ eft un raport triple , & $\frac{4}{12}$ eft
un raport foûtriple.

10. On appelle *équation* deux quantités algebriques differentes , entre lefquelles fe trouve le figne
d'égalité ; ainfi $a = b$; $ax - xx = yy$; $x = \frac{ab}{c}$ font
des équations.

11. Les deux quantités algebriques qui fe trouvent
de part & d'autre du figne d'égalité font nommées
membres de l'équation ; celle qui le precede eft nommée

mée le premier membre, & celle qui le suit, le second. D'où l'on voit que les deux membres d'une équation sont les expressions algebriques d'une même quantité, ou de deux quantités égales.

COROLLAIRE.

12. Il est évident que deux raports égaux arithmetiques, ou geometriques, peuvent toûjours former une équation. Ainsi si a surpasse, ou est surpassée par b, de la même quantité que c surpasse, ou est surpassée par d, l'on aura toûjours $a - b = c - d$, ou $b - a = d - c$. De même si a contient ou est contenuë dans b, comme c contient ou est contenuë dans d, l'on aura toûjours $\frac{a}{b} = \frac{c}{d}$, ou $\frac{b}{a} = \frac{d}{c}$.

13. Mais si au lieu de former une équation de deux raports égaux, arithmetiques ou geometriques, on arange leurs quatre termes de suite, en sorte que l'antecedent de l'un des deux raports soit le premier, son conséquent, le second ; l'antecedent de l'autre raport, le troisiéme, & son conséquent le quatriéme, en séparant les deux raports par quatre points, & les deux termes de chaque raport par un seul point, en cette sorte $a . b :: c . d$, (en supposant que $a - b = c - d$, ou $\frac{a}{b} = \frac{c}{d}$) ; on appellera *proportion*, ou *analogie* cette disposition des quatre termes des deux raports égaux. De sorte que proportion ou analogie, n'est autre chose que l'égalité de deux raports arangés autrement qu'en équation. Si les raports sont arithmetiques, on la nommera *proportion arithmetique* ; s'ils sont geometriques, on la nommera *proportion geometrique*.

d

14. Pour énoncer une proportion, comme celle-ci *a. b :: c. d* ; on dira, si elle est arithmetique, *a* surpasse *b*, ou est surpassée par *b*, comme *c* surpasse *d*, ou est surpassée par *d* ; & si elle est geometrique, on dira *a* contient *b*, ou est contenuë dans *b*, comme *c* contient *d*, ou est contenuë dans *d*. Mais pour abreger, soit que la proportion soit arithmetique ou geometrique, on dit *a* est à *b*, comme *c* est à *d*, ou comme *a* est à *b*, ainsi *c* à *d*, en observant neanmoins que le mot *est* signifie *surpasse*, ou *est surpassé* dans la proportion arithmetique ; & que dans la geometrique, il signifie *contient* ou *est contenu*.

L'on distingue deux sortes de proportions, tant arithmetiques que geometriques, la *discrete*, & la *continuë*.

15. La proportion discrete est celle dont les quatre termes sont differens, comme celle-ci *a. b :: c. d*.

16. La proportion continuë, est celle où la même quantité est le consequent du premier raport, & l'antecedent du second, comme celle-ci *a. b :: b. c*.

17. Les quantités qui forment une proportion sont nommées *proportionnelles*. Ainsi la proportion discrete renferme quatre proportionnelles, & la continuë n'en renferme que trois, & celle du milieu est nommée *moyenne proportionnelle*, arithmetique ou geometrique, selon que la proportion est arithmetique ou geometrique, & dans l'une & dans l'autre proportion ; le premier & le dernier termes sont nommés *extrêmes*, & les deux du milieu, *moyens*.

18. Lorsqu'une proportion continuë renferme plus de trois termes : ou plûtôt lorsque plusieurs gran-

deurs dont le nombre furpaffe 3 , font rangées de
fuite , de maniere que chacune d'elles puiffe fervir
de conféquent à celle qui la precede ; & d'antecedent à celle qui la fuit , cette rangée de grandeurs
eft appellée *progreffion* arithmetique ou geometrique , felon que les raports que les grandeurs qui la
compofent ont entr'elles, font arithmetiques ou geometriques. *A , B , C* , font des progreffions arithmetiques. *D, E, F*, des progreffions geometriques.

$$A. 1. 2. 3. 4. 5, \&c. \qquad D. 1. 2. 4. 8. 16, \&c.$$
$$B. 10. 8. 6. 4. 2, \&c. \qquad E. 81. 27. 9. 3. 1, \&c.$$
$$C. 4. 2. 0 - 2 - 4, \&c. \qquad F. 4. 2. 1. \frac{1}{2}, \frac{1}{4}, \&c.$$

COROLLAIRE I.

19. Il eft clair (n°. 18.) que dans une progreffion arithmetique , l'excés d'un terme quelconque
pardeffus celui qui le fuit , ou qui le précede , doit
être toûjours le même. De forte que fi on nomme
le premier terme d'une progreffion arithmetique a ;
& l'excés qui regne dans la progreffion m , (m peut
fignifier un nombre quelconque, entier , ou rompu , pofitif, ou négatif) l'on pourra former par le
moyen de ces deux lettres , une progreffion arithmetique generale en cette forte , $a . a + m .$
$a + 2 m . a + 3 m$, &c.

COROLLAIRE II.

20. Il n'eft pas moins évident que fi dans la progreffion geometrique , l'on divife un terme quelconque par celui qui le fuit , la réduction , ou le
quotient fera toûjours le même ; c'eft pourquoi fi
l'on nomme le premier terme d'une progreffion geometrique b , & la réduction ou quotient qui regne
dans la progreffion n (n fignifie un nombre po-

fitif, entier, ou rompu), l'on pourra former une progreſſion geometrique generale, en cette forte,

$b \cdot \dfrac{b}{n} \cdot \dfrac{b}{n^2} \cdot \dfrac{b}{n^3}$, &c. car ſi une quantité b diviſée par une autre, donne au quotient n, la même quantité b, diviſée par le quotient n donnera cette autre.

21. Ceci ſe peut auſſi appliquer aux proportions tant arithmetiques que geometriques. Soit, par exemple, la proportion arithmetique ſuivante a. $b :: c. d$; ſi l'on nomme $a - b$, ou $b - a$, m; $c - d$, ou $d - c$ ſera auſſi m; donc a. $a - m ::$ $c. c - m$, ou $a. a + m :: c. c + m$, d'où l'on voit que la ſomme des extrêmes eſt égale à la ſomme des moyens, c'eſt à dire $a + c + m = a + m + c$, puiſque ces deux ſommes, qui ſont les deux membres de cette équation, renferment les mêmes quantités.

22. De même, ſi dans la proportion geometrique ſuivante $a. b :: c. d$, on fait $\dfrac{a}{b} = n$, l'on aura auſſi $\dfrac{c}{d} = n$; & partant (n°. 20.) $a. \dfrac{a}{n} :: c. \dfrac{c}{n}$; d'où l'on voit auſſi que le produit des extrêmes eſt égal au produit des moyens, c'eſt à dire, $\dfrac{ac}{n} = \dfrac{ac}{n}$: car ces deux produits qui ſont deux membres de cette équation, renferment les mêmes quantités.

Axiome I.

23. Si l'on ajoûte, ou ſi l'on ſouſtrait, ou ſi l'on multiplie, ou ſi l'on diviſe des quantités égales par des quantités égales ; les ſommes, ou les differences, ou les produits, ou les quotiens ſeront égaux.

Corollaires.

1re. Il suit qu'on peut ajoûter, souftraire, multiplier, ou divifer les deux membres d'une équation
par les deux membres d'une autre, chacun par chacun. Par exemple, fi $a = b$, & $c = d$, l'on aura
$a + c = b + d$, ou $a - d = b + c$; $a c = b d$, ou
$a d = b c$; $\frac{a}{c} = \frac{b}{d}$, ou $\frac{a}{d} = \frac{b}{c}$.

2e. Il fuit auffi de cet Axiome, & de ce que
l'Addition ou Souftraction ont des effets contraires, que l'on peut paffer tel terme que l'on voudra
d'un membre d'une équation dans l'autre en changeant fon figne, ce qu'on appelle *tranfpofition*. On
peut même paffer tous les termes d'un des membres
dans l'autre, ce qu'on appelle égaler tout à zero.
Ainfi cette équation $a + b - c = g$ fe peut changer en celle-ci $a + b = g + c$, ou en celle-ci
$a + b - c - g = 0$, ou $0 = g - a - b + c$:
car par exemple, dans le premier changement, on
ne fait qu'ajoûter c de part & d'autre du figne d'é-
galité, parce qu'elle y eft fouftraite, ce qui donne
$a + b - c + c = g + c$, qui fe réduit à $a + b = g$
$+ c$. Il en eft ainfi des autres changemens.

3e. Il fuit de ce Corollaire que l'on peut changer tous les fignes d'une équation : car il n'y a qu'à
fuppofer qu'on fait paffer tous les termes d'un membre dans l'autre ; & que l'on peut mettre feuls dans
un des membres, les termes qu'on veut, avec les
fignes qu'on veut.

4e. Il fuit encore du même Axiome, & de ce
que la divifion détruit ce que fait la multiplication ;
& au contraire, qu'on peut délivrer une équation
de toutes les fractions qui s'y peuvent rencontrer :
car il n'y a qu'à multiplier toute l'équation par tous

les dénominateurs l'un aprés l'autre, ou ce qui revient au même, la multiplier une seule fois par le produit de tous les dénominateurs, & ensuite réduire (art 1. n°. 37.) les termes fractionnaires. Par exemple, pour ôter les fractions de cette équation $\frac{abx}{c} + gx = \frac{bcd}{a}$, on la multipliera par c & puis par a, ou une seule fois par ac, & l'on aura $\frac{aabcx}{c} + acgx + \frac{abccd}{a}$: mais (art. 1. n°. 37.) $\frac{aabcx}{c} = aabx$, & $\frac{abccd}{a} = bccd$; donc $aabx + acgx = bccd$ qui n'a plus de fractions.

L'on abrege l'operation, & particulierement quand les dénominateurs sont des polynomes, en écrivant les numérateurs des termes fractionnaires sans y rien changer, & en multipliant les autres termes par les dénominateurs. Ainsi pour ôter la fraction de cette équation $\frac{xx - aa}{b - y} = c$, ayant multiplié c par $b - y$, l'on aura $xx - aa = bc - cy$. Il en est ainsi des autres.

5e. Il suit aussi qu'on peut délivrer une lettre, ou telle puissance qu'on voudra d'une même lettre, qui se trouve dans une équation, de toutes autres quantités qui la multiplient ; ce qu'on appelle trouver la valeur d'une lettre ou d'une puissance : car il n'y a pour cela qu'à diviser toute l'équation par les quantités qui multiplient cette lettre aprés avoir mis dans un des membres tous les termes où se trouve cette lettre, & tous les autres termes dans l'autre membre, & qu'à faire ensuite la réduction. Par exemple, si dans cette équation $ax = bc$, l'on veut mettre x seule dans le premier membre, l'on aura en divisant toute l'équation par a, $\frac{ax}{a} = \frac{bc}{a}$: mais (art. 1. n°. 37.) $\frac{ax}{a} = x$; donc $x = \frac{bc}{a}$. Le second membre ne peut être réduit.

Si dans celle-ci $ax = ab + bx - bc$, l'on veut avoir x seule dans un des membres, l'on aura en transposant, & en supposant que a surpasse b, $ax - bx = ab - bc$, & en divisant tout par $a - b$, l'on aura $\frac{ax - bx}{a - b} = \frac{ab - bc}{a - b}$: mais (art. 1. n°. 43 ou 46) $\frac{ax - bx}{a - b} = x$; donc $x = \frac{ab - bc}{a - b}$.

Si dans cette équation $ax - bx = aa - bb$, l'on veut avoir x seule, en divisant par $a - b$, l'on aura $\frac{ax - bx}{a - b} = \frac{aa - bb}{a - b}$: mais (art. 1. n°. 46.) $\frac{ax - bx}{a - b} = x$, & $\frac{ab - bb}{a - b} = a + b$; donc $x = a + b$.

Si dans cette équation $aaxx + aayy - 2ax^3 - 2axyy + xxyy = 0$, l'on veut mettre yy seule dans le premier membre, l'on aura en transposant $aayy - 2axyy + xxyy = 2ax^3 - aaxx$, & en divisant chaque membre par $aa - 2ax + xx$ l'on aura $yy = \frac{2ax^3 - aaxx}{aa - 2ax + xx}$. Il en est ainsi des autres.

Axiome II.

24. Les puissances & les racines des quantités égales sont égales.

Ainsi si $x = \pm a$, l'on aura en quarrant chaque membre $xx = aa$; & si $xx = aa$, les racines seront $x = \pm a$; si $xx = ab$, les racines seront $x = \pm \sqrt{ab}$. Si $xx = -ab$, les racines seront

$x = \pm \sqrt{-ab}$, qu'on appelle racine *imaginaire*, parce que l'on n'en peut pas exprimer la valeur, telles font toutes les quantités irrationelles négatives.

Si $yy = \dfrac{2ax^3 - aaxx}{aa - 2ax + xx}$, les racines feront $y =$

$$= \frac{\sqrt{2ax^3 - aaxx}}{\sqrt{aa - 2ax + xx}} \; ; \text{ mais (art. 1. n}^{\text{o}}. 66.)$$

$$\sqrt{2ax^3 - aaxx} = x\sqrt{2ax - aa} \, , \; \&$$

$$\sqrt{aa - 2ax + xx} = a - x \; ; \text{ donc } y = \frac{x\sqrt{2ax - aa}}{a - x} .$$

Si $xx = ax + bb$, les racines feront $x = \frac{1}{2}$

$a \pm \sqrt{\frac{1}{4}aa + bb}$: car en tranfpofant, l'on a $xx - ax = bb$: or fi l'on extrait (art. 1. n°. 62.) la racine du premier membre $xx - ax$, on trouvera qu'il y manque $+ \frac{1}{4}aa$, afin qu'il foit quarré ; c'eft pourquoi en ajoûtant de part & d'autre $\frac{1}{4}aa$, l'on aura $xx - ax + \frac{1}{4}aa = \frac{1}{4}aa + bb$:

mais $\sqrt{xx - ax + \frac{1}{4}aa} = $ (art. 1. num. 62.)

$x - \frac{1}{2}a$, & la racine du fecond membre ne s'extrait que par le moyen du figne radical ; donc

$x - \frac{1}{2}a = \pm \sqrt{\frac{1}{4}aa + bb}$, ou en tranfpofant $x =$

$\frac{1}{2}a + \sqrt{\frac{1}{4}aa + bb}$. Si les fignes étoient differens, cela n'apporteroit aucun changement dans l'operation.

C'est auſſi parce que les puiſſances des quantités égales ſont égales, que l'on peut délivrer une équation des quantités irrationelles qui s'y rencontrent, ce qu'on appelle *faire évanoüir des ſignes radicaux :* car s'il ne s'y en rencontre qu'une, après l'avoir miſe ſeule dans un des membres de l'équation par les Corollaires précedens ; il n'y aura qu'à élever chaque membre à la puiſſance qui a pour exposant celui du ſigne radical. Ainſi pour délivrer des quantités irrationelles cette équation $xx = \overline{a-x} \times \sqrt{xx+yy}$, l'on aura en diviſant par $a-x$, $\frac{xx}{a-x} = \sqrt{xx+yy}$, ou en diviſant par $\sqrt{xx+yy}$, $\frac{xx}{\sqrt{xx+yy}} = a-x$, & en quarrant chaque membre, l'on aura $\frac{x^4}{xx+yy} = aa - 2ax + xx$, où il n'y a plus de quantités irrationelles.

Mais s'il ſe rencontre deux quantités irrationelles dans une même équation, on la délivrera de l'une, & enſuite de l'autre, comme on vient de dire. Par exemple, pour délivrer de quantités irrationnelles, cette équation $\sqrt{xx+yy} + \sqrt{aa-2ax+xx+yy} = b$, l'on aura en tranſpoſant, $\sqrt{aa-2ax+xx+yy} = b - \sqrt{xx+yy}$, & en quarrant chaque membre, l'on aura $aa - 2ax + xx + yy = bb - 2b\sqrt{xx+yy} + xx + yy$, & en ôtant ce qui ſe détruit par la réduction, & tranſpoſant, il vient $2b\sqrt{xx+yy} = bb - aa + 2ax$, & en quarrant encore chaque membre, l'on a $4bbxx + 4bbyy = b^4 - 2aabb + a^4 + 4abbx - 4a^3x + 4aaxx$, où il n'y a plus de quantités irrationelles.

AXIOME III.

25. On peut mettre en la place d'une quantité quelconque incomplexe ou complexe , une autre quantité égale incomplexe ou complexe , ce qu'on appelle *fubftituer* : C'eft par le moyen de cet Axiome que l'on réduit plufieurs équations à une feule , & que l'on en fait évanoüir les lettres que l'on veut , pourvû que chacune de ces lettres , ou quelques-unes de leurs puiffances fe trouvent au moins dans deux de ces équations , & que l'on ait au moins une équation de plus qu'il y a de lettres que l'on veut faire évanoüir.   En voici la Méthode.

26. On choifit une des équations (c'eft ordinairement la plus fimple) & l'on met feule (Axiome 1. & fes Corollaires) la lettre qu'on veut faire évanoüir, dans un des membres ; (c'eft ordinairement dans le premier) , & l'on fubftituë dans les autres équations, en la place de cette lettre ; ou de fes puiffances , fa valeur , ou celle de fes puiffances , qui fe trouve dans l'autre membre de l'équation que l'on a préparée ; en forte que cette lettre ne fe trouve plus dans aucune , & l'on a alors une équation de moins. On recommence de nouveau à choifir la plus fimple des équations réfultantes , & l'on met feule dans le premier membre , la lettre qu'on veut faire évanoüir , & l'on fubftituë comme auparavant la valeur de cette lettre dans les autres équations. On réitere la même operation jufqu'à ce que l'on ait fait évanoüir l'une aprés l'autre , toutes les lettres que l'on a deffein de faire évanoüir, ou jufqu'à ce que l'on n'ait plus qu'une feule équation. On va éclaircir ceci par des Exemples.

Exemples.

1er. Soient les trois équations A, B, C, dont on veut faire évanoüir les deux lettres x & y.

$A.\ xz = yy.$ $D.\ xz = bb - 2bz + zz.$
$B.\ x - y = a.$ $E.\ x - b + z = a.$
$C.\ z + y = b.$ $F.\ az + bz - zz = bb - 2bz + zz.$
       $G.\ 2zz = 3bz + az - bb.$

Je choisi l'équation C pour faire évanoüir y, & j'en tire $y = b - z$, & en quarrant chaque membre (parce que le quarré de y se trouve dans l'équation A,) j'ai $yy = bb - 2bz + zz$, & mettant dans l'équation A, pour yy sa valeur $bb - 2bz + zz$, & dans l'équation B, pour y sa valeur $b - z$, j'ai les deux équations D & E, où y ne se trouve plus. Je choisis de nouveau l'équation E pour faire évanoüir x, & j'en tire $x = a + b - z$, & mettant dans l'équation D pour x sa valeur $a + b - z$, j'ai l'équation F, qui devient par la réduction, & par la transposition, l'équation G, où x & y ne se trouvent plus.

2e. Soient les deux équations $aa + 2ax + xx = 2yy + 2by + bb$, & $yy + by = aa + ax$, d'où il faut faire évanoüit y. Je remarque que si la seconde équation étoit multipliée par 2, l'on auroit $2yy + 2by = 2aa + 2ax$, où les termes où y se trouve, sont les mêmes que dans la premiere ; c'est pourquoi si l'on met dans la premiere pour $2yy + 2by$ sa valeur $+ 2aa + 2ax$ tirée de la seconde, après l'avoir multipliée par 2, l'on aura $aa + 2ax + xx = 2aa + 2ax + bb$, qui se réduit à $xx = aa + bb$. Il en est ainsi des autres.

27. On peut encore par le moyen de cet Axiome faire de certains changemens dans une équation en faisant certaines suppositions. Par exemple, si l'on

a $x^3 = aab$, en suppofant $ay = xx$; & mettant cette valeur de xx dans l'équation $x^3 = aab$, l'on aura $axy = aab$, ou $xy = ab$; en divifant toute l'équation par a.

De même, fi l'on a $xx = ax + bb$, en suppofant $ac = bb$, l'on aura $xx = ax + ac$; & fi l'on a $xx = ax + ac$, en suppofant $bb = ac$; l'on aura $xx = ax + bb$. Ce qu'on appelle changer un rectangle en quarré, ou un quarré en rectangle. On a fouvent befoin de faire ces changemens.

Pour ce qui refte à dire fur les équations : voyez l'Application de l'Algebre à la Geometrie, Section I. art. 2. & 3.

On trouve dans les Ouvrages de plufieurs Sçavans Geometres, un grand nombre de Theorêmes démontrés fur les raports, proportions & progreffions ; mais il y manque la Méthode de les démontrer tous par le même Principe, qui eft ce qu'il y a de plus à defirer tant en cette occafion que dans toutes les autres parties de Mathematiques.

On pourroit tirer de ce que nous avons dit n°. 18, 19, 20 & 21, une Méthode pour démontrer trés-facilement toutes les proprietés des proportions ; & des progreffions tant arithmetiques que geometriques : mais elle n'eft pas affez generale, & ne convient qu'aux grandeurs proportionnelles ; c'eft pourquoi je me fuis déterminé à prendre une autre voye qui convienne tout à la fois, non feulement aux grandeurs proportionnelles, mais encore à tous les Theorêmes que l'on fe propofe de démontrer par l'Algebre dans toutes les parties de Mathematiques. Voici le Principe.

PRINCIPE.

28. Aprés avoir nommé les quantités qui doi-

vent entrer dans la queſtion par des lettres, l'on
écrira l'Hypotheſe en équation, & la conſequence
auſſi en équation ; & en ſuivant les trois Axiomes
précédens, & leurs Corollaires, on fera en ſorte
de rendre l'Hypotheſe ſemblable à la conſéquence,
& alors le Theorême ſera démontré. Et ſi les termes de l'équation que renfermera la conſéquence,
ſe trouvent entierement ſemblables ; de ſorte que par
la réduction, elle puiſſe devenir $0 = 0$. Le Theorême ſera auſſi démontré : car les termes d'une
équation ne ſçauroient être entierement ſemblables
ſans être égaux, & ne ſçauroient ſe réduire ſans
être ſemblables,

Explication du Principe.

1°. Un Theorême contient deux parties, l'Hypotheſe & la Conſéquence ; l'Hypotheſe eſt ce
que l'on y ſuppoſe ; & la Conſéquence eſt la
verité qu'il s'agit de démontrer.

2°. Le Principe demande qu'on écrive toûjours
l'Hypotheſe en équation. Souvent l'Hypotheſe
renferme cette équation, ou une proportion qu'il
eſt aiſé de changer en équation : car ſi l'on a, a.
$b :: c. d$, l'on aura (n°. 11.) $a - b = c - d$,
ſi la proportion eſt arithmetique, & $\frac{a}{b} = \frac{c}{d}$, ſi
la proportion eſt geometrique, puiſque la propor-
tion n'eſt autre choſe que l'égalité de deux raports.

3°. Si l'Hypotheſe ne renferme ni équation ni
proportion, on égalera les quantités qu'elle renferme à d'autres lettres priſes arbitrairement, & l'on
aura par ce moyen des équations, comme on verra
par ces Exemples.

4°. On tirera de l'Hypotheſe autant d'équations
qu'on pourra : car cela ne peut que faciliter les

moyens de rendre l'Hypothese femblable à la Conféquence.

Lorfqu'il s'agit de démontrer quelques proprietés touchant les grandeurs inégales , & touchant
les raports inégaux , l'on exprimera l'Hypothefe, &
la Confequence par le moyen du figne $>$, ou $<$,
en cette forte $a > $ ou $< b$, $\frac{a}{b} > $ ou $< \frac{c}{d}$, & on fe
fervira de ces expreffions , que l'on pourroit appeller
inégalités , comme fi c'étoient des équations : car il
eft clair qu'on peut ajoûter , fouftraire , multiplier ,
& divifer les deux membres dé ces inégalités par
une même quantité , ou par des quantités égales ,
les combiner, comme on voudra avec des équations,
les élever à des puiffances , en extraire les racines ;
en un mot , on peut les traiter à la maniere des équations , pourvû qu'on ne les combine point enfemble,
fans que le membre le plus grand ceffe d'être le plus
grand ; de forte qu'on aura les mêmes moyens de
rendre l'Hypothefe femblable à la Confequence , ou
la Confequence femblable à l'Hypothefe , que fi
c'étoit des équations , & de démontrer par confequent toutes les proprietés des raports inégaux , de
la même maniere que celle des raports égaux.

Ce qu'on dira dans la fuite des raports & des
proportions , fe doit entendre des raports & proportions geometriques , à moins qu'on n'avertiffe
que c'eft des raports & proportions arithmetiques
qu'on veut parler.

THEORÊME I.

29. *Si quatre grandeurs* a, b, c, d, *font en proportion geometrique , le produit des extrêmes fera égal
au produit des moyens.*

Il faut prouver que fi $a . b :: c . d$, l'on aura
$a d = b c$.

L'on a par l'Hypothese $a \cdot b :: c \cdot d$; donc (n°.

11.) $\frac{a}{b} = \frac{c}{d}$: or il est clair (Axiome 1. Corollaire

4.) qu'en ôtant les fractions, on aura $ad = bc$, qui est semblable à la Consequence C. Q. F. D.

30. On prouvera de même que dans une proportion continuë le produit des extrêmes est égal au quarré de la moyenne. Ainsi $a \cdot b :: b \cdot c$, l'on aura $ac = bb$.

Ce Theorême fournit un autre moyen dont nous nous servirons dans la suite, de changer une proportion en équation.

COROLLAIRES.

1er. Il suit que connoissant trois des termes a, b, c, d'une proportion, on pourra toûjours trouver le quatriéme, que je nomme x : car puisque (Hyp.) $a \cdot b :: c \cdot x$, l'on aura (n°. 29.) $ax = bc$; donc en divisant toute cette équation par a, l'on aura $x = \frac{bc}{a}$, d'où l'on voit que la valeur de bc divisée par la valeur de a, donnera celle de x.

2e. De même dans la proportion continuë, connoissant les extrêmes a & b, on trouvera la moyenne que je nomme y ; car puisque (Hyp.) $a \cdot y :: y \cdot b$, l'on aura $yy = ab$; & partant (Axiome 2.) $y = \pm \sqrt{ab}$; c'est pourquoi la racine de la valeur de ab sera la valeur de y. Les valeurs négatives ne satisfont point aux Problêmes. On en expliquera l'usage ailleurs.

THEORÊME II.

31. *Les racines des produits qui forment chaque membre d'une équation sont reciproquement proportionnelles, c'est à dire, qu'en prenant les racines d'un des*

membres pour les extrêmes, & les racines de l'autre pour les moyens, ces quatre racines formeront une proportion.

Soit l'équation $abc = dfg$. Il faut prouver que $ab \cdot df :: g \cdot c$, ou afin que la conséquence soit en équation $\dfrac{ab}{g} = \dfrac{df}{c}$: car l'équation ne peut être vraie que la proportion ne le soit aussi.

En divisant toute l'équation $abc = dfg$, par gc, l'on aura $\dfrac{abc}{gc} = \dfrac{dfg}{gc}$, ou (art. 1. num. 37.) $\dfrac{ab}{g} = \dfrac{df}{c}$, qui est semblable à la Conference C. Q. F. D.

COROLLAIRES.

1er. On peut tirer de la même équation $abc = dfg$ plusieurs autres proportions, & les démontrer de la même maniere, pourvû qu'on prenne les extrêmes dans un membre, & les moyens dans l'autre, & qu'on garde la Loi des Homogenes, c'est à dire, que les termes de chaque raport ayent un pareil nombre de dimensions : par exemple, on en peut tirer $a \cdot d :: fg \cdot bc$; $b \cdot f :: dg \cdot ac$, &c. mais quoiqu'on le puisse on n'en doit pas tirer $a \cdot df :: g \cdot bc$: car on compareroit des quantités de differens genres, comme une ligne avec un plan. Il en est ainsi des autres.

2e. Il est clair qu'afin qu'une équation puisse être réduite en proportion, il faut que chaque membre soit le produit de deux quantités qui se puisse séparer par la division ; c'est pourquoi il est souvent nécessaire de la changer d'état pour la réduire en proportion. Par exemple, on ne peut réduire cette équation $xx = ax + bb$ en proportion dans l'état où elle est : car le second membre ne peut être

divisé

divisé par aucune quantité : mais en transposant, l'on a $xx - ax = bb$, d'où l'on peut tirer $x . b :: b . x - a.$ De celle-ci $xx = aa - bb$, on peut tirer $a - b . x :: x . a + b.$ De celle-ci $xx = aa + bb$, ou $xx - aa = bb$, on peut tirer $x - a . b :: b . x + a.$ Mais pour changer celle-ci $xx = aa - bc$ en proportion ; il faut changer bc en un quarré, ou aa en un rectangle b, ou c ; faisant donc, par exemple, $bc = dd$, l'on aura $xx = aa - dd$, d'où l'on tire $a - d . x :: x . a + d.$ Il en est ainsi des autres.

3e. Il suit aussi qu'un raport ou une fraction comme $\frac{ab}{c}$ est un des termes d'une proportion, & renferme les trois autres : car faisant $\frac{ab}{c} = x$, l'on aura en multipliant par c, $ab = cx$; donc (n°. 31.) $c . a :: b . x$, ou $c . a :: b . \frac{ab}{c}$, en remettant pour x sa valeur $\frac{ab}{c}$.

4e. Il suit aussi des deux Theorêmes précedens que si quatre grandeurs $a . b, c \; d$, sont proportionelles, c'est à dire, que $a . b :: c . d$, elles seront aussi proportionelles dans les quatre variations suivantes.

1. $a . c :: b . d$, ce qu'on appelle, *permutando*.

2. $b . a :: d . c$, ce qu'on appelle, *invertendo*.

3. $a + b . b :: c + d . d$, ce qu'on appelle, *componendo*.

4. $a - b . b :: c - d . d$, ce qu'on appelle, *dividendo*.

Car si les équations que l'on tirera (n°. 29.) de ces quatre analogies sont vraies, les analogies le seront aussi. Or la premiere & la seconde analogie donnent $ad = bc$, la troisiéme donne $ad + bd$

$= bc + bd$, & la quatriéme $ad - bd = bc - bd$: mais l'Hypothese $a.b :: c.d$, donne $ad = bc$, qui est la premiere équation, & qui montre par conséquent la verité des deux premieres analogies.

Si l'on ajoûte, & si l'on souftrait bd de chaque membre de l'équation $ad = bc$ tirés de l'Hypothese, l'on aura $ad + bd = bc + bd$, & $ad - bd = bc - bd$, qui font femblables aux deux dernieres équations tirées des deux dernieres analogies, & qui en font par conséquent voir la verité.

Il y a encore d'autres variations dans les proportions que l'on démontrera avec la même facilité.

Theoréme III.

32. *Si deux grandeurs quelconques a & b, font multipliées par une même grandeur c, rationelle, ou irrationelle, les produits a c & b c, feront en même raifons que les mêmes quantités a & b.*

Il faut prouver que $ac.bc :: a.b$, ou, afin que la conféquence foit en équation, que (n°. 29.) $abc = abc$.

Parce que les deux membres de cette équation font femblables, il fuit (n°. 29. & 31.) que ce qui étoit propofé eft vrai.

Corollaires.

1er. Il eft clair qu'on peut multiplier les quatre termes d'une proportion, ou l'un ou l'autre des deux raports qui la forment, ou les deux antecedens, ou les deux conféquens de ces raports, par telle quantité qu'on voudra, fans que ces raports ceffent d'être égaux.

2e. Et parce que les raports ou les divifions indiquées font des fractions, il fuit qu'on peut multiplier les deux termes d'une fraction par telle quantité qu'on voudra, sans que cette fraction change de valeur. Ainsi $\frac{a}{b} = \frac{ac}{bc}$, en multipliant les deux termes par c.

3e. Une quantité quelconque, qui n'est point fractionnaire devient une fraction étant comparée à l'unité, ce qui n'y change rien ; c'est pourquoi toute quantité qui n'est point fractionnaire, peut être changée en une fraction dont le dénominateur sera telle quantité qu'on voudra. Ainsi a ou $\frac{a}{1} = \frac{ab}{b}$, en multipliant chaque terme par b.

4e. Il suit aussi qu'on peut donner à des fractions des dénominateurs semblables, lorsqu'elles en ont de différens, ce qu'on appelle *réduire les fractions à même dénomination* : car pour cela, il n'y a qu'à multiplier les deux termes de chacune par le dénominateur de l'autre, s'il n'y en a que deux. Ainsi pour réduire à même dénomination $\frac{ab}{c}$ & $\frac{df}{g}$, ayant multiplié les deux termes de la première par g, & ceux de la seconde par c, l'on aura $\frac{abg}{cg}$ & $\frac{cdf}{cg}$. S'il y en a un plus grand nombre, on multipliera les deux termes de chacune par le produit des dénominateurs des autres. Ainsi pour réduire $\frac{a}{d}$, $\frac{b}{f}$, $\frac{c}{g}$ en même dénomination ; ayant multiplié les deux termes de la première par fg, ceux de la seconde par dg, & ceux de la troisième par df, l'on aura $\frac{afg}{dfg}$, $\frac{bdg}{dfg}$, $\frac{cdf}{dfg}$.

Il se trouve souvent des fractions que l'on peut réduire à même dénomination, sans les changer

toutes d'expreſſions. Ainſi $\frac{abb}{cd}$ & $\frac{gh}{c}$, ſeront réduites en même dénomination, en multipliant les
deux termes de la ſeconde par d : car l'on aura $\frac{dgh}{cd}$.

5e. Il ſuit encore que c'eſt la même choſe de diviſer le dénominateur d'une fraction, par une quantité
quelconque, ou de multiplier ſon numérateur par la
même quantité. Ainſi $\dfrac{\frac{a}{c}}{\frac{c}{d}} = \dfrac{abd}{\frac{cd}{d}} = \dfrac{abd}{c}$.

T H E O R E M E IV.

33. *Si l'on diviſe deux grandeurs quelconques* a &
b *par une même grandeur* c, *rationelle ou irratio-*
nelle ; les quotiens $\frac{a}{c}$ & $\frac{b}{c}$, *ſeront en même raiſon*
que les premieres grandeurs a & b.

Il faut prouver que $\frac{a}{c} \cdot \frac{b}{c} :: a . b$, ou, ayant

ſuppoſé $\frac{a}{c} = p$, & $\frac{b}{c} = q$, que $p . q :: a . b$, ou
afin que la conſéquence ſoit en équation, que
$bp = aq$.

La premiere équation (Axiome 1. Corollaire 4.)
donne $a = cp$, & la ſeconde, $b = cq$, d'où l'on
tire (Axiome 1. Corollaire 1.) $acq = bcp$, ou en
diviſant par c, $ap = bq$; donc (Theor. 2.) p.

$q :: a . b$, ou $\frac{a}{c} \cdot \frac{b}{c} :: a . b$, en remettant pour p,

& pour q, leurs valeurs $\frac{a}{c}$ & $\frac{b}{c}$. *C. Q. F. D.*

On pourroit démontrer ce Theorême en cette
ſorte. L'hypotheſe $\frac{a}{c} \cdot \frac{b}{c} :: a . b$; donc (Theor.

1.) $\frac{ab}{c} = \frac{ab}{c}$ qui est une équation évidente par elle-même.

2e. C'est aussi par le moyen de ce Theorême que l'on réduit les raports ou fractions à leurs plus simples expressions. Ce qui se fait en divisant l'antecedent & le conséquent de chaque raport par une même quantité, que l'on nomme *commun diviseur*, & les deux quotiens forment un autre raport, ou fraction égale à la proposée, mais plus simple.

Or il est souvent aisé d'apercevoir ce commun diviseur, & particulierement quand les deux termes du raport que l'on veut réduire sont incomplexes. Mais si on ne l'aperçoit pas par la seule inspection des termes, on cherchera (art. 1. n°. 56, ou 57.) tous les diviseurs de l'antecedent, & tous ceux du conséquent ; & les diviseurs de l'antecedent qui se trouveront aussi parmi ceux du conséquent, feront des diviseurs communs ; mais on ne se servira que du plus grand: s'il ne s'en trouve aucun parmi ceux de l'antécedent, qui se trouve aussi parmi ceux du conséquent, la fraction ne pourra être réduite à de simples termes.

EXEMPLES.

Exemple 1. $\frac{aab}{ac}$ se réduit, ou est égal à $\frac{ab}{c}$ en divisant chaque terme par leur commun diviseur a.

Exemple 2. $\frac{abc\sqrt{aad}}{cx\sqrt{ag}} = \frac{ab\sqrt{bd}}{x\sqrt{g}}$ en divisant les parties rationelles par c, & les irrationelles par $\sqrt{a}$.

Exemple 3. $\frac{abc\sqrt{abc}}{cd\sqrt{b}} = \frac{ab\sqrt{ac}}{d}$ en divisant les parties rationelles par c, & les irrationelles par $\sqrt{b}$.

Exemple 4. $\frac{a^3}{a^3} = \frac{1}{1} = 1$, en divisant les deux termes par a^3 : Mais (art. 1. n°, 22.) $\frac{a^3}{a^3} = a^{3-3}$

$= a^0$; donc $a^0 = 1$, ce que nous avions supposé dans l'endroit que nous venons de citer.

Exemple 5. $\frac{a^3}{a^5} = \frac{1}{a^2}$, en divisant chaque terme par a^3 : mais (art. 1. num. 22.) $\frac{a^3}{a^5} = a^{3-5}$

$= a^{-2}$; donc $a^{-2} = \frac{1}{a^2}$, ce que nous avions encore supposé au même endroit.

Exemple 6. $\frac{25\,ab}{15\,bc} = \frac{5\,a}{3\,c}$ en divisant chaque terme par $5\,b$.

Exemple 7. $\frac{aac + abc}{aa + bb} = \frac{ac}{a - b}$, en divisant chaque terme par le commun diviseur $a + b$.

Exemple 8. $\frac{a^3 - b^3}{aa - bb} = \frac{aa + ab + bb}{a + b}$, en divisant chaque terme par le commun diviseur $a - b$.

THEORÈME V.

34. *Si l'on divise une même quantité* a, *par des quantités différentes* b *&* c, *les quotiens seront reciproquement proportionels à leurs diviseurs.*

Il faut prouver que $\frac{a}{b} . \frac{a}{c} :: c . b$, ou, ayant supposé $\frac{a}{b} = p$, & $\frac{a}{c} = q$, que $p . q :: c . b$, ou afin que la conséquence soit en équation, que $bp = cq$.

La premiere supposition donne $a = bp$ & la seconde $a = cq$; donc (Axiome 3.) $bp = cq$; & partant (Theor. 2.) $p . q :: c . b$, ou $\frac{a}{b} . \frac{a}{c} :: c.$

b, & remettant pour p, & pour q, leurs valeurs $\frac{a}{b}$, & $\frac{a}{c}$. C. Q. F. D.

On pourroit démontrer plus simplement ce Theorême : car la conséquence $\frac{a}{b} \cdot \frac{a}{c} :: c \cdot b$, donne (Theorême 1.) $\frac{ab}{b} = \frac{ac}{c}$, ou (art. 1. num. 37.) $a = a$, ou, $a - a = 0$, ou $0 = 0$.

THEOREME VI.

35. *Si trois grandeurs* a, b, c, *sont en proportion continuë, la premiere* a, *sera à la troisiéme* c, *comme le quarré de la premiere* aa, *au quarré de la seconde* bb.

Il faut prouver que $a \cdot c :: aa \cdot bb$, ou, afin que la conséquence soit en équation, que $aac = abb$.

L'on a (Hyp.) $a \cdot b :: b \cdot c$; donc $ac = bb$, & partant $aac = abb$ en multipliant chaque membre par a. C. Q. F. D.

THEOREME VII.

36. *Lorsque plusieurs raports sont égaux, comme* $\frac{a}{b} = \frac{c}{d} = \frac{d}{e}$ *&c. La somme des antecedens* a + c + d, *est à la somme des conséquens* b + d + e, *comme celui qu'on voudra des antecedens, est à son conséquent.*

Il faut prouver que $a + c + d \cdot b + d + e :: a \cdot b$, ou, afin que la conséquence soit en équation, que $ab + bc + bd = ab + ad + ae$, ou en ôtant de part & d'autre le terme ab qui se détruit par la réduction, $bc + bd = ad + ae$.

Les deux premiers raports égaux (Hyp.) donnent $ad = bc$, le premier & le troisiéme donnent

$ae = bd$: donc (Axiome 1. Corollaire 1.) $bc + bd = ad + ae$. C. Q. F. D.

COROLLAIRE.

37. Il suit de ce Theorême, que connoissant les deux premiers termes a & b, & le dernier c, d'une progression geometrique, on trouvera aisément la somme de tous les termes qui la composent : car nommant la somme des antecedens x ; la somme des consequens sera $x - a + c$. Or par ce Theorême, $x . x - a + c :: a . b$; donc (Theor. 1.) $bx = ax - aa + ac$; ou, en transposant, & en supposant $a > b$, $ax - bx = aa - ac$; d'où l'on tire (Axiome 1. Corollaire 5.) $x = \frac{aa - ac}{a - b}$. Ce qu'il falloit trouver.

Si $a > b$, ou ce qui est la même chose, si la progression va en diminuant, & qu'on la suppose infinie, en faisant le dernier terme $c = 0$, l'on aura $x = \frac{aa}{a - b}$, pour la valeur de tous les termes de la progression : car le terme ac se détruit à cause de $c = 0$.

THEOREME VIII.

38. *La plus grande a de deux quantités inégales a & b a un plus grand raport à une troisiéme grandeur c que la plus petite b ; & la même grandeur c, a un plus grand raport à la plus petite b qu'à la plus grande a.*

Il faut prouver, 1°. Que $\frac{a}{c} > \frac{b}{c}$. 2°. Que $\frac{c}{b} > \frac{c}{a}$.

L'on a par l'Hypothese $a > b$; donc (par le principe précedent, & ses explications) $\frac{a}{c} > \frac{b}{c}$, en divisant chaque membre de cette inégalité par c. Ce qu'il falloit premierement démontrer.

L'on a encore (Hyp.) $a > b$, donc en multipliant chaque membre de cette inégalité par c, & divisant chaque membre par ab, l'on aura $\frac{ac}{ab} > \frac{bc}{ab}$, ou (art. 1. n°. 37.) $\frac{c}{b} > \frac{c}{a}$. Ce qu'il falloit en second lieu démontrer.

Nous avons supposé dans la Multiplication, & dans la Division, que $+ \times +$, & $- \times -$, donnoit $+$; & que $+ \times -$, ou $- \times +$ donnoit $-$. En voici la preuve, en supposant seulement que $+ \times +$ donne $+$, dont personne ne doute.

39. Soit $a - b$ à multiplier par $+ c$. Je dis que le produit sera $ac - bc$: car ayant supposé $a - b = p$; l'on aura en transposant $a = p + b$, & multipliant cette équation par $+ c$, l'on aura $ac = pc + bc$; donc en transposant, $ac - bc = pc$; donc $a - b \times + c = ac - bc$.

40. Soit presentement $a - b$ à multiplier par $- c$. Je dis que le produit sera $- ac + bc$: car ayant supposé $a - b = p$, l'on aura en transposant $a = p + b$; donc en multipliant par $- c$, l'on aura (n°. 39.) $- ac = - pc - bc$, ou $- ac + bc = - pc$; donc $a - b \times - c = - ac + bc$.

41. Je dis aussi que $\frac{ab}{-a} = - b$: car le produit du diviseur par le quotient, doit donner le dividende, ce qui n'arriveroit pas si le quotient étoit $+ b$: car $- a \times + b = - ab$, qui n'est point le dividende.

Au contraire $-ax-b=+ab$, qui est la quantité à diviser.

42. Il est de-là évident que $\dfrac{ab}{-d}=\dfrac{-ab}{d}$, puisque dans l'un & dans l'autre cas, le quotient doit être négatif, ce que nous avons aussi supposé ailleurs.

REMARQUE.

1º. Tout le Calcul algebrique est fondé sur les trois Axiomes précedens, & sur les quatre premiers Theorêmes que l'on vient de démontrer. On n'a démontré les quatre derniers que pour faire voir l'usage de nôtre principe, & que par son moyen, on peut démontrer d'une maniere qui est toûjours la même, toutes les proprietés des raports égaux & inégaux, des proportions & des progressions geometriques.

2º. L'on remarquera aussi qu'en suivant le même principe, l'on démontrera avec la même facilité toutes les proprietés des raports, proportions & progressions arithmetiques.

3º. Que l'équation qui exprime la consequence ou la verité que l'on veut démontrer, peut toûjours être délivrée de fractions, de signes radicaux, & réduites à ses plus simples termes, avant que de chercher à lui rendre semblable celle qui renferme l'Hypothese : car une équation étant vraie dans un état, elle le sera dans tous ceux qu'elle est capable de recevoir.

Il s'agit presentement d'ajoûter, soustraire, multiplier, diviser, & extraire les racines des raports, ou fractions.

ADDITION ET SOUSTRACTION.

43. Pour les ajoûter, on les écrira de suite sans changer aucun signe ; & pour les souſtraire, on les écrira de suite en changeant les signes de celles qui doivent être souſtraites, ſoit que leur dénominateur ſoit le même, ou non. On leur donnera enſuite un même dénominateur ; & après avoir réduit (art. 1. n°. 11.) dans l'un & l'autre cas les numérateurs ſemblables, on prendra pour la ſomme, ou pour la différence, celles des deux expreſſions qui ſera la plus ſimple.

EXEMPLES.

Pour ajoûter $\dfrac{ab}{c}$ avec $\dfrac{ad}{c}$, l'on aura $\dfrac{ab+ad}{c}$.

Pour ajoûter $\dfrac{aab^4}{a^4-2aabb+b^4}$ avec $\dfrac{aabb}{aa-bb}$, l'on écrira $\dfrac{aab^4}{a^4-2aabb+b^4} + \dfrac{aabb}{aa-bb}$, ou après les avoir réduites en même dénomination $\dfrac{aab^4+a^4bb-aab^4}{a^4-2aabb+b^4}$

$= (\text{art. 1. n°. 11.}) \dfrac{a^4bb}{a^4-2aabb+b^4}$ qui eſt une expreſſion plus ſimple que la premiere.

Pour souſtraire $\dfrac{ab}{c-d}$ de $\dfrac{aa-bb}{c}$, l'on écrira $\dfrac{aa-bb}{c} - \dfrac{ab}{c-d}$, ou après leur avoir donné un même dénominateur $\dfrac{aac-bbc-aad+bbd-abc}{cc-cd}$. La premiere expreſſion eſt la plus ſimple.

MULTIPLICATION.

44. On multipliera les numérateurs, & ensuite les dénominateurs l'un par l'autre ; & les deux produits formeront une fraction que l'on réduira à son expreßion la plus simple.

Soit $\frac{ac}{b}$ à multiplier par $\frac{bc}{d}$. Ayant supposé $\frac{ac}{b}=p$, & $\frac{bc}{d}=q$. Il faut prouver que $\frac{abcc}{bd}=pq=\frac{acc}{d}$.

La premiere supposition donne $ac=bp$, & la seconde, $bc=dq$; donc (Axiome 1. Corollaire 1.) $abcc=bdpq$; donc (Axiome 1. Corollaire 5.) $\frac{abcc}{bd}=pq=\frac{acc}{d}$. C. Q. F. D. De même $\frac{ab}{c}\times b$ $+\frac{cd}{b}$, ou (Theor. 3. Coroll. 3.) $\frac{ab}{c}\times\frac{bb+cd}{b}=$ $\frac{ab^3+abcd}{bc}=\frac{abb+acd}{c}$, en divisant les deux termes par b. Par la même raison $\frac{ab}{c}\times d$, ou $\frac{d}{1}=\frac{abd}{c}$.

DE'FINITION.

45. Le produit $\frac{ac}{bd}$ de deux raports differens $\frac{a}{b}$ & $\frac{c}{d}$ est appellé *raport composé*, ou *raison composée* ; & le produit $\frac{aa}{bb}$ d'un raport $\frac{a}{b}$, multiplié par lui-même, est appellé *raport doublé*, ou *raison doublé*.

DIVISION.

46. |Le produit du numérateur du dividende par le dénominateur du diviseur sera le numérateur du quotient, & le produit du dénominateur du dividende par le numérateur du diviseur, sera le dénominateur du quotient. On réduira ensuite le quotient à son expression la plus simple.

Soit proposé le raport $\frac{ab}{c}$ à diviser par $\frac{ac}{b}$. Ayant supposé $\frac{ab}{c} = p$, & $\frac{ac}{b} = q$. Il faut prouver que

$$\frac{abb}{acc} = \frac{p}{q} = \frac{bb}{cc}.$$

La premiere supposition donne $ab = cp$; la seconde, $ac = bq$; donc (Axiome 1. Corollaire 1.) $\frac{ab}{ac} = \frac{cp}{bq}$, ou en multipliant chaque membre par b, & divisant chaque membre par c, $\frac{abb}{acc} = \frac{p}{q} = \frac{bb}{cc}$. C. Q. F. D.

De même $\frac{ac}{b}$ divisé par d, ou par $\frac{d}{1}$, donne $\frac{ac}{bd}$.

EXTRACTION

Des racines des quantités fractionnaires.

47. Il est clair par les regles de la multiplication des fractions, que pour extraire leurs racines, il n'y a qu'à extraire celle du numérateur, & celle du dénominateur & ces deux racines formeront une fraction, qui sera la racine de la proposée. Ainsi

$$\sqrt{\frac{8abbc}{4bcc}} = \frac{2b\sqrt{2ac}}{2c\sqrt{b}} = \frac{b\sqrt{2ac}}{c\sqrt{b}}.$$ Il en est ainsi des autres.

Les mêmes operations fur les fractions irrationelles n'ont rien de particulier.

Fin de l'Introduction.

PROBLEMES

D'ARITHMETIQUE

ET

DE GEOMETRIE,

Resolus par la Spécieuse, pour en faire connoître l'utilité.

CEux qui n'ont pas quelque connoiſſance des principes d'Algebre ne doivent pas prendre la peine d'examiner les Problèmes ſui-vans, que l'on n'a mis ici, que pour faire voir de quelle utilité eſt la Specieuſe, & avec quelle facilité elle reſout des Propoſitions qu'on au-roit bien de la peine à démêler par les méthodes ordinaires. Au reſte il ne faut pas ſe rebuter, ſi l'on a quelque peine dans les commencemens. Le myſtere n'eſt pas ſi grand qu'il paroît d'abord; & tous ces Problèmes ont été la plû-part inventés & reſolus par un jeune homme de, treize à quatorze ans.

PROBLEMES D'ARITHMETIQUE.

Trouver trois nombres tels que la diffé-rence des quarrés de deux pris comme on voudra, ajoûtée au Solide des trois, fasse toûjours un quarré, & que la somme des trois différences ajoûtée au même Solide, fasse encore un quarré, & que les nombres soient en proportion Arithmétique.

Que le premier soit $A + 1$; le second $2A + 1$; le troisiéme $3A + 1$; que le Solide soit reputé $AA + 2A + 1$. La différence des quarrés des deux premiers, est $3AA + 2A$, laquelle étant ajoûtée au Solide, donne un quarré effectif $4AA + 4A + 1$; la différence des quarrés extrêmes, est $8AA + 4A$, qui ajoûtée au même Solide, donne encore un quarré effectif $9AA + 6A + 1$. Reste donc que la différence des quarrés des deux derniers, & que la somme des trois différences jointe au Solide, fassent des quarrés. La différence des deux derniers, est $5AA + 2A$. La somme des trois différences, est $16AA + 8A$.

Ces deux sommes ajoûtées chacune au Solide, donnent pour la double égalité $6AA + 4A + 1$, & $17AA + 10A + 1$. La différence est $11AA + 6A$. Les produisans $\frac{11A}{3} + 2$ & $3A$. Leur somme $\frac{20A}{3}+2$. Sa moitié $\frac{10A}{3}+1$. Son quarré

$\frac{100AA}{9}+\frac{20A}{3}+1$ est égal à $17AA+10A+1$.

D'où A se trouve égal à $\frac{30}{53}$. Les trois nombres po-

fés $A+1$, $2A+1$, $3A+1$ feront $\frac{23}{53}$ — $\frac{7}{53}$ — $\frac{37}{53}$

& le Solide fuppofé $\frac{259}{2809}$.

Il est aifé d'avoir des nombres réels par la méthode ordinaire, & égaler enfuite le Solide fuppofé
au Solide des trois nombres trouvés.

AUTRE PROBLEME.

TRouver deux triangles rectangles dans lefquels
la fomme & la différence des perimetres foit
quarré; la différence des aires un quarré. La différence du moindre côté du premier, & du moindre
côté du fecond, foit égale à la différence des deux
plus grands côtés du premier, ou des deux plus
grands côtés du fecond, & que cette différence foit
un cube; Item que la différence du plus grand côté
droit du premier, & du moindre côté du fecond,
fafle un quarré; de plus que la fomme du moindre
côté du premier, & du moyen du fecond foit un
quarré.

Que le premier triangle foit formé de $A+1$ &
2, & le fecond de $A-1$ & 2. Le premier fera
$AA+2A+5$, $AA+2A-3$, $4A+4$; le
fecond $AA-2A+5$, $AA-2A-3$, $4A-4$.
Refte que la différence des aires $12AA-12$, &
la différence des perimetres $8A+8$ foient quarrés.

Voicy comment je refous cette équation extraor-
dinaire. J'égale d'abord $8A+8$ à un quarré com-

me 9 , d'où A égal à 1. Mais cette valeur ne satisfait pas à 12 AA — 12 ; c'est pourquoi il faut trouver un quarré tel qu'en en ôtant 8 , & le reste divisé par 8 ce quotient soit tel que 12 fois son quarré diminué de 12 , fasse un quarré.

Que le quarré cherché soit AA , en ôtant 8 vient AA — 8 , qui étant divisé par 8 , donne $\dfrac{AA - 8}{8}$

dont le duodecuple quarré est $\dfrac{12\,AAAA - 192\,AA + 768}{64}$;

donc ôtant 12 en même dénomination 768 , reste sans dénominateur 12 $AAAA$ — 192 AA à égaler à un quarré. Je le divise par 4 AA vient 3 AA — 48 à égaler à un quarré , & pour cela je cherche un quarré qui augmenté de 48 , fasse un triple quarré. Ce quarré soit AA , qui augmenté de 48 , fait AA + 48 égal à un triple quarré ; donc $\dfrac{AA}{3}$ + 16 égal à un quarré , comme 16 — 8 A + AA , d'où A égal à 12 dont le quarré est 144 , qui étant égalé à 3 AA — 48 vient pour AA. Premierement posé 64 ; je l'égale maintenant à 8 A + 8 , & j'ai 7 pour la valeur d'A , suivant laquelle resolvant les positions , on aura pour les deux triangles requis :

Premier.   32, 60, 68,
Second.   24 32 40.

AUTRE PROBLEME.

TRouver trois nombres tels que la somme ou la différence des deux pris comme on voudra , fasse des quarrés différens.

Que les trois nombres soient AA + 16 , 8 A , 4 AA + 4. La somme ou la différence des deux premiers eſt un quarré, comme auſſi la ſomme & la différence des derniers. Reſte donc que la ſomme & la différence des extrêmes, faſſent des quarrés ; donc $20 + 5AA$, & $12 — 3AA$ doivent être égaux à des quarrés.

Il eſt aiſé de voir ſuivant l'obſervation de Diophante que le nombre 1 ſatisfait cette double égalité ; mais ſi l'on réſolvoit les poſitions par cette valeur, les deux dernieres donneroient un même nombre : on eſt donc réduit à trouver un autre quarré que l'unité dont le quintuple ajoûté à 20, & le triple ſouſtrait de 12, faſſent des quarrés.

Que le côté de ce quarré ſoit $1 — A$; donc $25 — 10A + 5AA$ & $9 + 6A — 3AA$ égaux à des quarrés le premier multiplié par 9, & le ſecond par 25, vient $225 — 90A + 45AA$ & $225 + 150A — 75AA$ égaux à des quarrés. Leur différence eſt $240A — 120AA$; les produiſans $30 — 15A$, & $8A$, le quarré de la moitié de leur ſomme $225 — 105A + \frac{49AA}{4}$, d'où A égal à $\frac{1020}{349}$, le côté poſé $1 — A$ ſera partant $\frac{671}{349}$, & le quarré requis $\frac{450141}{121801}$ par quoi réſolvant les poſitions vient pour les trois nombres ſans dénominateur :

2399057, 1873432, 2288168,

Les trois ſommes & les trois différences, donnent ces ſix différens quarrés.

	Cottés.	
4272489		2067
4161600		2040
4687225		2165
110889		333
525625		725
414736		644

AUTRE PROBLEME.

TRouver quatre nombres tels que la somme de deux, pris comme l'on voudra, ajoûtée à un nombre donné comme 15, fasse des quarrés.

Que les quatre nombres soient $A.B.C.D.$ Donc :

$15 + A + B$ égal ff

$15 + B + C$ égal MM

$15 + C + D$ égal TT

$15 + B + D$ égal PP

$15 + A + C$ égal à un quarré.

$15 + A + D$ égal à un quarré.

A égal à $ff - B - 15$

B égal à $MM - C - 15$

C égal à $TT - D - 15$

D égal à $PP - B - 15$

Reduisant le B qui se trouve en cette premiere valeur d'A par $MM - C - 15$

A sera égal à $ff - MM + C.$

Reduisant le C, qui se trouve ici par $TT - D - 15$.

A sera à $ff - MM + T - D - 15$.

Reduisant aussi le C qui se trouve dans la valeur de $B.$

B sera égal à $MM - TT + D.$

Parquoi réduisant le B qui se trouve en la valeur de $D.$

D sera égal à $PP - MM + TT - D - 15$.

Donnant de chaque côté D, vient $2D$ égal à $PP + TT - MM - 15$.

Donc $$D \text{ égal à } \frac{PP + TT - MM - 15}{2}.$$

Parquoi reduisant le D qui se trouve en la valeur d'A, de B, & de C, viendra :

$$A \text{ égal à } \frac{2ff + TT - MM - PP - 15}{2}.$$

f iij

$$B \text{ égal à } \frac{MM + PP - TT - 15}{2}.$$

$$C \text{ égal à } \frac{TT + MM - PP - 15}{2}.$$

$$D \text{ égal à } \frac{PP + TT - MM - 15}{2}.$$

Il est constant que voilà quatre nombre tels que $A + B + 15$, $B + C + 15$, $B + D + 15$, $C + D + 15$, font des quarrés, reste donc que $A + C + 15$, & $A + D + 15$, fassent des quarrés; ces deux nombres réduits par les valeurs cy-dessus, vient $ff + TT - PP$ & $ff + TT - MM$ à égaler à des quarrés. D'où suit ce canon. Soient trouvés quatre quarrés tels que la somme des deux premiers, diminuée de l'un ou l'autre des deux autres, fassent des quarrés.

Soit posé pour la somme des deux premiers 625, & pour le troisième 400, qui ôté de 625 laissé un quarré; il faut trouver un quatriéme quarré, qui ôté de 625 laisse un quarré. *Nota*, qu'en se servant de 225, on ne trouveroit rien qui vaille, & A & B seroient un même nombre : donc $625 - AA$, égal un quarré comme $625 - \frac{25}{2}A + \frac{AA}{16}$, d'où A égal à $\frac{200}{17}$, donc le quarré est $\frac{10000}{289}$, qui ôté de 625, laisse un quarré. Réduisant 625 & 400 par cette dénomination, viendra pour la somme des deux premiers quarrés cherchés 180625, & pour le troisiéme & quatriéme 115600, 40000 sans dénominateur. Soit à présent divisé 180625 en deux quarrés, & soient posés ces deux quarrés $400AA$, & $441AA$ la somme $841AA$ doit être égale à 180625, d'où AA sera $\frac{180625}{841}$, & les

deux derniers quarrés seront $\dfrac{7250000,\ 7965565}{841}$; reduisant les deux derniers par cette dénomination, &
ôtant le dénominateur, les quatre quarrés requis fe-
ront $\overset{TT}{7250000},\ \overset{ff}{7965625},\ \overset{MM}{33640000},\ \overset{PP}{97219600}$.
lesquels appellant TT, ff, MM, PP, & redui-
fant fur leur valeur, les quatre nombres cy-deſſus
trouvés, viendra :

$$A.\ \frac{100701655}{2}.$$

$$B.\ \frac{58609585}{2}.$$

$$C.\ \frac{8670385}{2}.$$

$$D.\ \frac{135829585}{2}.$$

Lefquels font tels que la fomme de deux, pris comme on voudra augmenté de 15, fait un quarré.

AUTRE PROBLEME.

Diviſer tout nombre donné en quatre parties,
telles que la différence de deux, priſes comme
l'on voudra, faſſe un quarré.

Il faut d'abord chercher quatre nombres tels que
la différence de deux, pris comme l'on voudra, faſſe
un quarré. Pour cela, je prens les trois quarrés
trouvés par la méthode ordinaire, qui font 42185025,
38452401, 37454400, & qui font tels que la
différence de deux, pris comme l'on voudra, eſt un
quarré. Je poſe A pour le quatriéme nombre ; dont
$42185025 - A$, $38452401 - A$, 37454400
$- A$ égaux à des quarrés. Leur Solide eſt
$60755362689377664360060 - 4642341905869425$
$A + 118091826 A^2 - A^3 =$ à un quarré, comme

$$6075536268937766436 00000 - 4642541905869425$$

$$A + \frac{2.551338;7099136524726514983062\,5\,AA}{2430214507575106574400000} \; ; \text{ d'où } A \text{ se}$$

trouve égal à $\dfrac{7147508506132151504284935609375}{2430214507575106574400009}$.

Si l'on veut avoir les quatre nombres en entiers, il n'y a qu'à multiplier les trois quarrés cy-deſſus par le dénominateur de cette fraction, & l'on aura quatre nombres, tels que la différence de deux comme l'on voudra, ſera un quarré.

Pour m'épargner la peine de les tranſcrire, je ſuppoſe que ces quatre nombres que je connois, ſoient B, C, D, E ; & que le nombre donné à diviſer ſoit 7 ; il n'y a qu'à ſuppoſer que les quatre parties de la diviſion ſont $B + A$, $C + A$, $D + A$, $E + A$, qui ſatisfont à toutes les conditions. Puis il en faut égaler la ſomme $B + C + D + E + 4A$ au nombre donné 7, d'où A ſe trouve $\dfrac{7 - B - C - D - E}{4}$,

& il eſt toûjours aiſé de faire en ſorte que $B + C + D + E$, ſoit moindre que le nombre propoſé ; car en les diviſant par quelque quarré que ce ſoit, ils ſeront toûjours tels que la différence de deux, pris comme on voudra, ſera un quarré, & l'on peut choiſir pour dénominateur, un quarré ſi grand, que la fraction qui en reſultera, ſera moindre que le nombre propoſé à diviſer : d'où s'enſuit en même temps, que l'on peut donner une infinité de ſolutions de ce Problême, qu'on peut propoſer ainſi.

Diviſer à l'infini tout nombre donné en quatre parties telles que la différence de deux, priſes comme l'on voudra, ſoit un quarré.

PROBLEMES
DE GEOMETRIE.

IL n'y a gueres de sujet qui faſſe mieux connoître les avantages de la Specieuſe ſur la Geometrie ordinaire, que l'Ellipſe conſiderée ſuivant la métho-de de Monſieur Deſcartes, comme une ligne cour-be, dont tous les points ont un rapport néceſſaire â tous les points d'une ligne droite, lequel s'expri-me par une même équation.

Soit, par exemple, la ligne courbe $A L I$, & ſoient joints les points $A I$ par la ligne $A K I$, que j'appellerai le grand axe. Je ſuppoſe cette ligne courbe de telle nature que ſi d'un point quelconque, comme D, l'on meine aux points de l'axe $F C$, les lignes $D F$, $D C$, la ſomme des deux lignes $D F$, $D C$, ſoit toûjours égale à l'axe $A I$. Soit ſuppoſé l'axe diviſé en deux parties égales au point K, & du point D ſoit mené ſur l'axe la perpendiculaire $B D$:

Soit $A F = A$,   A cauſe du
    $A C = B$,   triangle rectan-
    $A B = y$,   gle, $D B F$, le
    $D B = x$,   quarré de la li-
    $A I = C$,   gne $D F$, eſt
    $B F = A - y$ ou $y - A$. $A A - 2 A y +$

$y y + x x$, & à cauſe du triangle rectangle $D B C$, le quarré de la ligne $D C$ eſt $B B - 2 B y + y y$ $+ x x$; donc par la proprieté de la courbe

$$\sqrt{A A - 2 A y + y y + x x} + \sqrt{B B - 2 B y + y y + x x}$$
$$= C ; \text{ donc } A A - 2 A y + y y + x x = C C + B B$$

$$-2By + yy + xx - \sqrt{4BBCC - 8ByCC}$$
$$+ 4yyCC + 4xxCC \; ; \; \text{donc reduisant l'équation}$$
vient enfin

$$xx = \left.\begin{array}{c} + 4BAA \\ + 4ABB \end{array}\right\} y - 4 AByy$$
$$\overline{BB + 2AB + AA}$$

Or la ligne $AF +$ la ligne AC est égale à la ligne AI, c'est à dire, $BB + 2AB + AA = CC$ & de plus $BAA + ABB$, est la même chose que BAC, parce que $BAA + ABB$ est le produit de BA par $A + B$, qui est égal à C ; donc

$$xx = \frac{4AB}{C} \left.\right\} y - 4 \frac{AByy}{CC} \; ;$$

puis faisant comme C est à $2A$, :: $2B$, à une quatriéme ligne que j'appellerai R, j'aurai $xx = Ry$ $- \frac{Ryy}{C}$ qui est la treiziéme Proposition du premier Livre des Coniques d'Apollonius.

Il s'ensuit delà que pour trouver la ligne R, qui est le parametre de l'Ellipse, il faut trouver une quatriéme proportionnelle à trois lignes, dont la premiere est l'axe, la seconde la somme des deux lignes comprises entre chaque extremité de l'axe, & le plus prochain foyer, & la troisiéme le double de la ligne comprise entre un foyer & l'extremité de l'axe qui en est la plus éloignée ; de plus ayant mené sur le point K le petit axe LK la ligne LF au foyer F, la ligne $LF =$ à la ligne AK sera $\frac{C}{2}$ la ligne FK sera $\frac{C}{2} - A$; donc si du quarré de la ligne LF, j'ôte le quarré de la ligne FK, restera $CA - AA$ pour le quarré de la ligne LK, par conséquent $4CA - 4AA$ sont visiblement égaux à 4 BA, parce que $C - A = B$; donc le quarré de l'axe LM est égal au rectangle du grand axe AI par le parametre, & il s'en- suit encore de

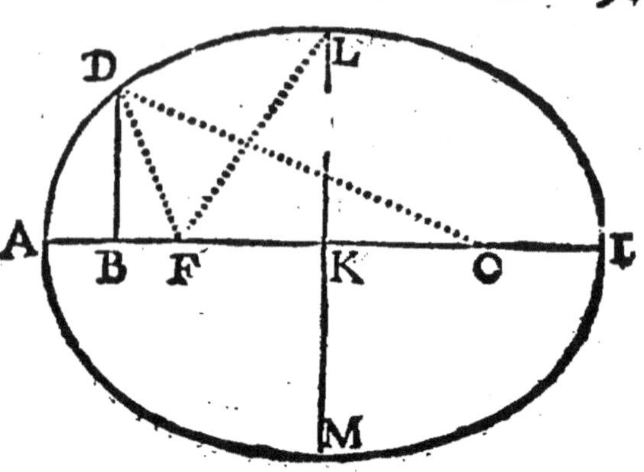

là sans aucune démonstration que le rectangle du grand axe par le parametre que l'on appelle la Fi- gure, est quadruple du rectangle des lignes AF, FI.

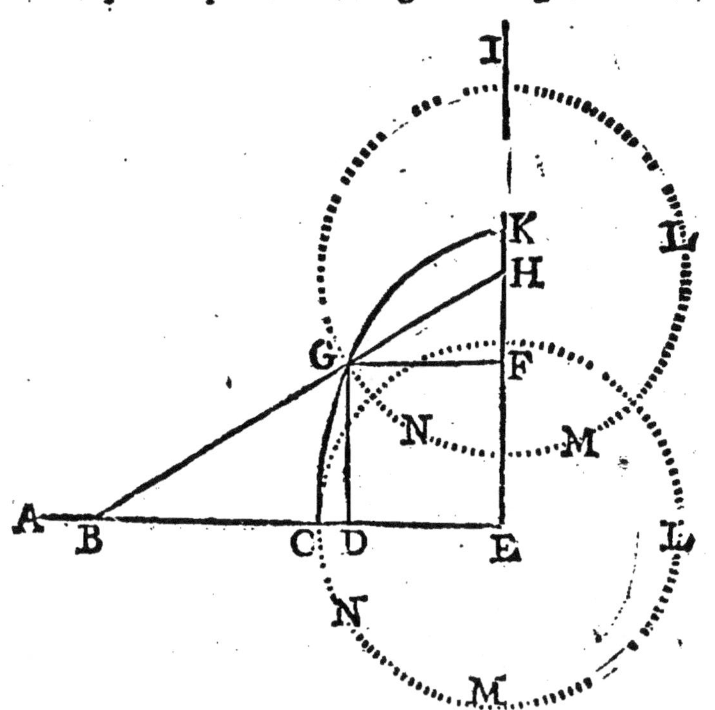

Soient les deux lignes AE, EI, à angles droits au point E, & soit posé au même point E, le centre du cercle LNM, auquel centre soit atta- chée à une regle mobile de la longueur de la ligne

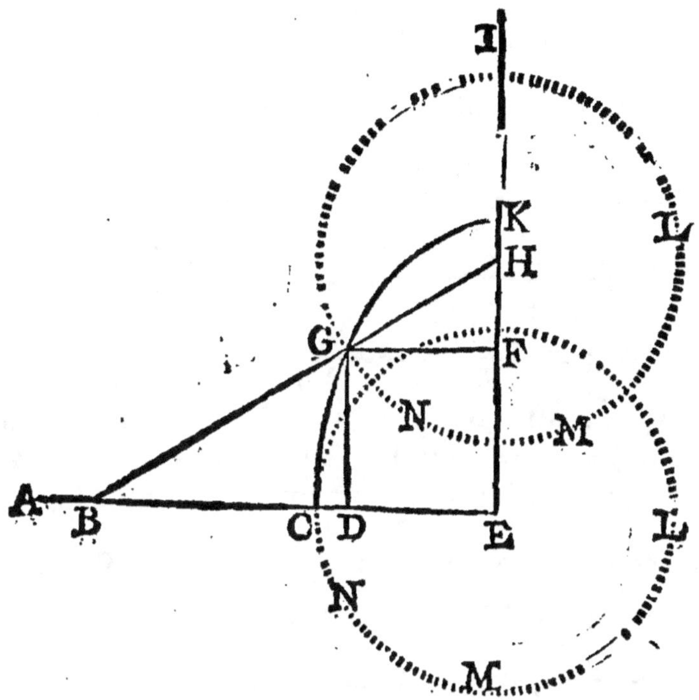

EA, & couchée le long de cette ligne. Si l'on fait mouvoir le cercle le long de la ligne EI, en forte que fon centre ne la quittant point entraîne avec lui la regle qui y eft attachée, & que l'autre extremité de cette regle coule le long de la ligne AE. Je dis que l'interfection de la regle & du cercle décrira la courbe DGK, qui fera une Ellipfe dont le grand axe fera égal à la ligne AC, & le petit au rayon du cercle.

Soit fuppofé le centre E parvenu au point H, la regle parvenuë au point B, coupera le cercle en G. Du point G foient menées les perpendiculaires GF, GD. Soit $BG = A$,   A caufe des triangles fem-
$GH = B$,
$CE = B$,   blables $A, y :: B, \dfrac{yB}{A} = $ à la
$GD = y$,   ligne FH, dont le quarré étant
$CD = x$,   ôté du quarré de la ligne GH,

teſte $\dfrac{BBAA - yyBB}{AA}$ pour le quarré de la ligne GF,

qui ſera par conſequent $\sqrt{\dfrac{BBAA - yyBB}{AA}}$ donc

$CD = x = B - \sqrt{\dfrac{BBAA - yyBB}{AA}}$.

Donc $\dfrac{BBAA - yyBB}{AA} = \dfrac{BBAA - 2xBAA + xxAA}{AA}$,

donc $yy = \dfrac{2xAA}{B} - \dfrac{xxAA}{BB}$.

Puis faiſant comme B, $2A$, $:: A$, à un quatriéme, ou doublant les Antecedens, comme $2B$, $2A$, $:: 2A$, à un quatriéme que j'appellerai R, j'aurai $yy = Rx - \dfrac{xxAA}{BB}$ enſuite de quoi conſiderant que BB, $AA :: 2B$, R, j'ai enfin $yy = Rx - \dfrac{xxR}{2B}$, qui eſt la proprieté qu'Apollonius démontre de l'Ellipſe en la treiziéme Propoſition du premier Livre des Coniques.

Cela fournit une maniere fort ſimple de décrire organiquement l'Ellipſe ſur le plan : il n'y a qu'à ſuppoſer une pointe ou un crayon en un point quelconque de la regle AE, comme par exemple au point C, puis faire couler la regle, en ſorte que ſes deux extremités ſoient toûjours dans les lignes AE, EI, la pointe donnera parfaitement une Ellipſe.

Dans la Parabole ABC, dont l'axe eſt BD, étant données trois ordonnées à l'axe continuellement proportionnelles comme AD, OI, GL, ſi l'on prend dans l'axe prolongé la ligne BN, égale à la ligne BI, interceptée par la moyenne des trois appliquées, & qu'ayant joint les points NA, par la ligne *NA*, l'on faſſe dans le même axe prolongé *BF*, égale aux deux extrêmes des trois appliquées, c'eſt à dire, aux deux lignes *AD*, *GL*; je dis que la ligne *FM* tirée par le point *F* parallele à la ligne *NA*, paſſera par l'extremité du parametre *BM*, & par conſequent le déterminera.

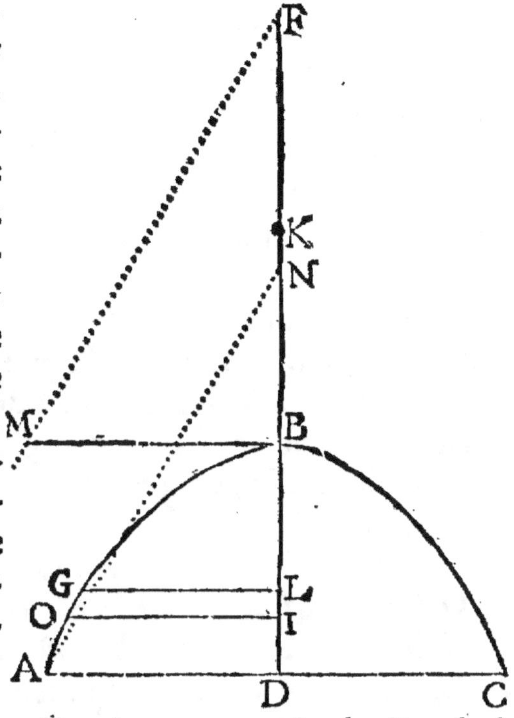

$$AD = x$$
$$OI = y \text{ donc}$$
$$GL = \frac{yy}{x}$$
$$BD = u$$
$$BI = s$$
$$MB = r.$$

Par la nature de la Parabole $xx = ru$, $yy = rs$, donc $xx + yy = ru + rs$. Ce qui étant réduit en proportion, vient :

$$x, \, u + s, \, :: \, r, \, x + \frac{yy}{x},$$

c'eſt à dire, que la ligne *AD*, eſt à la ligne *DN*, comme le parametre eſt à la ligne *BF*. Or les deux triangles *MBF*, *ADN* étant ſemblables, la ligne *AD* eſt à *DN*, comme *BM* eſt à *BF*; donc le parametre eſt égal à la ligne *MB*.

Dans le triangle rectangle iſoſcele *ACB*; ſoit menée la perpendiculaire *CD*, qui coupe la baſe en deux parties égales au point *D*, & qui par conſequent eſt égale à la ligne *AD*. Si l'on prend un point comme *O* dans cette perpendiculaire, &

qu'ayant fait OI $=CO$, l'on meine du point I la ligne IE égale à la ligne AD. Je dis que le point E sera un point d'une Parabole comme EOM qui aura le

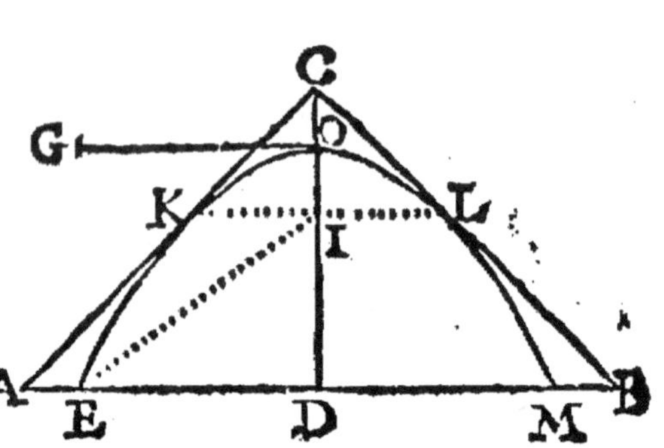

point O pour sommet & le point I, pour foyer.

Il n'y a qu'à démontrer que le quarré de la ligne ED, est égal au rectangle de la ligne OD par le quadruple de la ligne OI, c'est à dire, par le parametre OG.

$CO =$ A.
$OI =$ A.
$ID =$ x.
$OD =$ $A + x$.
$CD = 2A + x$.
$AD = 2A + x$.
$EI = 2A + x$.
$OG =$ A.

A cause du triangle rectangle IDE, si du quarré de IE qui est $4AA + 4Ax + xx$, j'ôte le quarré de ID, qui est xx restera le quarré de la ligne ED, qui sera $4AA + 4Ax$. Or le rectangle de la ligne OD, par la ligne OG, c'est à dire, $A + x$ multiplié par $4A$, est aussi $4AA + 4Ax$; donc le quarré de la ligne ED est égal au rectangle de l'interceptée par le parametre, & ainsi de tout autre point.

Il s'ensuit de là, sans autre démonstration, que si du foyer I, l'on meine à la Parabole une ligne comme IE, elle sera toûjours égale à l'interceptée plus la ligne OI, comprise entre le sommet & le foyer; d'où l'on peut aisément déduire cette proprieté si celebre de la Parabole. Tous les rayons paralleles à l'axe, se réunissent au foyer.

Car soit un rayon quelconque HE par le point E, soit menée la tangente FEN, & l'on sçait qu'il n'y a pour cela qu'à faire FO égale à OD; pour démontrer que le rayon *HE*, doit aller au point *I*, il n'y a qu'à prouver que l'angle *FEI* est égal à l'angle *HEN*, c'est à dire, l'angle de reflexion égal à celui d'incidence ; or l'angle *HEN*, ou son égal *DFE*, est égal à l'angle *FEI*, si le triangle *EIF* est isoscele,

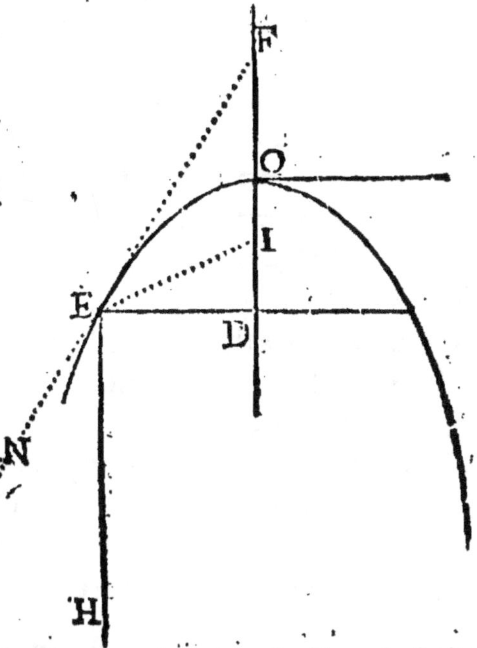

comme il l'est en effet, parce que la ligne *IE* est égale à la ligne *DO* plus la ligne *OI*, & que la ligne *FI*, est égale à la ligne *FO*, plus la ligne *OI*, & que d'ailleurs les lignes *DO*, *FO*, sont prises égales.

Soit dans la Parabole *IAM*, le diametre *AD* avec son côté droit *AG*, & soit *FC* ordonnée à ce diametre, si dans le diametre prolongé l'on prend du sommet *A* la ligne *AK* égale à l'interceptée *AC* ; je dis que la ligne *KF* touchera la Parabole

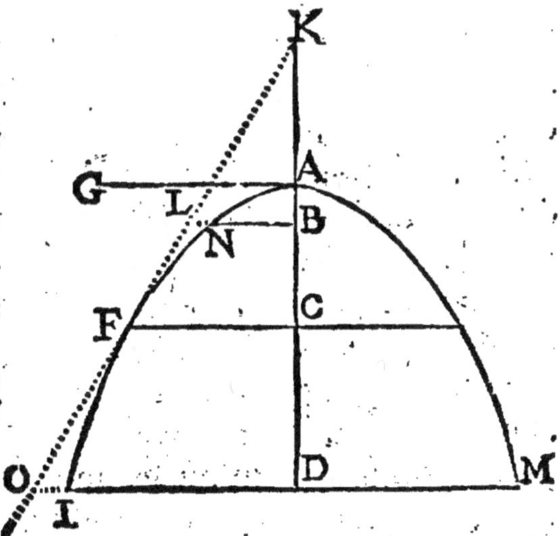

Parabole au point F. Il n'y a qu'à démontrer que la ligne KF quoique prolongée, & la parabole ne peuvent avoir de point commun que le point F.

Soit $AC = z$,
$KC = 2z$,
$AG = r$,
Soit $CD = y$,
KD sera $2z + y$,

Je dis 1º. Que le point O, pris dans la ligne KF, au-dessous du point F, ne peut être de la Parabole. Car par ce point O, soit menée OD, parallele à l'ordonnée, elle coupera nécessairement le diametre au-dessous du point C, en un point comme D.

Or à cause des deux triangles semblables KCF, KDO, le quarré de KC, est au quarré de CF, qui est égal à zr, comme le quarré de KD, est au quarré de DO, c'est à dire, $4zz$, $zr :: 4zz + 4zy + yy$, à un quatriéme; donc

$$\frac{4rz^3 + 4yrzz + zryy}{4zz},$$

est égal au quarré de OD : il n'y a qu'à faire voir que le quarré de l'appliquée ID, est moindre que ce quarré de OD, le quarré de ID, est égal au rectangle des lignes KD, AG, c'est à dire, $zr + yr$,

or $zr + yr$, est moindre que $\dfrac{4rz^3 + 4yrzz + zryy}{4zz}$.

Puisque multipliant l'un & l'autre par $4zz$, viendra d'un côté $4rz^3 + 4yrzz$, & de l'autre $4rz^3 + 4yrzz + zryy$ qui surpasse le premier produit de la quantité de $+ zryy$; donc le quarré OD, est plus grand que le quarré de ID ; donc la ligne OD, est plus grande que l'appliquée ID, donc le point O n'appartient point à la Parabole.

Je dis en second lieu que le point L pris dans la ligne KF au-dessus du point F, ne peut être de la Parabole.

Par ce point L soit menée LB, parallele à l'ordonnée elle coupera le diametre au-dessus du point O en un point comme B.

Soit $CB = y$, KB sera $= 2\zeta - y$,

A cause des triangles semblables KCF, KBL, on démontrera comme cy-dessus que le quarré de BL est

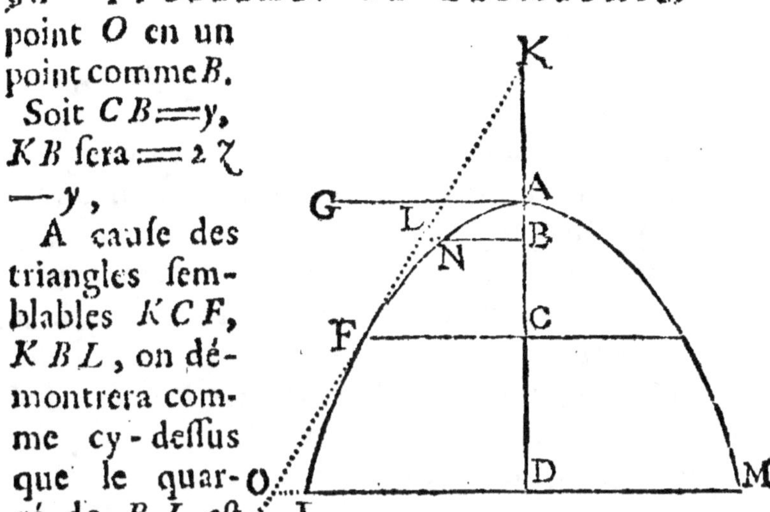

$$\frac{4r\zeta^3 - 4yr\zeta\zeta + 2r yy}{4zz}$$, & le quarré de NB, qui est

égal au rectangle des lignes GA, BA, c'est à dire, $zr - yr$ se trouvera par le même raisonnement plus petit que le quarré de BL & par conséquent la ligne LB, plus grande que l'appliquée NB ; dont le point L, n'est point de la Parabole : *C'est ce qu'il falloit démontrer.*

Méthode fort simple pour trouver l'aire d'un triangle dont on ne connoît que les trois côtés.

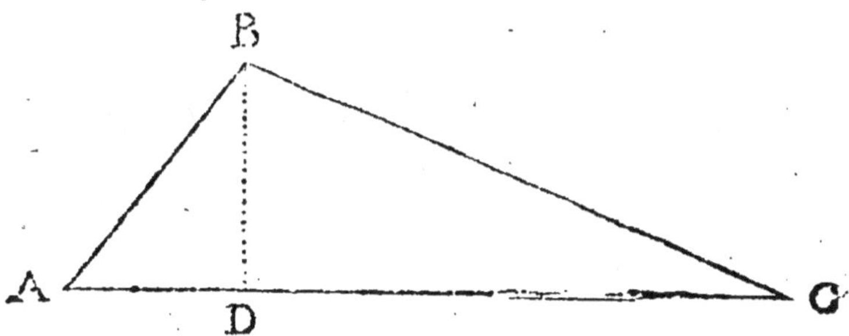

Soit le côté connu AB, le plus petit $= A$.
Le côté connu BC, le moyen . . . $= B$.
Le côté connu AC, le plus grand $= C$.

La perpendiculaire tombera de l'angle formé par les deux moindres côtés sur un point du plus grand, comme le point D, & formera les deux segmens AD, qui est le moindre, DC, qui est le plus grand.

Que la différence des segmens qui est inconnuë.
Soit appellée ou égale. . . . . $= x$.

Ayant d'une part la somme des segmens qui est C, & leur différence qui est x, la somme ajoûtée à la différence, & le tout divisé par deux, viendra le grand segment ; la différence des segmens soustraite de leur somme, & le reste divisé par 2, viendra le petit segment ; donc :

$$\frac{C + x}{2} = \text{ à la ligne } D\,C \text{ grand segment.}$$

$$\frac{C - x}{2} = \text{ à la ligne } A\,D \text{ petit segment.}$$

Or à cause des triangles rectangles ADB, CDB. Le quarré de la ligne AB, moins le quarré de la ligne AD, est égal au quarré de la perpendiculaire BD. Le quarré de la ligne BC, moins le quarré de la ligne CD, est égal au quarré de la même perpendiculaire : C'est à dire,

$$A\,A - \frac{C\,C + 2C\,x - x\,x}{4} = B\,B - \frac{C\,C - 2C\,x - x\,x}{4},$$

Donc $x = \dfrac{B\,B - A\,A}{C}$.

C'est à dire, que si du quarré du moyen côté BC, l'on ôte le quarré du plus petit AB, le reste divisé par le grand côté AC donnera la différence des segmens AD, DC.

Si l'on ajoûte cette différence trouvée au grand côté AC, cette somme divisée par 2, sera le grand segment CD.

Si l'on ôte cette différence, du grand côté AC, le reste divisé par 2, sera le petit segment AD.

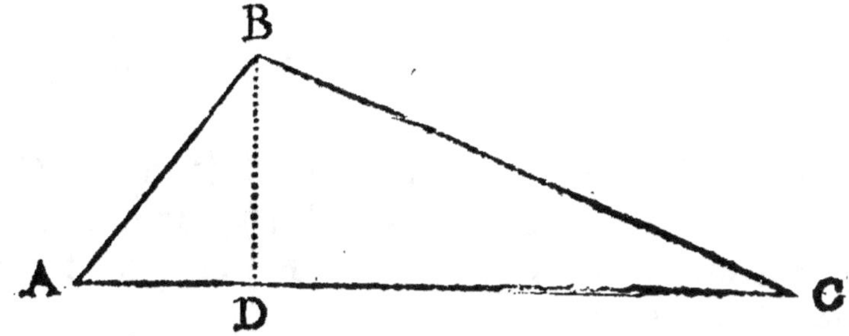

Maintenant du quarré de la ligne *A B*, ôtant le quarré de la ligne *A D*, ou bien du quarré de la ligne *B C*, ôtant le quarré de la ligne *C D*, la racine quarrée du reste sera la perpendiculaire *B D* par la moitié de laquelle multipliant le grand côté *A C*, l'on a l'aire du triangle.

Si l'on réduit l'équation $x = \dfrac{BB - AA}{C}$ en proportion viendra :

$$C , B + A :: B - A , x.$$

C'est à dire, que comme le grand côté est à la somme des deux moindres ; ainsi la différence des deux moindres est à la différence des segmens formés par la perpendiculaire : Cette différence trouvée, le reste se fait comme cy-dessus.

Cette proportion revient trés-simplement à la construction geometrique.

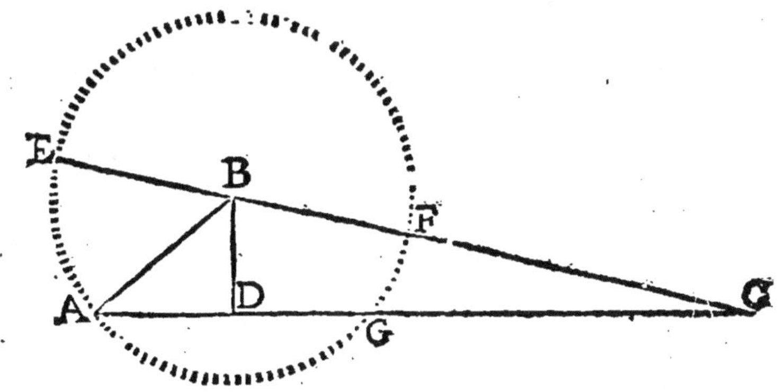

Car du point *B* pris pour centre ayant décrit le cercle *E A G F*, intervale *B A*. L'on fçait que la ligne *A C*, eft à la ligne *C E*, comme la ligne *C F* eft à la ligne *C G*.

Or *A B*, *B E*, étant raïons, la ligne *C E* eft égale aux deux lignes *B C*, *B A*; de même, *B F*, *B A*, étant raïons, la ligne *F C*, eft la différence des deux lignes *B C*, *B A*.

D'ailleurs la ligne *C G*, eft la différence du grand fegment *D C*, & du petit *D A*, ou de fon égale *D G*, à caufe de la perpendiculaire *B D*, qui paffant par le centre, doit couper la corde *A G*, en deux parties égales.

Donc comme le grand côté *A C*, eft à la fomme des moyens *B C*, *B A*; ainfi la différence des côtés moyens eft à la différence des fegmens formés par la perpendiculaire.

En nombres.

Soit le triangle 3, 4, 5,

Du quarré du côté moyen 4, qui eft 16, j'ôte le quarré du petit 3, qui eft 9, refte 7, que je divife par 5, vient $\frac{7}{5}$ pour la différence des fegmens, ou bien je dis, 5, 7 :: 1, a un quatriéme terme qui eft auffi $\frac{7}{5}$ pour avoir le petit fegment, j'ôte $\frac{7}{5}$ de 5, refte $\frac{18}{5}$; donc la moitié $\frac{9}{5}$ eft le petit fegment.

Son quarré $\frac{81}{25}$ ôté du quarré de 3, qui eft 9 ou $\frac{225}{25}$, refte $\frac{144}{25}$; dont la $\sqrt{}$ eft $\frac{12}{5}$, qui eft la perpendiculaire du triangle.

La moitié de la perpendiculaire eft $\frac{6}{5}$ par laquelle multipliant le grand côté 5, vient 6 pour l'aire du triangle.

Je me suis servi de cet exemple en nombre pour plus grande facilité : car l'on sçait bien que pour avoir l'aire d'un triangle rectangle tel qu'est 3, 4, 5, il n'y a qu'à multiplier les deux moindres côtés l'un par l'autre, & prendre la moitié du produit sans faire tout le circuit de l'équation cy-dessus.

AUTRE PROBLEME.

ARchimede, dans la 16e Proposition de son Livre, *de Sphcrâ & Cylindro*, démontre avec beaucoup de circuit, que la surface d'un cylindre sans y comprendre les bases, est égale à l'aire du cercle qui a pour rayon une moyenne proportionnelle entre le côté du cylindre & le diametre de la base.

Voici de quelle maniere on peut le démontrer.

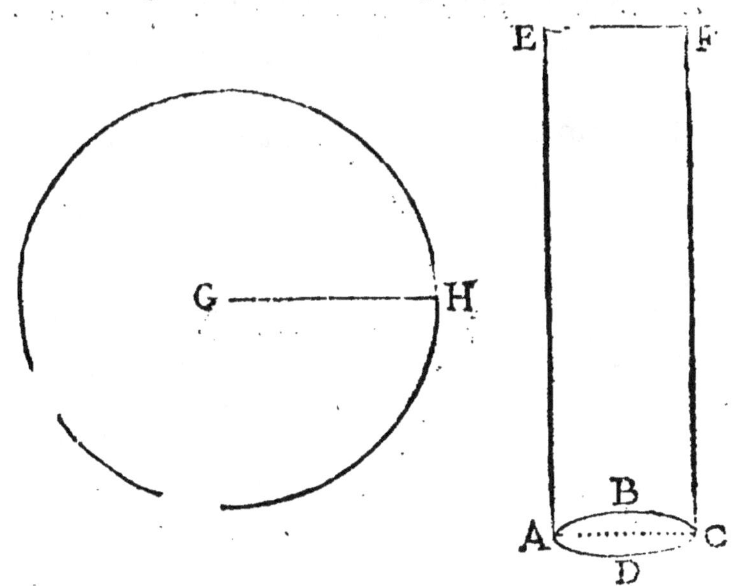

Soit *E A C F*, un cylindre qui ait pour base le cercle *A B C D*, dont le diametre est la ligne droite *A C*.

On a vû cy-dessus que la surface cylindrique est égale à la circonférence $ABCD$, multipliée par la hauteur ou côté AE.

Soit la ligne $EA = A$.

La ligne $HG = B$.

La ligne AC sera $= \dfrac{BB}{A}$, puisque la ligne HG, est moyenne proportionnelle entre la ligne EA & la ligne AC.

Pour avoir la circonférence $ABCD$, soit fait :

$7, 22 :: \dfrac{BB}{A}$, à un quatriéme terme qui sera $\dfrac{22BB}{7A}$ que je multiplie A, pour avoir la surface cylindrique, vient au produit $\dfrac{22BB}{7}$.

Or pour avoir l'aire du cercle dont le rayon est $GH = B$, soit fait. $7, 22 :: 2B$ à un quatriéme terme, qui sera $\dfrac{44B}{7} =$ à la circonférence, dont je multiplie la moitié, qui est $\dfrac{22B}{7}$, par le rayon B, & vient pour l'aire $\dfrac{22BB}{7}$ égale à la surface cylindrique.

On peut démontrer avec la même facilité la dix-septiéme Proposition du même Livre, qui est telle.

La surface d'un cone isoscele, sans y comprendre sa base, est égale à l'aire du cercle, dont le rayon est moyen proportionel entre le côté du cone, & le demi-diametre de sa base.

Soit le cone isoscele *ABDCE*,
dont la base est le cercle *BDCE*,
qui a pour centre le point *H*,
& pour demi-diametre la ligne
BH ; & soit le cercle *FI*, dont
le rayon *FG*, est supposé moyen
proportionnel entre la ligne
AB, côté du cone, & la ligne
BH, demi-diametre de sa base, je fais :

$$AB = A.$$
$$FG = B.$$

Donc $BH = \dfrac{BB}{A}$.

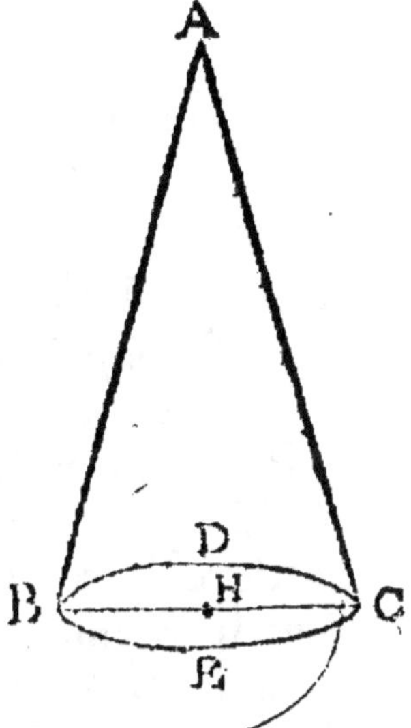

Par Analogie à
la pyramide en
multipliant la de-
mi-circonference
BDCE, par le
côté *AB*, le pro-
duit sera égal à la
surface du cone ;
donc soit fait :

$$7, 22 :: \dfrac{2BB}{A},$$

à un quatriéme

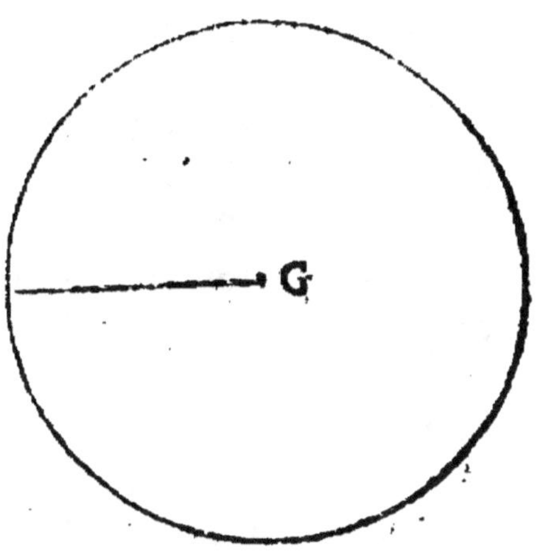

terme qui sera $\dfrac{44 BB}{7 A}$, circonférence du cercle dont

la moitié $\dfrac{22 BB}{7 A}$ étant multipliée par la ligne *AB*

$= A$, viendra pour la surface du cone, $\dfrac{22 BB}{7}$.

Maintenant pour avoir l'aire du cercle dont le
rayon est *B*, soit fait $7, 22 :: 2B$, à un qua-

triéme terme, viendra $\frac{44\,B}{7}$ pour la circonférence dont la moitié $\frac{22\,B}{7}$ multipliée par le rayon B, donnera l'aire $\frac{22\,B\,B}{7}$ égale par conséquent à la surface du cone. Enſuite de quoi l'on peut encore démontrer aiſément la dix-neuviéme Propoſition du même Livre, que voici.

Si le cone iſoſcele $A\,D\,E$, eſt coupé par le plan $B\,F\,C$, parallele à la baſe $D\,G\,E$, la ſurface de la portion de cone $B\,D\,C\,E$, eſt égale au cercle qui a pour rayon une moyenne proportionnelle entre la ligne $D\,B$, & une ligne égale aux deux demi-diametres des baſes ; c'eſt à dire, aux lignes $D\,G$, $B\,F$, priſes enſemble.

Soient les deux cercles $H\,Z\,O$, $K\,P\,Q$, tels que le rayon du premier $H\,I$, ſoit moyen proportionnel entre $A\,B$, & $B\,F$; & que le rayon du ſecond $K\,L$, ſoit moyen proportionnel entre $A\,D$, & $D\,G$. Le cercle $H\,Z\,O$, ſera égal à la ſurface conique $A\,B\,C$, & le cercle $K\,P\,Q$, égal à la ſurface conique $A\,D\,E$, par la Propoſition précédente ; donc la ſurface conique $B\,D\,C\,E$, ſera égale à l'aire du cercle $K\,P\,Q$, moins l'aire du cercle $H\,Z\,O$.

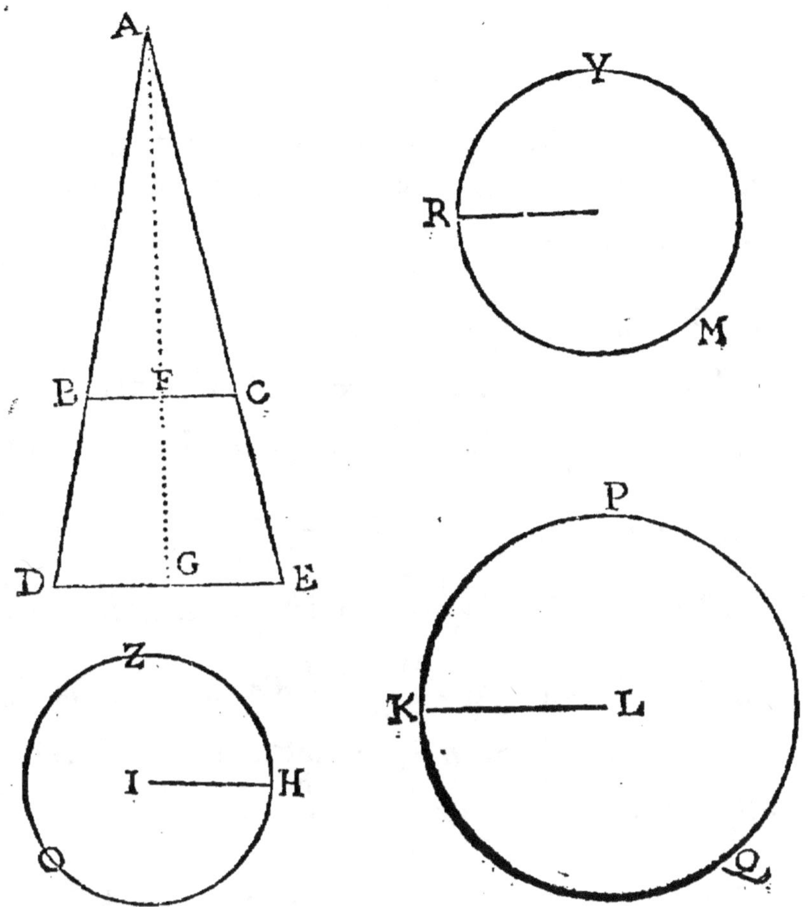

Soit $AB = A.$
$HI = B.$
$BF = \dfrac{BB}{A}$ par la suppofition.
$AD = C.$
$KL = D.$
$DG = \dfrac{DD}{C}$ par la suppofition.
$DB = C - A.$

Partant l'aire du cercle HZO, fera $\dfrac{22\,BB}{7}$; &

l'aire du cercle KPQ, sera $\dfrac{22DD}{7}$; donc la surface conique $BDCE$, sera $\dfrac{22DD - 22BB}{7}$.

Il n'y a qu'à démontrer que l'aire d'un cercle, comme RTM, qu'on suppose avoir pour rayon une moyenne proportionelle entre $C-A$, & $\dfrac{DD}{C} + \dfrac{BB}{A}$, est égal à $\dfrac{22DD - 22BB}{7}$.

Pour avoir la moyenne proportionelle entre $C-A$, & $\dfrac{DD}{C} + \dfrac{BB}{A}$ ou $\dfrac{DDA + BBC}{CA}$, je multiplie l'un par l'autre, vient au produit $\dfrac{CADD + CCBB - DDAA - ACBB}{CA}$, c'est à dire, $\dfrac{CADD - ACBB}{CA}$, ou simplement $DD - BB$. Car $\dfrac{CCBB}{CA}$ est égal à $\dfrac{DDAA}{CA}$ d'autant que la ligne AB, est à la ligne BF, comme la ligne AD, est à la ligne DG, c'est à dire, $A, \dfrac{BB}{A} :: C, \dfrac{DD}{C}$, d'où s'en suit que le produit des extrêmes $\dfrac{ADD}{C}$ est égal au produit des moyens $\dfrac{BBC}{A}$.

Par conséquent la moyenne proportionnelle cherchée, est $\sqrt{DD - BB}$, qui doit être le rayon du cercle RTM.

Pour avoir la circonférence soit fait $7, 44, :: \sqrt{DD - BB}$, à un quatriéme terme, vient pour la circonférence $\sqrt{\dfrac{1936DD - 1936BB}{49}}$, laquelle étant multipliée par le rayon $\sqrt{DD - BB}$, vient pour le double aire

$$\sqrt{\frac{1936DDDD - 1936BBDD - 1936BBDD + 1936BBBB}{49}}$$

ou $\dfrac{44DD - 44BB}{7}$ & partant l'aire du cercle RYM,

est $\dfrac{22DD - 22BB}{7}$. *Ce qu'il falloit démontrer.*

Ces trois Propofitions, & particulierement la derniere, fervent de clef à l'admirable méthode dont Archimede s'eft fervi pour démontrer la proportion de la Sphere & du Cylindre. C'eft affûrément une des plus fublimes découvertes de l'efprit humain, & des plus utiles qui ayent jamais été faites en Geometrie. Mais il eft plus que vraifemblable que ce grand homme y eft arrivé par un chemin peu différent de celui-cy ; & qu'il a voulu cacher fon art pour donner une plus grande admiration. Il eft moralement impoffible qu'il y eût pû, fans quelque chofe d'équivalent à nôtre Analyfe, fuivre fans s'égarer une route auffi compofée que l'eft celle qu'il propofe. Les perfonnes qui font verfées dans la lecture des anciens, & qui font accoûtumées aux hautes fpeculations de Geometrie, remarquent en mille occafions ce que nous avançons icy ; ainfi il ne peut être permis qu'aux mediocres Geometres de refufer aux Anciens, la gloire d'avoir poffedé la Science Analatique du moins auffi-bien que nous.

Etant données les lignes droites AB, CD, qui fe coupent à angles droits au point D, également diftant des extremités A, B. D'écrire une efpece d'ovale, comme $CK\omega B$, qui ait le point D, pour centre, la ligne AB, pour grand axe ; la ligne CD, pour moitié du petit axe, & qui foit de telle nature, que fi de l'un de fes points, comme ω, l'on meine aux foyers fF, les lignes ωf, ωF, le rectangle de ces deux lignes foit égal au rectangle de deux autres lignes quelconques menées de tout autre point de la courbe pareillement aux foyers tels que sont dans la figure les lignes Kf, KF.

Pour cela je considere d'abord que les points A, C, étant deux points de la Courbe, le rectangle des lignes Af, AF, doit être égal au rectangle des lignes Cf, CF; c'est à dire, que Af, doit être à Cf, comme la même Cf, ou son égale CF, est à la ligne AF; ainsi la question se réduit à trouver le point f.

Je fais $CD = A$.
$$AD = B.$$
$$Af = x.$$
$$fD = B - x.$$
$$AF = 2B - x,$$
parce que les deux foyers f, F, déterminent les lignes Af, FB, à être égales.

La ligne fC, sera $\sqrt{AA + BB - 2Bx + xx}$, parce que l'angle en D, étant droit le quarré de fC, est égal aux quarrés de la ligne fD; & de la ligne DC.

Or par la nature qu'on suppose à cette courbe x, $\sqrt{AA + BB - 2Bx + xx} :: \sqrt{AA + BB - 2Bx + xx}$, $2B - x$.

Donc le produit des Extrêmes, est égal au produit des Moyens ; $2Bx - xx = AA + BB - 2Bx + xx$; donc $xx = 2Bx - \dfrac{AA - BB}{2}$,

& par conséquent $x = B - \sqrt{\dfrac{BB - AA}{2}}$.

D'où s'ensuit que si de la ligne AD, j'ôte une ligne égale à $\sqrt{\dfrac{BB - AA}{2}}$, il me restera la ligne Af.

Sur la ligne AD, prise pour diametre, soit décrit le demi-cercle AGD. Du point D, soit prise la ligne DG, égale à la ligne DC, & soient joints les points A, G, par la ligne AMG, laquelle soit

$$\sqrt{\dfrac{1936\,DDDD - 1936\,EBDD - 1936\,BBDD + 1936\,BBBB}{49}}$$

ou $\dfrac{44\,DD - 44\,BB}{7}$ & partant l'aire du cercle RYM,

est $\dfrac{22\,DD - 22\,BB}{7}$. *Ce qu'il falloit démontrer.*

Ces trois Propositions, & particulierement la derniere, servent de clef à l'admirable méthode dont Archimede s'est servi pour démontrer la proportion de la Sphere & du Cylindre. C'est assûrément une des plus sublimes découvertes de l'esprit humain, & des plus utiles qui ayent jamais été faites en Geometrie. Mais il est plus que vraisemblable que ce grand homme y est arrivé par un chemin peu différent de celui cy ; & qu'il a voulu cacher son art pour donner une plus grande admiration. Il est moralement impossible qu'il y eût pû, sans quelque chose d'équivalent à nôtre Analyse, suivre sans s'égarer une route aussi composée que l'est celle qu'il propose. Les personnes qui sont versées dans la lecture des anciens, & qui sont accoûtumées aux hautes speculations de Geometrie, remarquent en mille occasions ce que nous avançons icy ; ainsi il ne peut être permis qu'aux mediocres Geometres de refuser aux Anciens, la gloire d'avoir possedé la Science Analatique du moins aussi-bien que nous.

Etant données les lignes droites AB, CD, qui se coupent à angles droits au point D, également distant des extremités A, B. D'écrire une espece d'ovale, comme $CK\omega B$, qui ait le point D, pour centre, la ligne AB, pour grand axe ; la ligne CD, pour moitié du petit axe, & qui soit de telle nature, que si de l'un de ses points, comme ω, l'on meine aux foyers fF, les lignes ωf, ωF, le rectangle de ces deux lignes soit égal au rectangle de deux autres li-

gnes quelconques menées de tout autre point de la
courbe pareillement aux foyers tels que sont dans
la figure les lignes Kf, KF.

Pour cela je considere d'abord que les points A,
C, étant deux points de la Courbe, le rectangle des
lignes Af, AF, doit être égal au rectangle des lignes
Cf, CF; c'est à dire, que Af, doit être à Cf, comme la même Cf, ou son égale CF, est à la ligne AF;
ainsi la question se réduit à trouver le point f.

Je fais $CD = A$.
$$AD = B.$$
$$Af = x.$$
$$fD = B - x.$$
$$AF = 2B - x,$$ parce que les deux foyers
f, F, déterminent les lignes Af, FB, à être égales.

La ligne fC, sera $\sqrt{AA + BB - 2Bx + xx}$, parce que l'angle en D, étant droit le quarré de fC,
est égal aux quarrés de la ligne fD; & de la ligne
DC.

Or par la nature qu'on suppose à cette courbe x,
$$\sqrt{AA + BB - 2Bx + xx} :: \sqrt{AA + BB - 2Bx + xx},$$
$$2B - x.$$

Donc le produit des Extrêmes, est égal au produit des Moyens ; $2Bx - xx = AA + BB$
$- 2Bx + xx$; donc $xx = 2Bx - \dfrac{AA - BB}{2}$,

& par conséquent $x = B - \sqrt{\dfrac{BB - AA}{2}}$.

D'où s'ensuit que si de la ligne AD, j'ôte une li-
gne égale à $\sqrt{\dfrac{BB - AA}{2}}$, il me restera la ligne Af.

Sur la ligne AD, prise pour diametre, soit décrit
le demi-cercle AGD. Du point D, soit prise la ligne DG, égale à la ligne DC, & soient joints les
points A, G, par la ligne AMG, laquelle soit

prolongée jufqu'en I, en forte que la ligne IA, foit la moitié de la ligne AG, & fur la ligne IG, prife pour diametre, foit décrit le demi-cercle ILG; je dis que la ligne LA, tirée perpendiculairement fur la ligne IG, au point A, & terminée par la circon-férence ILG, eft égale à $\sqrt{\dfrac{BB-AA}{2}}$.

Car le triangle AGD, étant rectangle, le quarré de la ligne AG, eft égal au quarré de la ligne AD, moins le quarré de la ligne DG; c'eft à dire, que le quarré de la ligne AG, eft $BB-AA$. De plus les lignes AG, AL, AI, étant continuellement proportionnelles par la conftruction, le quarré de la ligne AG, eft au quarré de la ligne AL, comme la ligne AG, eft à la ligne AI. Or la ligne AG, eft double de la ligne AI, par conftruction; donc le quarré de la ligne AG, eft double du quarré de la ligne AL. Cela étant, puifque le quarré de la ligne AG, eft $BB-AA$; le quarré de la ligne AL, fera $\dfrac{BB-AA}{2}$, & par conféquent la ligne AL, fera $\sqrt{\dfrac{BB-AA}{2}}$.

De maniere que fi de la ligne AD, j'ôte la ligne Df, égale à la ligne AL, il me reftera la ligne Af, qui me détermine le foyer f, qu'il étoit queftion de trouver; & en même temps l'autre foyer F, qui doit être autánt éloigné du point B, que le point f, l'eft du point A.

Aprés cela la defcription de la Courbe eft trés-facile. Car fi aprés avoir tiré les lignes FC, fC; du point F, pris pour centre, & d'un intervalle plus grand que la ligne FB, & plus petit que la ligne FC, comme par exemple, FS, je décris le cercle $S\omega$; & que de l'autre foyer f, je décrive le cercle $Q\omega$, qui ait pour rayon la ligne fQ, laquelle soit à la ligne CF, comme CF, est à FS, les deux cercles se couperont en un point comme ω, lequel sera un des points de la ligne courbe requis.

Car par la construction, ωF, sera égale à FS; & ωf, sera égale à Qf; or par la même construction FS, est à FC, comme FC, est à fQ. Donc $F\omega$, est à FC, comme FC, ou son égale Cf, est à ωf. Donc le rectangle des deux lignes ωF, ωf, menées du point ω au deux foyers, est égal au rectangle des deux lignes CF, Cf; l'on trouvera de même tout autre point comme K, en décrivant du centre F, le cercle RK, & du centre f, le cercle PK, en sorte que le rayon du cercle RK, soit à la ligne CF, comme la même ligne CF, au rayon du cercle PK.

Nous appellons cette ligne courbe Cassinoïde, du nom de son inventeur le celebre M. de Cassini Directeur de l'Observatoire Royal qui s'en sert admirablement pour expliquer le mouvement des Planetes.

Il est aisé de démontrer qu'elle est d'un degré plus composé que les Sections Coniques, puisque l'équation qui exprime le rapport de l'appliquée $\omega \Phi$, à son interceptée $B \Phi$, monte au quarré quarré qui se peut aisément réduire au cube ; & qu'on la peut décrire par le mouvement d'une Section Conique, & d'une ligne droite, suivant la méthode de l'incomparable M. Descartes.

Voici encore quelque proprieté de cette ligne.

Si du point H, extremité du petit axe, l'on meine à l'extremité du grand axe, la ligne HB, elle sera moyenne proportionnelle entre la ligne fB ; & les deux lignes Af, FB, prises ensemble.

Soit à present $DB = D$.
$$Af = B.$$
$$FB = B.$$

Car la ligne DF, étant égale à $D - B$, son quarré

fera $DD - 2DB + BB$, à quoi ajoûtant le quarré de la ligne CD, qui est AA, viendra le quarré de la ligne $CF = DD - 2DB + BB + AA$, or on trouve le quarré de $CF = 2DB - BB$; donc $4DB - 2BB = DD + AA$.

Cette égalité réduite en proportion, donne $2D - B$, $\sqrt{DD + AA} :: \sqrt{DD + AA}, 2B$.

Or à cause du triangle rectangle HDB, HB, est égale à $\sqrt{DD + AA}$. Donc elle est moyenne proportionnelle entre fB, & les deux lignes Af, FB.

De plus je dis que le quarré de la ligne HB, est double du quarré de la ligne HF, ou CF, son égale.

Nous avons démontré que la ligne DF, est égale à la ligne AL, laquelle fera $\sqrt{\dfrac{DD - AA}{2}}$ en faisant $AD = D$; donc le quarré de la ligne DF est $\dfrac{DD - AA}{2}$, à quoi ajoûtant le quarré de la ligne CD, qui est AA, viendra $\dfrac{DD + AA}{2}$ égal au quarré de CF, qui par conséquent fera la moitié du quarré de la ligne HB, qui est $DD + AA$.

Cela nous fournit encore une maniere fort simple pour trouver les foyers de la courbe, il ne faut pour cela que prolonger la ligne HB, jusques en Ξ, en sorte que $H\Xi$ soit la moitié de HB, puis ayant décrit sur ΞB, pris pour diametre le demi-cercle $\Xi \mathcal{C} B$; élever sur le point H, la perpendiculaire $H\mathcal{C}$, terminée par la circonférence. Cette ligne fera $\sqrt{\dfrac{DD + AA}{2}}$, & par conséquent égale à HF. Ainsi le cercle décrit du centre H, intervale $H\mathcal{C}$, coupera la ligne DB, au point F, l'un des foyers de la courbe.

F I N.

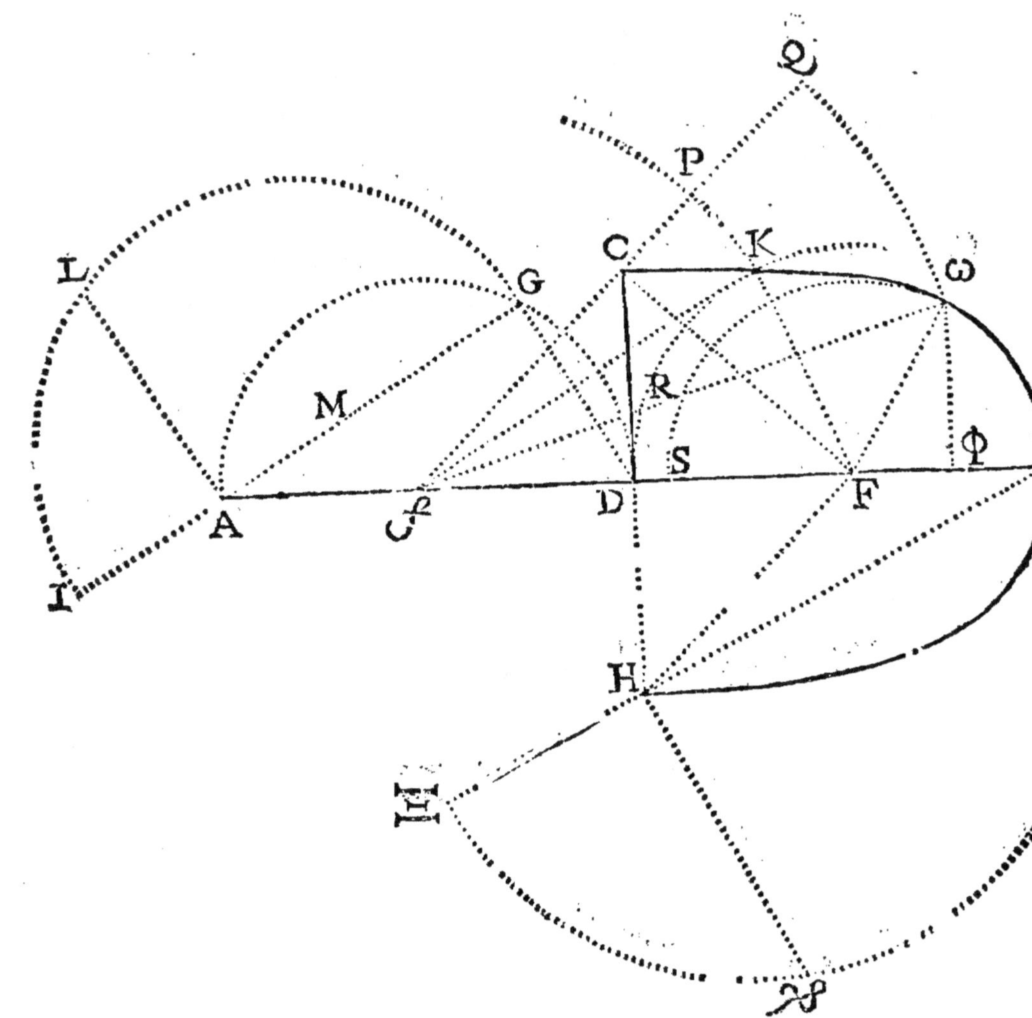

L
I
A
M
G
C
P
Q
C
K
R
S
D
F
H
H
g